이야기가 있는

# 나무백과 3

이야기가 있는

# 나무백과

3

임경빈 저
이경준·박상진 편

서울대학교출판문화원

## 이 책을 펴내며

1970년대 당시 국민들의 소득과 의식 수준은 낮았지만 대한민국 정부는 야심적인 산림녹화 정책을 세워 전국의 민둥산에 많은 나무를 심으면서 숲의 중요성을 홍보했다. 이에 영향을 받아 비로소 국민들 사이에서 숲에 대한 관심이 커지고 있을 때, 서울대학교 임학과 임경빈任慶彬 교수는 1976년 3월부터 8월까지 『조선일보』에 '나무백과'라는 글을 101회에 걸쳐서 실었다. 나무와 숲에 대한 이야기가 최초로 연재되면서 독자들 사이에서 폭발적인 인기를 얻게 되었다. 당시는 해박한 지식을 가진 어떤 생물학자도 나무에 대한 문학적인 글을 시도하지 않았던 시기였다. 임 교수는 이 글을 모아서 1977년 『나무백과』 제1권을 일지사一志社에서 발행했으며, 2002년까지 제6권을 내놓았다. 이 책은 '산림문학'의 효시가 되었으며, 국내에서 새로운 문학 장르를 개척한 획기적인 작품으로서 많은 독자들에게 사랑을 받았다.

『나무백과』는 총 2,023쪽에 116종(중복 게재 제외)의 나무를 대상으로 25년에 걸쳐 집필한 방대한 전집으로 임 교수가 직접 찍은 사진과 손수 그린 세밀화가 수록되어 있다. 임 교수는 한문·일본어·영어·독일어에 능통하여 나무와 숲에 대한 전 세계적인 지식을 총망라하였다. 한문으로 된 고전과 한시, 우리 역사에 기록된 나무들, 국내 천연기념물 노거수, 한국과 중국의 고사, 국내와 국외의 전설, 일본·중국·미국·유럽 및 중동 지역의 유사한 나무와의 비교를 통해 진정한 나무백과의 금자탑을 쌓은 작품이라는 평을 받고 있다.

당대의 최고 작가였던 김동리金東里 선생은 『나무백과』 제1권 서序에서 "임 박사의 나무백과만큼 나에게 나무에 대한 지식과 아울러 흥미를 이끌어준 글도 드물 줄 안다. 박사의 나무에 대한 광범한 연구나 해박한 지식은 두말할 나위도 없거니와, 나무들에 얽힌 이야깃거리 또한 너무나 다양하고 광범해서 흡사 재미난 소설에 끌려들 듯 읽는 이를 매혹시키고 있다"라고 적고 있다.

요즘 전국의 숲이 우거지면서 새로운 산림문화의 르네상스 시대가 열리고 있다. 숲해설가, 숲길등산지도사, 숲길체험지도사, 산림치유지도사, 유아숲지도사, 자연환경해설사 등이 전국에서 활동하면서 나무와 숲에 대한 책을 참고하기 마련인데, 그동안 『나무백과』가 절판되어 아쉬움이 많았다. 편자는 이 책의 부활을 시도하면서 방대한 내용을 간추려 3권으로 압축하였으며, 편집 과정에서 원전을 훼손하지 않도록 유의하였다.

원전에 기술되어 있는 나무 중에서 외국 수종이면서 국내에서 심지 않는 레드우드(세쿼이아), 보리수나무(반얀나무), 아라우카리아, 오수유나무, 올리브, 용혈수, 유럽적송, 유럽참나무, 유칼리, 호양과 국내 희귀 수종인 초령목을 제외했다. 백목련은 목련에서, 왕대는 대나무에서, 찰피나무는 피나무에서 함께 다루었다. 결국 총 102종의 나무를 개편된 나무백과에서 취급하였다.

나무의 일반명과 학명은 학자에 따라서 다른 경우가 많다. 편자는 편집 과정에서 『국가표준식물목록』을 따랐으나, 본문에서는 원전의 나무 이름을 그대로 두었다. 한 가지 아쉬운 것은 원전에 수록된 사진(흑백 인쇄)을 확보할 수 없어 대부분의 사진을 공동 편자인 경북대학교 박상진 명예교수의 사진으로 대체한 점이지만, 이번에는 컬러로 인쇄하여 책의 질을 높였다.

이 책의 출간을 허락하신 임경빈 교수의 장남 성균관대학교 법학전문대학원 임웅 명예교수와 서울대학교 오세정 총장, 원전의 한문과 한시를 하나씩 검증해준 서울대학교출판문화원 편집팀, 일부 유럽 사진을 제공해주신 서울시립대학교 조경학과 이경재 교수에게 깊은 감사의 뜻을 표한다.

2019년 4월

관악산 기슭에서

서울대학교 식물병원 명예교수 이경준

## 머리말

아름다운 숲이 있고 그 안에 멋있는 길이 있을 때 우리는 그 길을 걸어볼 만하다. 아니 그 길은 우리를 불러들인다. 혼자서 조용히 우거진 숲속 길을 거닐 때 꽃과 열매와 잎과 향기와 맛있는 공기가 그곳에 있고 아름드리 줄기가 우리의 사색을 깊은 곳으로 몰고 간다.

지구에는 숲이 있어서 푸른 별이라 한다. 이 세상에서 가장 아름다운 별에 내가 살고 있다는 것은 기적과 같은 행복이 아닐 수 없다. 태양의 온도를 마시는 별, 태양의 빛을 삼키는 숲, 그것이 나의 고향이라면 자랑이 아닐 수 없다. 지구가 생겨난 이래 얼마나 많은 나무들이 살아왔으며 사라져간 것일까? 상상조차 할 수 없다. 이 같은 나무들이 살고 죽음으로써 지구는 살쪄가고 생기를 더해서 점점 젊어갈 수 있었다.

눈부신 벌판 위에 서 있는 우리는 이제 한량없이 아름다운 숲속으로 들어간다. 이 숲 안에서 많은 나무들을 볼 수 있고 그들에 감겨 있는 사연을 들어볼 수 있겠지만, 이 속에서 볼 수 없는 나무들이 아직 많다.

여기에서 빠진 나무가 소중하지 않아서가 아니고, 사연들이 없어서가 아니고, 다만 어쩌다가 그렇게 된 것뿐이다. 여기서 빠진 나무들이 불만스러운 눈치이지만 나의 붓길은 일단 끝맺고 말았다. 그들로써 다시 다른 하나의 숲을 만들 수도 있다.

나무를 사랑하고 숲을 사랑하는 국민은 잘 살 수 있다고 한다. 더 잘 살기 운동은 우리 국민의 불바다 같은 소원이다. 그렇다면 우리는 나무와 숲을 사랑하고 소중히 해야겠다. 영광스럽고 위대한 국민은 우거진 숲을 후손에 물려준다.

북아프리카의 사막이 지난날에는 밀림이었다. 밀림이 있었던 그때는 그곳이 문명의 중심이 되기도 했다. 지금은 이 사막이 무서운 속도로 성장해가고 있다. 칭기즈칸이 살아 있었던 시대의 몽고는 사막이 아니고 밀림이었다. 똑똑지 못한 인간의 처사에 자연은 너무나도 무자비한 보복으로 나서고 있다.

지구의 생명을 죽이는 방법은 나무와 수풀을 학대하는 것으로부터 시작된다. 사랑하는 우리의 조국은 우리의 손으로 지켜야 한다.

산은 그 국토의 골격이며, 시냇물은 혈관이며, 농토는 근육이며, 도로는 신경이고, 바다는 피부라고 할 수 있다. 국토의 모든 구석이 서로 손을 잡고 고르게 정돈이 되어갈 때 그곳에 사는 국민의 행복이 커갈 수 있다. 지금도 이 순간에 나무들은 커가고 있다. 우리는 이들에 감사의 박수를 보내야 한다.

이 책의 내용은 1976년 3월부터 『조선일보』에 '나무백과'란 제목 아래 연재되었던 것을 보완하여 엮은 것이다. 총총히 바쁜 시간의 흐름 속에서 우선 만들어본 것이다. 연재된 것이기 때문에 이야기의 줄거리가 정돈되지 못하다.

이 책의 씨앗을 뿌려준 조선일보사에, 또 많은 격려를 해주신 임창순任昌淳 님, 그리고 임덕성任德盛 님에게 깊은 감사를 드리고, 또 좋은 책으로 꾸미는 데 아낌없이 도와주신 일지사의 김성재金聖哉 사장님께 감사를 표하며, 끝으로 원고를 보아준 임웅任雄 군의 노고를 잊지 않는다. 여기 수록된 사진들은 필자에 의해서 촬영되었다.

1977년 1월

관악산이 보이는 곳에서

임경빈 씀

* 이 글은 『나무백과 1』(일지사, 1977)의 머리말에서 옮겨온 것임.

序

# 임경빈 박사의 『나무백과』에 붙여

임경빈 박사의 『나무백과』는 신문지상에 연재될 때부터 내가 애독했던 글이다. 나도 본래 나무를 좋아하여 수목송樹木頌, 송찬松讃 등을 비롯하여 나무에 대한 수필이 많다. 그러니만큼 나무에 대한 글은 눈에 띄는 대로 열심히 눈을 돌리는 편이다.

그런데 이 임 박사의 『나무백과』만큼 나에게 나무에 대한 지식과 아울러 흥미를 이끌어준 글도 드물 줄 안다. 박사의 나무에 대한 광범한 연구나 해박한 지식은 두말할 나위도 없거니와, 나무들에 얽힌 이야깃거리 또한 너무나 다양하고 광범해서 흡사 재미난 소설에 끌려들 듯 읽는 이를 매혹시키고 있다.

나무에 얽힌 전설이나 신화나 일화 따위는 그런대로 산발적이나마 간혹 눈에 띄지 않는 것도 아니지만, 여기서는 저자 자신의 개인적인 사연이 소설처럼 얽힌 경우도 여간 많지 않았다.

나무는 인간에게 이루 헤아릴 수 없는 수만 가지 위로와 은혜를 베풀지만, 인간이 나무에 대해서 정이나 뜻을 베풀 수 없는 것은 필경 동물 아닌 식물이기 때문이리라.

그런데 이 글에서는 인간과 나무 사이에 호흡이 통하고 대화가 이루어지고 생활이 교류되는 듯한 야릇한 분위기를 느끼게 된다.

나는 젊을 때 파브르의 『곤충기』를 흥미 깊게 읽은 적이 있었다. 그런데 이 『나무백과』를 읽고 있으면 왠지 곧장 옛날 읽었던 그 파브르의 『곤충기』가 머리에 떠오르곤 한다.

이것은 결국 그 연구대상이 곤충이든 식물이든 그 대상에 기울어진 작자의 인간성 때문이리라. 한마디로 말해서 이 『나무백과』는 임경빈 박사의 나무에 대한 사랑과 집념의 결정이라고 하겠다.

이 책이 세상에 나오는 것을 계기로 인간의 나무에 대한 애정이 좀 더 보급되기를 빌면서 서序에 대신하고자 한다.

1976년 12월

김동리金東里

* 이 글은 『나무백과 1』(일지사, 1977)의 머리말 뒤에 붙은 서(序)에서 옮겨온 것임.

# 차례

# 차례(권외)

## 1권

## 2권

# 소나무 3

소나무과, *Pinus densiflora*
(松·赤松·陸松·女松, Korean red pine)

---

우리나라에서 소나무와 같이 오랜 세월 동안 다양하고도 폭넓게 이용된 나무도 없다. 우리나라의 생활문화는 소나무 자원의 이용 정도와 비례해서 발달해왔다고 할 수 있다.

## 조선시대 소나무 기록

조선시대 초기 1485년에 만들어진 법률 서적인 『경국대전經國大典』에 의하면, 가을이 되면 중앙 관서에서는 각 지방의 장정들을 징집해서 숯을 바치도록 했는데, 이때 제탄製炭에 쓰인 나무가 소나무였다고 한다. 이와 같이 우리 민족은 소나무에 의지해서 살아온 것 같다.

어느 해엔가 신라의 도읍지 경주에 대한 영화가 유행했을 때, 가정에서는 숯으로 취사를 했을 것이라는 기사를 읽은 기억이 있다. 사실 신라시대의 경주는 울창한 아름드리 소나무가 많이 있었다고 한다.

『삼국사기三國史記』에 나정蘿井의 기록이 있는데, 나정은 경주 내남면內南面 탑리塔里에 있는 신라 시조의 탄생지로 알려져 있으며, 그곳에 울창한 숲이 있었다고 한다. 『여지승람輿地勝覽』에도 "나정의 숲이 예부터 울밀하다"고 했다. 이 숲을 구성한 수종으로는 기록을 더듬어 소나무, 느티나무, 팽나무, 회화나무, 왕버들 등을 들 수 있을 것 같다. 이러한 나무들은 오래 살고 사람들로부터 숭앙을 받을 수 있었다.

조선시대 말엽의 석학 정약용도 『목민심서牧民心書』에서 "나라에 미재美材가 없어 다만 소나무를 쓴다"라고 하고 있다. 소나무에 대해 신라시대까지 소급시킬 수 있는지 여부는 확실치 않지만, 이 나무가 궁궐을 수호하는 가장 강력한 수종으로 인식되었고, 풍수지리설로써 지상地相을 존중하는 종교 또는 신앙의 숲은 주산객수主山客水의 땅을 골라 적응력이 강한 소나무로 조성되었을 것으로 보인다. 소나무는 두 개의 잎이 마주나서 한 집에 들어 있어 음양 또는 조화가 유감類感되었기 때문에 음양풍수설로써 존중된 것이다. 이러한 이유로 소나무의 별칭이 '음양수陰陽樹'였고, 분묘와 사당 주변에 많이 심어졌다.

| 소나무 장승

한편 우리나라 민속 신앙의 하나로 장승長承, 長丞, 長栍이 있는데, 이것은 좋지 못한 귀신을 쫓는 벽사신辟邪神으로서, 그리고 이정표里程標 또는 경계표境界標의 역할을 해왔다. 이 중 벽사의 기능이 주된 것이었는데, 악령을 '살殺 또는 煞'이라 하므로 장승은 살을 지키는 수살守殺이었다. 장승은 탈 없는 방위에서 자라는 소나무를 베어다 이를 깎아 대개 '천하대장군天下大將軍 지하여장군地下女將軍'이라고 써서 혼례식을 올린 후 신랑 신부의 장승을 합궁合宮시킨다. 동구洞口에 장승을 세우고 장승제를 지내는데, 이때 축문을 읽고 소지燒紙를 올리게 된다.

장승을 만드는 재료가 소나무였다는 것은 그 목재가 가공하기 쉽고 잘 썩지 않으며 오래 간다는 데도 이유가 있었고, 또 재료를 구하기도 쉬웠기 때문이었다. 소나무가 장승으로 되어 인간의 행복을 지켜온 오랜 세월의 흐름을 다시 되새겨본다.

## 산신

오랜 옛적부터 어지간한 산에는 반드시 산신이 있다고 믿었고, 느티나무·회화나무·소나무·팽나무 등 노거목老巨木은 수령樹靈을 간직하는 것으로 믿어 제사를 올리곤 했다.

옛적부터 우리 민족뿐만 아니라 타 민족까지도 신령神靈은 조용하고 깨끗하며 원만하고 평화스러운 곳에 있기를 좋아했는데 그러한 곳이 바로 하늘이며, 신령이 땅으로 내려올 때에는 깨끗하고 원만한 산악을 통로로 삼았거나 아니면 큰 나무와 숲을 택한 것으로 믿었다. 그러한 신령은 산악과 나무 또는 숲에 안주安住하게 되었고, 따라서 사람들은 숲 그 자체를 신령으로 보고 제사를 올리기도 했다. 서낭당 숲은 그러한 뜻으로 해석될 수 있을 것 같다. 이와 같이 정령精靈 관념으로 나무를 볼 때 신목神木으로 취급해서 신성神性의 발휘가 가능한 것으로 믿었다.

강화도 마니산 정상에 있는 참성단塹星壇은 제단으로서 하늘의 신을 받드는 데 적합한 곳으로 보았다. 옛날 중국에서는 오악五嶽, 즉 동쪽의 태산泰山, 서쪽의 화산華山, 남쪽의 형산衡山, 북쪽의 항산恒山, 중앙에 있는 숭산嵩山, 이 다섯

| 강화도 마니산 정상의 참성단

진산鎭山은 하늘을 떠받들고 있는 것으로 보았다. 산의 높이가 달라서 걸려 있는 하늘이 기울어진 것으로 보기도 했다.

소나무는 하늘 높이 솟아 자라는 나무이기 때문에 신령이 거처하는 대상으로 보기에 어색함이 없었다.

## 풍수지리설

풍수지리설에 의하면 지형이 생기生氣를 가질 때 그것은 길지吉地로 여겨졌고, 그 생기가 흐르는 맥은 산맥이라고 해석했다. 이러한 생기가 축적되는 곳이 진산鎭山이며, 각 도읍은 진산을 가지고 있었다. 진산에 나무가 없으면 생기를 잃어버리는 것으로 해석했는데, 『고려사高麗史』에서는 개성의 진산 송악松嶽에 대해 금벌禁伐하였고 나아가 소나무를 심게 했다고 전한다.

이는 생기를 적극적으로 회복하는 활동이었는데, 다른 곳에서도 이와 같은 예를 찾아볼 수 있다. 즉 "산이 산다우려면 흙이 남아 있어 살이 되고 나무가 있어 피부와 모발로 되어야 한다"라는 생기론生氣論을 믿었던 것이다. 그래서 삼림森林은 생기를 담고 용일涌溢(넘쳐흐르다)하는 것이므로 비보裨補(무엇인가 부족한 것을 도와 보충함)로서 없어서는 안 되는 것으로 보았다. 비보라는 것은 풍수지리설 용어로서, 있어야 할 곳에 무엇이 없다든가 허虛할 때 그것을 보완하는 것을 말한다.

이러한 비보의 좋은 보기로는 경북 상주의 밤나무 숲이 있다. 기록에 상주라는 고을의 지형은 풍수지리설에 의하면 서쪽 편 산 모양이 지네(蜈蚣, 오공)와 닮아 그 독을 없애기 위해 마주보는 동쪽에 밤나무 숲을 만들었다는 것이다. 밤나무는 지네와 상극이다. 밤나무가 왜 지네와 상극인지 그 이유는 알 수 없으나, 꽃 수술이 무서운 벌레와 닮아 지네를 이겨낸다는 믿음에서 온 것이 아닌가 추측된다. 양잠이 성했던 곳에서 밤나무 숲을 싫어한 이유도 벌레끼리의 상극을 생각한 데에서 오는 것이 아닌가 한다.

『여지승람輿地勝覽』에는 서울의 진산은 삼각산이고 경주의 진산은 낭산狼山이라 했다. 『경국대전經國大典』에는 "서울 부근의 산에서 목석木石을 훼손하는 것을 금한다. 그리고 주산主山과 내맥來脈에 대한 훼손을 금한다"라 했고, 『속대전續大典』에는 "해마다 봄과 가을 소나무와 잡목雜木을 심게 하라" 하고 법령에 명시했는데, 이것도 풍수지리설과 관계되는 이야기이다.

## 강릉 한송정

강릉 한송정寒松停에 얽힌 소나무의 이야기를 빼놓을 수 없다. 한송정 솔밭이라 하면 기록상으로는 강릉 동쪽 해안가 약 4km에 걸친 사구지砂丘地로서 폭이 넓은 곳은 1km라고 했다. 남항진리南項津里에 한송사지寒松寺址가 있다. 약 100년 전까지만 하더라도 이곳은 큰 노송老松이 울창하게 서 있었지만, 계속 벌채되어 지금은 "한송정 솔을 베어 배를 만든다"는 노랫가락만 남아 있다. 배를 만들 소나무들이 서 있었다니 그 모습이 연상된다.

**한송정(寒松停)**
우리나라의 차 유적지 가운데 가장 오래된 곳 중 하나. 언제 지어졌는지, 또 언제 없어졌는지에 대한 기록은 남아 있지 않다. 신라 진흥왕 때 화랑들이 이곳을 방문했다는 기록이 있다.

이곳은 옛적 신라의 땅이라 신라의 유적과 전설이 많다. 한송정은 신라의 화랑도 사선四仙이 소나무를 심고 마음과 몸을 단련한 곳으로 도를 닦아 선거仙去했다고 전해지고 있다.

다음 시는 고려 명종 때 학자 이인로李仁老(1152~1220)가 한송정을 읊은 것이다. 『파한집破閑集』에 남아 있다.

| | |
|---|---|
| 千古仙遊處 | 오랜 옛날 사선四仙이 놀던 곳 |
| 蒼蒼獨有松 | 푸르디 푸른 소나무가 우뚝 서 있네 |
| 但餘泉底月 | 다만 샘 바닥에 비치던 달이 남아 있어 |
| 彷佛想形容 | 비슷한 그 모습 아른거리게 하네 |

또한 그 무리 3천이 각각 한 그루씩 소나무를 심어 지금도 울울창창해서 소나무의 끝이 하늘을 나는 구름에 이어진다는 구절도 있다.

한편 『세종실록世宗實錄』에 보면 "강원도 영동 지방에는 곳곳에 소나무가 많아 그곳에서 배를 만들어 경상도 지방으로 가져오는 것이 좋겠다"는 상계上啓가 있었는가 하면, "요사이 무식한 자들이 소나무를 몰래 베어서 배도 만들고 집도 짓고 해서 소나무 자원이 거의 없어졌으니 실로 우려할 바로서, 지금부터는 소나무가 잘 자랄 수 있는 곳을 조사 치부해놓고 소나무가 있는 곳에 대해

| 경북 울진 평해 월송정의 소나무 숲

서는 엄하게 벌채를 금하고 나무가 없는 곳에는 도의 감사로 하여금 나무를 심도록 하는 것이 좋겠다는 상서上書에 대해서 왕이 이것을 받아들였다"는 기록이 있다.

이와 같이 강릉의 한송정 주변에 소나무 조림이 왕성했던 역사를 찾아볼 수 있다. 이는 당시 소나무 목재의 이용 가치를 알았고, 아울러 소나무 숲의 한량없는 풍치적 가치를 인식한 데에서 비롯된 것으로 볼 수 있다.

『산림경제山林經濟』에서도 "가옥 주변에 나무를 심을 때에는 소나무蒼松와 대나무翠竹를 심으면 되는데, 이와 같이 하면 주위가 나무로 둘러싸여 생기가 솟아나는 법이다"라고 했다. 이와 같이 송죽松竹이 주거 환경의 구성 수종으로 숭상되었음을 알 수 있다.

어느 해 여름에 나는 강릉에서 기차를 타고 경주로 오는 도중 평해平海에서 월송정越松亭 쪽의 소나무 숲을 발견하였다. 솔숲의 풍치가 이루 말할 수 없이 아름다웠고, 어느 때엔가 더 긴 시간 동안 조용히 찾아보고 싶었다. 『동국여지승람東國輿地勝覽』에 보면 "강원도 평해군 월송정, 푸른 소나무 만 그루蒼松萬株, 백사장은 눈이 온 것 같고 전하기로는 신라 선인仙人 술랑述郎 등이 이곳에서 쉬었다"라고 하고 있다.

바람이 불면 솔밭은 거문고를 타는 소리로 변하고, 달이 뜨면 솔밭에 황금 모래알을 뿌려놓은 것 같다는 표현은 소나무 숲의 풍치를 극찬한 것으로, 이와 같은 감정이 우리 민족의 성격을 만들어 갔기 때문에 우리나라 백성은 평화를 좋아하고 속기俗氣 없는 깨끗한 정신을 숭상하게 된 것이다.

## 소나무 예찬

뜰이 있는 집을 갖게 된다면 나는 우선 한 그루의 소나무를 심고 싶다. 소나무는 계절성 나무가 아니고, 아침과 저녁의 나무도 아니며, 맑은 날 흐린 날을 가리는 나무도 아니고, 어느 날 어느 상황에서나 그것을 배경으로 하여 어울리는 모습이기 때문이다.

소나무는 비 오는 날 그리고 눈 오는 날 가장 아름답고, 바람 부는 날에도 그만이며, 이 세상에 이러한 나무는 따로 없다. 맑은 날 눈을 덮어쓴 소나무天晴雪霧松의 모습을 생각해 보라. 비가 지나간 뒤의 소나무의 푸름過雨看松色을 생각해 보라. 무엇을 느낄 수 있는가?

그 아름다움은 경박하지 않고 장중하며, 화사하지 않고 엄숙하며, 다변多辯하지 않고 과묵하며, 속俗되지 아니하고 고결하며, 자질구레한 기교가 없고 생략적省略的이며, 발랄하기보다는 성숙하게 보이고, 과시적過時的이 아니고 항상적恒常的이며, 꾸밈이 없고 자연스러우며, 평면적이 아니고 다차원적多次元的이며, 편협하지 않고 화동적和同的이다.

이러한 이유 때문에 시 속에서 "방에 들어서자 한 그루의 푸른 소나무가 보이고, 장수長壽의 약을 끓이는 붉은 숯불을 보노라入門唯見一靑松 藥爐有火丹伏" 하는 광경은 선인仙人의 것으로 보아야 할 것 같다. 지금의 세상과는 거리가 있을지 모르지만, 때가 되면 사람들은 이러한 상황을 그리워하게 되는 것이다.

## 『양화소록』 속 소나무

『양화소록養花小錄』에는 소나무 줄기를 청룡靑龍에 비긴 것이 있고, 또 식송론植松論의 설명을 다음과 같이 인용하고 있다.

> 소나무를 중국 오악五嶽의 하나인 숭산嵩山과 대산岱山에 심으면 바다의 정기가 몸 안에 고이고, 해와 달빛이 비치어 봉황새가 날아와 쉴 것이며, 나무 아래에는 샘물이 소리를 내어 흐를 것이고, 신령스러운 바람이 아름다운 피리 소리를 무색하게 할 것이며, 곧은 뿌리는 땅속 황천黃泉의 깊이에 이를 것이고, 가지는 뻗어 푸른 하늘에 닿을 것이다. 줄기는 명당明堂의 기둥감이 될 것이고, 큰 집의 대들보가 될 것인즉, 이는 많은 나무 중의 으뜸이라.

이는 소나무를 극찬한 것으로, 이 외에도 소나무는 초일超逸하다는 칭찬을 많이 받고 있다.

사명대사四溟大師는 풍천豊川 임씨로 나의 선조가 되는 분이다. 대사가 지은

「청송사青松辭」는 소나무를 찬양한 명문名文으로 그 내용을 소개해본다.

| | |
|---|---|
| 松兮 靑兮 | 소나무여, 아 푸르구나 |
| 草木之君子 | 초목의 군자로다 |
| 霜雪兮不腐 | 눈서리 차가워도 이겨내 |
| 雨露兮不榮 | 비 오고 이슬 내려도 웃음을 보이지 않네 |
| 不腐不榮兮 | 슬플 때나 즐거울 때나 변함이 없구나 |
| 在冬夏靑靑 | 겨울이나 여름이나 항상 푸르고 푸르도다 |

| | |
|---|---|
| 靑兮 松兮 | 푸르구나, 소나무여 |
| 月到兮節金 | 달이 오르면 달빛을 금모래처럼 체질하고 |
| 風來兮鳴琴 | 바람이 불면 청아한 거문고 소리만 들리네 |

주희朱熹의 『격물론格物論』에는 소나무에 대해 다음과 같이 쓰고 있는데, 모두 소나무를 극찬하는 문장들이다.

> 소나무에는 품종이 두어 가지 있는데, 잎이 3개인 것을 '고자송枯子松'이라 하고 5개인 것을 '산자송山子松'이라 한다. 산자송은 송지의 맛이 떫은데, 땅속에 들어가 천 년이 지나면 복령茯苓이 되고, 또 천 년이 지나면 호박琥珀이 된다. 큰 소나무는 천 년이 지나면 그 정기가 청우靑牛(검정 소)가 되고, 누워 있는 거북으로 된다.

한편 『양화소록』에 수록되어 있는 「화목구품花木九品」을 보면, 일품一品에 소나무, 대나무, 연蓮, 국화가 해당되고, 『화암수록花庵隨錄』의 9등급을 보면 1등에 소나무, 매화, 국화, 연, 대나무가 들어 있다. 물론 이러한 등급은 사람의 주관에 따라 다를 것이지만 첫 번째로 모두 소나무가 들어가는 것이 주목할 만하다. 또 『화암수록』에 28우友라는 것을 들고 있는데, 그중 소나무는 노우老友라

했다. 무어니 해도 소나무는 오래될수록 운치가 더해가기에 그와 같은 것으로 생각된다.

## 조선시대 소나무 보호 정책

조선시대에는 소나무의 보호에 힘쓴 기록이 많다. 치악산 구룡사龜龍寺 입구 부근에는 소나무 숲을 보호하고 봉산封山 또는 금산禁山으로 해서 보호의 석표石標를 세웠는데, 아직까지 이것이 그대로 남아 있다. 돌 표면에 '황장금표黃腸禁標'라고 새겨져 있는데, '황장'이란 임금의 관棺을 만드는 데 쓰이는 소나무를 말하는 것으로, 소나무가 굵고 오래되면 줄기 속 목재의 색깔이 노란색을 띠게 되는 데서 연유하였다.

| 경북 울진 소광리 황장봉계표석(黃腸封界標石)

정약용의 시에도 "완도 앞바다에 나무 가득 실은 배, 황장목黃腸木 한 그루면 천 냥 값이 된다네弓福浦前柴溝船 黃腸一樹直千錢"라고 하여 소나무를 중요한 나무로 인정하였다.

기록에 의하면, 태종 8년(1408) 왕께서 상왕上王(왕의 아버지)과 함께 건원릉健元陵에 가서 동지제冬至祭를 지낼 때 산세를 내다보시고 말씀하시되, "능침陵寢에는 예부터 송백松柏이 있어야 하는 법인데, 하물며 나무 없이 벗겨져 있게 해서 될 것인가. 쓸모없는 것을 뽑아버리고 송백을 심도록 하라"는 내용이 있다.

소나무, 잣나무 등은 능원묘陵園墓 등에 가장 어울리는 나무였는데, 이는 그만한 가치가 있었기 때문이다. 1410년에도 창덕궁과 건원릉에 소나무를 심으라고 명령을 내렸는데, 1408년의 명령이 그간 수행되지 못한 것 같다. 그 이듬해에 "공조工曹의 판서를 보내 경기도의 장정 3천 명을 동원해서 남산에 소나무를 심었는데 20일간 작업이 진행되었다"는 기록이 있다. 그때의 남산이나 지금의 남산이나 크기는 비슷했을 터인데 장정 3천 명이 나무를 심었다는 것은 대규모 조림사업이었다고 생각된다. 이렇게 했다면 남산은 아마 온통 소나무 밭으로 되었을 것이다. 이러한 사실을 보더라도 예전부터 소나무가 크게 숭상된 것을 짐작할 수 있다.

또한 세종 6년(1424)에는 봉상시奉常寺(나라의 제사에 관한 사무를 맡아보던 곳)의 일로 예조禮曹가 공문을 내려 "모든 제단祭壇 주위에는 소나무를 심으라" 하고 있다.

그해에 병조兵曹에서는 "병선兵船은 나라를 지키는 데 있어 매우 중요한 것으로, 그것을 만드는 데에는 소나무 목재를 사용하는데, 그동안 오래 계속해서 배를 만들어 왔으므로 바다나 강 등 물에 가까운 곳에는 소나무 자원이 거의 고갈되었고, 또 불을 놓아 농경지를 일구는 무리들이 산불을 나게 하여 소나무의 자람에 지장을 주고 있어 매우 우려할 바로서…"라 하고 있다. 목재 운반이 쉬운 바닷가의 소나무가 조선재로 그간 많이 벌채되어 이용된 것을 알 수 있다. 이와 같이 소나무는 배를 만드는 재료로 사용되었다.

조선시대의 삼림정책으로 금산禁山, 봉산封山, 시장柴場, 임수林藪, 향탄산

| 경남 함양 목현리의 구송(천연기념물 제358호)

香炭山, 능원묘의 해자垓字, 금송禁松 그리고 특수 용도 수종의 재식栽植과 납세納稅 등이 있다. 그중 금산이란 땔감, 개간, 화전火田 등을 금하는 수목을 말하는 것인데, 이는 몇 가지 성질의 삼림으로 나눌 수 있다. 예를 들어 당시의 수도 주변

| 신미양요 때 격전으로 포탄 자국이 남아 있는 강화도 초지진(草芝鎭) 소나무

의 산에는 나무를 남겨 풍치를 조성해서, 말하자면 서울의 존엄성을 유지시키고자 일반 주민의 이용을 금했다. 이것이 도성都城의 사산四山인데, 도성내외산都城內外山이라 해서 금산제도에 묶였다. 지금으로 말하면 풍치보안림風致保安林의 성격을 띠는 것이었다.

이렇게 도성의 산에 나무를 심는다는 것은 당시의 풍수설에 의해 크게 뒷받침된 것으로 보인다. 서울에 나무를 심어 도읍으로서의 생기를 찾고 유지한다는 기록이 있는가 하면, 세종 30년(1448)에 풍수지리, 즉 음양학의 전문가 김수온金守溫이 다음과 같이 임금에 상서하여 인가를 받았다.

> 지금 서울 부근의 산에는 사람들이 떼를 지어 몰려와서 흙을 파고 돌을 캐서 나무가 무성할 수 없게 되었습니다. 산은 황폐하고 나무는 쇄잔하게 되었습니

다. 바라옵건대 서울 주변의 산에 대해서는 공과 사를 막론하고 나무와 돌을 보호하도록 해서 산악의 정기를 보호하고 배양하기를 바랍니다.

이와 같이 서울 주변의 산악은 금산의 하나였다. 그다음으로 관방금산關防禁山이란 것이 있었는데, 이것은 군사전략상 보호·유지시킨 높은 재山嶺의 삼림으로서, 그중 대표적인 것으로는 문경의 새재鳥嶺, 단양의 죽령竹嶺, 영동의 추풍령秋風嶺, 황해도의 동선령銅仙嶺, 강원도와 함경남도 경계에 있는 철령鐵嶺, 함경남북의 도계에 있는 마천령摩天嶺 같은 것인데, 나라를 지키기 위한 영액금산嶺阨禁山이었다. 또한 연해금산沿海禁山이 있었는데, 이것은 선재금산船材禁山 또는 선재봉산船材封山이라고도 했고, 주로 해안가와 도서 지방에 지정된 소나무 숲이었다.

세종 30년(1448)에 금산이 구체적으로 지정되고 있는데 200개소를 넘는 것으로 추정된다. 그중 약 90%는 포浦·도島·곶串으로 되어 있는데, 이러한 금산은 해양성으로 배를 만들기 좋은 바닷가였다. 이와 같이 금산은 자세히 조사되고 장부에 기록되어 엄하게 보호되었다.

이러한 섬과 해안은 원래 가시나무 종류, 동백나무, 녹나무, 사스레피나무, 후박나무 등 상록활엽수종이 숲을 만들고 있었는데, 바닷가는 사람들이 고기를 잡아 정착하기에 알맞았으므로 일찍부터 나무가 땔감으로 벌채되었을 것이고, 그 자리에 소나무 종류가 들어서게 된 것으로 생각된다. 상록활엽수림은 한 번 황폐되면 회복되기가 더욱 어려우므로 소나무 숲이 지난 천 년 이상은 해안과 도서의 우세 수종으로 군림한 것으로 보인다. 물론 장소에 따라 차이는 있을 수 있다.

한편 『만기요람萬機要覽』 중 송정松政(소나무 숲 정책)을 보면, 육도六道 즉 공충도公忠道, 전라도, 경상도, 황해도, 강원도, 함경도의 봉산의 수는 282개소, 황장봉산은 60개소, 유명송전有名松田은 293개소로 기록되어 있다.

임수林藪는 도읍都邑 부근의 평지림으로 방풍, 방수, 풍치, 비보裨補, 풍수설, 군사적軍事的 목적 등으로 설치된 것인데, 금산의 하나는 아니었으나 금벌되고

| 금강송의 지방명에 해당하는 춘양목 줄기의 횡단면 (나이테 폭이 매우 좁고 치밀하면서 균일하여 목재 비중이 높음. 경북 봉화와 울진에서 자라며, 소나무 중에서 가장 우수한 재질을 가지고 있음.)

보호되었으며, 그 면적은 금산에 비해 대체로 좁았다. 임수의 구성 수종은 소나무 외에도 팽나무, 서어나무, 회화나무, 느티나무, 왕버들, 상수리나무, 느릅나무 등 다양하다. 경남 함양의 상림上林, 경주의 계림鷄林, 제주도 평대리의 비자림 등이 좋은 예이다.

능원묘의 해자垓字 숲도 보호되었다. 민간인의 분묘 주변에도 대개는 소나무를 심어 보호했는데, 이것도 해자림의 개념과 일치하는 것이다. 내해內垓라든가 외해外垓라는 것은 능원묘가 차지하는 구역의 한계를 뜻하는 것인데, 이 내해자 안에 있는 숲은 능을 지키는 참봉參奉과 그 밑에 많은 직원을 두어 보호했다.

한편 향탄산香炭山을 통해 능의 전례제사典禮祭祀에 쓰기 위해 산을 지정하고 그곳 주민으로 하여금 숯을 굽게 해서 상납시킨 것을 알 수 있다. 수원의 광교산光敎山이 이러한 향탄산이었고, 서울 홍릉의 향탄산은 경남 양산 통도사 일대의 산이었다. 이때 숯을 구운 수종이 무엇이었는지 알 수 없으나, 참나무류나 소나무류가 사용된 것으로 생각된다. 참나무 숯이 질로 보아 가장 좋으나, 숯을 굽기 위해서는 소나무 장작이 아울러 사용되었을 것이다.

# 소나무 4

소나무과, *Pinus densiflora*
(松·赤松·陸松·女松, Korean red pine)

---

우리나라 거의 모든 지역에서 자라며 그 쓰임새도 다양하다.
전국 곳곳에 수많은 솔숲이 남아 있고
노거수 천연기념물 170건 중 34건이 소나무일 정도이다.

## 불영사 계곡과 해인사의 소나무

불영사와 해인사의 소나무를 묶어서 설명하는 데에는 다른 이유가 없다. 불영사 계곡의 아름다운 소나무 숲은 태백산맥계의 소위 금강송金剛松 또는 춘양목春陽木 계통의 소나무로 볼 수 있고, 해인사 근처의 소나무는 소백산맥계의 것으로 볼 수 있다.

소나무는 독특한 생태적 특성을 가지고 있으며, 한국과 일본, 중국 일부에 분포하고 있는 극동의 소나무종으로 볼 수 있다. 이 나무의 생태, 즉 생활 방식 또는 생활 전략에 대해서 우리나라 소나무를 많이 연구한 바 있는 우에키植木秀幹 교수의 설명은 지금도 한번 되새겨 볼 필요가 있다.

> 조선에는 소나무 순림이 많은데, 이것은 기후 풍토가 소나무의 생육에 알맞기 때문이다. 그러나 소나무가 순림을 형성하는 데에는 긴 세월이 필요했다. 지금 만일 소나무 순림에 전혀 손을 대지 않고 그대로 20~30년쯤 방치한다면 그 숲은 틀림없이 활엽수종과 혼교하게 되고, 더 나아가 100~200년이 지나면 소나무는 추방되어 없어질 것이 명백하다.
>
> 한국의 낮은 땅의 대부분을 점령하게 될 활엽수종으로는 신갈나무, 졸참나무, 갈참나무와 같은 참나무류, 그리고 서어나무류, 물푸레나무, 음나무, 당단풍나무, 진달래류, 박달나무, 오리나무, 귀룽나무, 산벚나무, 쪽동백나무, 때죽나무, 피나무, 개옻나무와 기타 만경식물이 있다.
>
> 이러한 활엽수종은 한국 각처에서 발견할 수 있다. 만일 이러한 활엽수종의 임상이 파괴되어 공지가 생기고 그곳이 다소 건조하게 되면 주변에 있던 소나무 종자가 날아와 싹이 트게 되고, 활엽수림의 일부를 점령하고 기회를 틈타 그 수가 증가해 갈 것이다.
>
> 강원도 조금 높은 산을 답사해 보면 산기슭 쪽에는 소나무 순림을 볼 수 있고, 산허리 쪽에는 활엽수림을 볼 수 있으며, 그 경계 지대에선 소나무와 활엽수종이 혼교해 있음을 볼 수 있다. 사람이 이러한 숲을 이용하게 되면 소나무는 활엽수종을 이겨 그 영역을 확장해 나가게 된다. 그러나 심근성이고 건

조에 견디는 활엽수종은 소나무와 경쟁을 하면서 남게 된다. 소나무가 없는 곳에 이러한 수종이 남아 독라지禿裸地(bare land, 나무나 작물이 전혀 심어져 있지 않은 땅)의 지배자가 되기도 하는데, 그 수종에는 지역에 따라 다르지만 팥배나무, 노간주나무, 나무딸기류, 붉나무, 누리장나무, 진달래류, 사시나무, 싸리류 등이 있다. 만일 이러한 종류의 수종만으로 된 곳이 있다면 그곳은 황폐가 진전된 것이고, 이렇게 계속 간섭을 받게 되면 황폐지로 이어지게 된다.

경북 불영사 계곡의 소나무 숲을 보면, 소나무의 형질이 형태상 우량하고, 앞쪽에 치수稚樹(어린 나무)들이 빽빽하게 자라고 있음을 알 수 있다. 이것은 소위 임학에서 말하는 천연하종갱신天然下種更新(자연적으로 종자가 떨어져 지표면에서 싹이 나는 것)으로 그 갱신이 무척 성공적으로 이루어지고 있음을 보여준다.

이러한 성공의 바탕이 되는 이유로는, 첫째, 큰 나무(어버이 세대의 나무)가 알맞은 밀도로 그곳에 서 있었고, 둘째, 그 주변에 어떤 이유로든지 공지가 만들어져서 광물 토양이 노출되어 있었으며, 셋째, 때를 맞추어 어느 해엔가 종자가 많이 맺었고 그것도 생활력이 높은 종자였다는 점을 들 수 있다. 이러한 삼박자가 맞아서 천연 갱신이 이루어지고 있다는 것이다.

소나무의 천연 갱신을 위해서 우리는 앞서 말한 조건을 인공적으로 유도하기도 하지만, 그 조건을 맞추기가 쉽지 않다.

### 남산 소나무의 수난

서울 남산을 상징하는 나무로 우리는 소나무를 생각하게 된다. 애국가에도 나타나지만 소나무를 심고 보호해 온 역사가 있어서이고, 풍수지리상 남산 등 내사산內四山에는 소나무가 무성해야 우리나라 수도 서울의 정기精氣가 양축養畜되고 그로부터 나라의 힘이 발로된다는 생각에서도 그 이유를 찾을 수 있다. 남산 마루에 높게 솟아 늘어선 소나무의 푸른 수관樹冠은 아름다움의 절정을 연출하고 있고, 지나가는 흰 구름, 교교하게 비치는 달밤, 흰 장막처럼 내리는 빗줄기, 겨울 찬바람을 막아내는 기세등등한 병풍과 같은 모습은 남산 소나무의 경취景趣를 돋우어주었다.

서울은 풍부한 수량水量을 가지고 도도히 흐르는 한강과 그 주변에 전개되는 수려한 풍경 등을 볼 때 이곳이 예사로운 곳이 아님을 알려준다. 그러나 남산의 소나무는 조선시대 내내 수난을 당한 것으로 보인다.

| 서울 남산의 소나무

태종 11년에는 장정 3천 명으로 하여금 스무 날 동안 서울 남산과 태평관 북쪽에 소나무를 심게 했다는 기록이 있다. 이는 조선시대 초기에 해당하는 일로, 당시 남산의 숲이 어느 정도로 황폐해 있었는지를 말해주며, 또한 소나무를 숭상하고 있었음을 알 수 있다.

한편 『경국대전經國大典』이 완성된 것이 세조 12년(1467)인데, 그 안에 서울 내외사산內外四山 나무의 금벌 조항이 들어 있다. 당시 대사헌 양성지梁誠之는 다음과 같이 기록하고 있다.

> 남산 기슭에서 태조 이래 이때까지 70여 년 동안 살아오고 있는데, 처음에는 남산에 백만 그루의 큰 소나무가 우거져 있었으나 근래에 와서는 귀천을 막론하고 낮에도 산에 들어가 생 소나무를 마구 베고 있다. 간악한 무리들의 도끼 소리가 요란하다.

중종 34년(1539)에 "사대부들이 사산금송四山禁松 하는 곳에 들어가 소나무를 마구 끊어내니 한탄할 일이다"라는 내용이 있다. 선조 21년(1588)에도 사헌부의 비슷한 상소문이 있었고, 선조 32년(1599)에는 임진왜란 후의 황폐화를 기록했다. 또한 영조 41년(1765)에 "경성 10리 내에서 소나무를 함부로 벤 자는 법률로서 죄를 정한다京城十里內 松木犯斫者 依律定罪"라는 대목이 있다. 벌칙이 엄하였다는 것은 그만큼 소나무의 수난이 심했다는 것을 말해준다.

## 소나무 보호 정책과 표석

조선시대 소나무 보호에 대한 정책 수단의 하나로 금산禁山, 봉산封山, 향탄산香炭山이 있었고, 이러한 목적으로 지정된 숲에는 표석標石을 만들어 세웠다. 그 중 몇 개는 오늘날까지 남아서 문화재로서의 가치가 크게 인정되고 있다. '금산'이란 용어는 일찍이 『경국대전』에 나타나는데, 그 뜻은 우량한 소나무를 보호하여 왕실 또는 국가적 소용에 충당하고자 한 산림으로, 일반인의 이용이 허용되지 않았다. 봉산은 금산과 거의 같은 뜻으로 쓰여진 것인데, 조선 후기 특히 영·정조 때 빈번히 기록에 나타나고 있다. 황장봉산黃腸封山, 선재봉산船材封山, 율목봉산栗木封山, 향탄봉산香炭封山 등 용도에 따른 명칭도 나타나고 있다.

현재 이러한 금산 및 봉산을 나타내는 표석은 문경, 영월, 인제, 치악산, 팔공산 등에 남아 있다.

## 박지원의 『열하일기』와 소나무

우리나라 숲의 황폐 원인에 대해서는 여러 가지로 설명할 수 있다. 이것을 소재로 해서 한 권의 책을 낸 일본 사람도 있다. 지질 및 지형 문제, 기상 문제, 목재 이용 문제, 추운 겨울과 연료 문제, 이때까지의 임업 정책과 제도 그리고 단속의 강도 문제 등 너무나 많다. 무엇이든 잘 되지 못하고 실패할 경우에는 항상 많은 이유가 붙기 마련이다.

흥미 있는 것은 연암 박지원이 쓴 『열하일기熱河日記』에 우리나라 산림 황폐의 원인의 하나를 자세하게 지적하고 있다는 점이다. 즉 그는 우리는 기와와 옹기를 사용하는 민족으로 일상적으로 사용하는 용기(그릇)는 거의 옹기로 만들어졌음을 이야기하고, 옹기를 구워내는 데에는 불 힘 좋은 소나무를 써야 한다고 했다. 다른 나무로는 기왓장이나 옹기는 구워낼 수 없다는 것이다. 그래서 옹기굴은 소나무 지대에 만들어지는데, 그곳의 소나무가 모조리 이용되어 산이 황폐해지면 다른 곳으로 옮겨가고, 다시 그곳의 소나무 숲을 탕진시키고는 또 다른 곳을 찾는다는 것이다. 그래서 우리나라의 산은 황폐해졌고 줄기 곧은 소나무는 자취를 감추게 되었다고 지적하고 있다.

박지원의 이러한 지적은 안타깝게도 사실이다. 과거 우리나라 산림 황폐의 원인에 있어서 이러한 것을 빠뜨리고 있었다는 것은 큰 실책이다. 그 많은 사기그릇, 질그릇, 각종 독, 기왓장이 깨지고 다시 보충되고 하는 생활문화 속에서 산의 나무가 점점 사라져갔던 것이다. 옹기굴에는 상상할 수 없을 정도로 막대한 양의 소나무 장작이 소요되었기 때문이다. 소나무는 쓸모가 많고 목재가 우수했기 때문에 그 몸은 도끼와 낫으로 찍히지 않을 수 없었고, 따라서 수를 누릴 수 없었다.

이와 같이 박지원은 우리나라 소나무 숲의 수난의 원인을 잘 지적하였다.

| 척박한 땅에서 자라는 소나무 고목

## 소나무 향기가 있는 한시

소나무에서 어떠한 향기를 맡을 수 있을까? 그것은 사람에 따라 다를 수 있다. 사과 하나를 보고 식물학자는 품종을 생각하고, 상인은 가격을, 예술가는 색채를, 일반 사람은 그 맛을 생각하게 된다. 한 그루의 소나무가 있을 때 그것이 사람의 마음에 던져 주는 맛과 향기는 다를 수 있다.

당나라 중기의 시인인 가도賈島의 다음 시는 높은 정신세계를 지닌 어떤 은자의 주변 상황을 알려주는 호소력 같은 것을 보여준다. 이 시는 민화로 그려져 지난날 서민들의 방 벽에 붙어 우리의 삶을 즐겁게 해주었다.

| | |
|---|---|
| 松下問童子 | 소나무 아래에서 동자에게 물으니 |
| 言師採藥去 | 스승은 약초 캐러 가셨다고 하네 |
| 只在此山中 | 다만 이 산중에는 계실 것이나 |
| 雲深不知處 | 구름이 깊어 계시는 곳을 알 수 없다고 하네 |

여기서 또 하나의 당시唐詩를 음미해본다.

| | |
|---|---|
| 懷君屬秋夜 | 가을밤 그대 생각이 나 |
| 散步詠涼天 | 싸늘한 길 걸으면서 시를 읊는다 |
| 山空松子落 | 텅 빈 산속 고요함에 떨어지는 솔방울 소리 |
| 幽人應未眠 | 그대 어찌 이 경지에서 잠을 이루겠나 |

삼라만상 온 천지가 고요에 싸여 있는데 떨어지는 한 톨의 솔방울 소리는 시인으로 하여금 깊고 넓은 우주를 내다볼 수 있도록 마음의 문을 열어준다. 소나무가 연출해내는 위대한 음향이요 음악이다. 세상을 쪼개는 듯한 가장 짧은 음률이다. 소나무는 고요한 철학적 분위기를 자아내는 나무라 할 수 있다.

세상 사람들이 소나무를 내다보는 눈에는 시정詩情이 넘친다. 솔잎 사이를 지나는 바람 소리는 마음의 때를 씻어내는 명약이었다. 많은 시와 문장을 통해

| 경북 울진 소광리의 금강소나무 숲

이러한 것을 짐작할 수 있다.

눈이 쌓이고 구름이 걸려 있는 수려한 산이 병풍처럼 둘러 있는데, 가늘게 솔바람 소리가 들려온다雪裏雲山玉作屛, 松風入耳細冷冷.

바람 물결이 푸르게 비치고 달빛은 외로이 밝은데, 솔바람 소리에 꿈꾸던 학鶴이 놀라더라風湍一碧月孤明 五粒颯鶴夢驚.

바람이 불어서 솔잎 음률이 허명虛明에 들어오다因風起籟入虛明.

솔바람 소리 멀리 들려오고, 밤중의 비바람 소리 학의 꿈을 놀라게 한다萬籟銷沈 聽遠音 風雨五更驚鶴夢.

이러한 문장들은 솔바람의 운치에 매료된 시감의 표현이라 할 수 있다. 이와 같이 소나무가 고형적固形的인 성상뿐만 아니라 유체성流體性도 잡아 음향의 아름다움을 담고 있다는 것은 다른 나무에선 찾아보기 힘들다.

『동국여지승람』에 보면 「남산팔영南山八詠」이 나오는데, 그중에서 '구월등고九月登高'에서는 다음과 같이 읊고 있다.

楓林酣遠壑　　단풍진 숲은 먼 골짜기를 가득히 메우고
松色護長邱　　소나무 푸른색은 층층이 언덕을 덮었더라

이 시는 남산의 가을 단풍과 푸른 솔이 어울리는 풍경을 자아내고 있다. 이때도 활엽수(단풍 지는 나무)는 낮은 곳에, 소나무는 위쪽이라는 생태가 잘 묘사되고 있다.

# 솔송나무

소나무과, *Tsuga sieboldii*

(栂, Ulleungdo hemlock, Southern Japanese hemlock)

---

미국에서는 좋은 목재를 생산하는 유명한 나무이지만, 우리나라에서는 울릉도에만 자란다. 아름드리가 되는 바늘잎 큰키나무로, 껍질에서 타닌을 얻을 수 있다.

## 울릉도의 솔송나무

솔송나무는 우리나라의 경우 울릉도에서만 찾아볼 수 있다. 잎이 주목과 닮았지만 끝 쪽의 생김새가 다르다. 즉 솔송나무의 잎은 끝 쪽이 약하게나마 갈라져 있는 느낌이지만, 주목의 잎은 끝이 뾰족하게 튀어나온 편이다. 솔송나무의 잎이 더 짧고 좀 성기게 난다.

내가 울릉도 대하령 고개 부근에서 본 솔송나무는 줄기가 갈라지고 웅장한 맛을 풍기고 있었다. 잎은 여성다운 점이 있지만, 골격은 남성적이라고 할까 씩씩한 편이었다. 강한 뼈대에 부드러운 손길로 학문하는 사람 같기도 했다.

솔송나무가 왜 울릉도에만 있는지는 설명하기 쉽지 않다. 이 나무는 일본에서 다수 찾아볼 수 있으며, 구미 각국에도 그 나라 나름대로의 솔송나무가 있다. 일본의 솔송나무 종자가 바닷물을 타고 또는 폭풍우와 함께 옛날 울릉도로 왔을지도 모른다.

## 나무의 특성

솔송나무 종자는 어디든지 떨어지면 싹을 잘 틔운다. 흙은 물론이고, 나뭇잎이 썩어 쌓인 곳도 좋고, 물기 있는 시냇가도 그러하고, 이끼 낀 넘어진 나무줄기 위도 좋다. 어디에나 떨어지면 그곳에서 어린 묘목이 된다. 따라서 큰 솔송나무 밑에는 어린 솔송나무가 많이 난 것을 볼 수 있다. 이와 같이 장소를 가리지 않고 그 생명을 탄생시킨다는 것은 성품이 까다롭지 않다는 것을 말해준다. 무엇이든지 주어지면 그것이 자기의 분수라고 믿고 최선을 다하는 나무가 바로 솔송나무이다.

솔송나무를 나타내는 한자를 우리는 가지고 있지 않다. 일본의 경우 이 나무에 대해 '나무 목木'변에 '어미 모母'자를 써서 '솔송나무 모栂'자를 만들어내고 있다. 우리나라 사전에는 이 한자가 나오지 않는다. '나무이름 모'자로 해서 설명하고 있는 사전이 있는데, 이는 일본 글자이며 매화나무와 닮았다고 주석을 붙이고 있다.

솔송나무가 매화나무와 닮았다는 것은 생각할 수 없는 일이다. 다만 구과

| 울릉도 솔송나무의 어린 솔방울

毬果(열매)의 모양이 겹매화꽃과 닮았다면, 이 또한 억지 주장이지만 어느 정도는 통할 수 있을 것 같다. 그러나 이것을 가지고 매화나무와 닮은 나무라고는 말하기 어렵다.

솔송나무는 큰 나무로 자라기 때문에 목재로도 쓰임새가 있으나, 껍질에 타닌tannin 함량이 많아 타닌 원료로 쓰이기도 했다. 일본과 미국에서는 타닌을 얻기 위해 이 나무의 껍질을 벗겨 이용했다.

## 미국의 솔송나무

미국 로키산맥에는 더글러스퍼Douglas-fir(미송)와 솔송나무가 많이 자라고 있으며, 시트카가문비나무도 유명하다. 미국이라는 나라가 워낙 큰 까닭인지 로키산맥에 자라는 이들 나무도 매우 크게 자란다.

1958년 여름 나는 미국 서해안과 로키산맥 쪽을 여행했는데, 그때 굵은 솔송나무가 끊어져서 삼림철도로 운반되고 있었다. 로키산맥에 자라는 솔송나무, 미송, 시트카가문비나무 등을 보려고 깊은 산중까지 들어갔다. 한적한 마을을 지나갈 때 원-로그 하우스one-log house라는 집을 구경할 수 있었다. 나무의 줄기 속을 파내어 만든 집이었다. 나무줄기의 지름이 3m가 넘었을 것으로 기억된다. 이 나무를 눕혀놓고 그 속에 구멍을 뚫어 집을 만든 것이다. 첫 번째 방은 그

| 캐나다 밴프(Banff) 국립공원의 솔송나무, 가문비나무, 전나무 혼효림

림엽서와 각종 기념품을 진열하고 팔고 있었다. 그다음 방에서는 차를 마실 수 있었다. 주인이 거처하는 침실도, 또 화장실도 있었다. 전기와 수도가 들어와서 마치 기차를 탄 것 같은 느낌이었다.

이 통나무집에 설명문이 붙어 있었다. 줄기 둘레 약 12m, 나무줄기 무게 14톤, 나무의 나이 400년이라고 쓰여 있었다. 또한 통나무를 이곳까지 운반해 오는 데 고생했다고 기록되어 있었다. 로키산맥에는 이보다 더 큰 나무도 있을 것이고, 이러한 원-로그 하우스는 얼마든지 만들 수 있을 것 같았다. 그렇지만 이 무거운 긴 통나무를 운반하는 것은 문제가 될 성싶다.

청교도들이 미국으로 건너와 땅을 개척할 때, 집을 빨리 지을 수 없어 구멍 난 큰 플라타너스의 줄기 속에 들어가 살기도 했다는 기록을 읽은 적이 있는데, 원-로그 하우스에 살았던 사람들은 진짜 자연을 맛볼 수 있었던 사람들이다. 우리나라에도 예전에 혹 뗀 영감이 하루 저녁 나무줄기 구멍 속에서 밝은 달을 감상하다가 도깨비를 만났다는 이야기가 있긴 하다. 다시 한번 로키산맥에 가서 지난날 내가 들렀던 그 원-로그 하우스에서 진한 커피를 마셔보고 싶다.

나는 그 통나무집을 사진 찍으려고 했는데, 그 크기를 비교할 것을 구하지 못해 당황하고 있었다. 그때 아주머니 한 분이 그곳을 지나가기에 나는 염치 불구하고 인사를 건넸다.

"아주머니 미안합니다만, 통나무집 옆에 좀 서 주시겠습니까? 사진을 찍어 고향에 가서 이 굉장한 나무의 이야기를 하고 싶습니다."

"좋고말고요. 보따리는 이쪽에 두고 내가 입구에 올라가서 서 있을 테니 찍어 보시지요."

아주머니의 적극적인 호응으로 나는 훌륭한 사진을 얻을 수 있었다. 대산맥의 정기가 햇볕의 먼지를 걸러 없애 주었기 때문에 선명한 파장이 나의 싸구려 카메라의 렌즈를 통과한 것이리라.

| 울릉도의 솔송나무

| 미국 뉴욕의 솔송나무 생울타리

솔송나무는 남을 닮는 모방가라고나 할까? 주목나무의 잎이 아름답기에 잎은 그것을 닮고, 열매는 낙엽송의 것이 멋이 있기에 그 구도를 그대로 빌려온 것 같다.

이러한 솔송나무를 우리 주변에서 흔히 볼 수 없는 것은 이상하고도 섭섭한 일이다. 그것은 이 나무가 너무 원시적인 야성을 지니고 있기 때문일까? 아니, 어릴 때의 자람이 너무 느리기 때문에 초조한 현대인은 솔송나무의 느림에 견딜 수 없어서 그렇게 된 것이 아닐까? 당황스럽게 설치는 요즘 사람들에게 어찌 솔송나무가 어울리겠는가?

바닷바람의 심호흡 없이는 답답하다는 호연지기에 사는 솔송나무는 역시 울릉도의 산 능선이 살맛 나는 곳이다. 천 년 만 년을 두고 이어온 동해바다 한 복판의 고요함 속에서 명상에 잠기고 싶다.

# 쉬나무

운향과, *Euodia daniellii*

(茱萸, Korean euodia, Bee-bee tree)

---

한자 이름 수유茱萸나무에서 발음이 편한 쉬나무가 되었다.
자잘한 새까만 씨앗에는 많은 기름 성분이 들어 있어
호롱불을 켤 때 이용했다. 옛날 선비들은 뒷산에 쉬나무를 심어
밤공부에 힘썼다고 한다.

쉬나무는 오수유吳茱萸와 형제간인 것으로 생각된다. 쉬나무의 한자명은 '조선오수유朝鮮吳茱萸'이며, '수유나무'라고도 부르고 있다. 생각컨대 '수유나무'에서 '수유'가 발음상 단축됨으로써 '쉬'가 되어 '쉬나무'로 된 것으로 보인다. 오수유나무는 소엽小葉이 더 좁은 폭으로 드문드문 붙은 느낌을 준다. 오수유나무 열매가 약용으로 쓰이고 있는 것은 널리 알려져 있다.

쉬나무는 오수유처럼 자웅이주雌雄異株, 즉 암나무와 수나무의 구별이 있다. 꽃 색은 녹색을 띤 황백색으로 꿀이 많이 흘러 밀원식물蜜源植物로 숭상되고 있다. 밀원식물에는 밤나무, 아까시나무, 싸리나무, 피나무 등이 있다. 아까시나무는 꿀이 많아 별명이 '비 트리Bee tree'로 그 뜻은 꿀벌의 나무라는 것이다. 그런데 쉬나무는 '비 비 트리Bee-bee tree'라는 별명을 가지고 있는데, 꿀벌이 더욱 좋

| 창덕궁의 쉬나무

아하는 나무 또는 꿀이 더 많이 나오는 나무 등의 뜻으로 해석할 수 있다.

쉬나무는 중국 북부 지방과 우리나라 각 지방에서 찾아볼 수 있다.

## 열매 기름과 호롱불

쉬나무는 지난날 공부하는 선비들이 살던 마을에 많이 있었다고 전해진다. 과거에는 지금처럼 전깃불 같은 조명이 없었고, 밤에는 주로 나무나 식물의 열매에서 짜낸 기름으로 어둠을 밝혔다. 그때는 '주경야독晝耕夜讀', 즉 낮에는 논밭에서 일을 하고 밤이 되면 책을 읽는다는 말이 있었는가 하면, '형설螢雪의 공功'이라 해서 어두운 밤에 조명 기구가 없어서 공부하는 데 고생이 많았음을 알 수 있다. 수학修學은 곧 암흑의 극복에 대한 노력과 같은 표현으로 나타내었다.

쉬나무 열매에서는 많은 양의 기름을 얻을 수 있고 또 결실량이 적지 않은 것으로 보아, 공부하는 사람들이 이 나무를 귀중하게 생각하였으리라는 것을 짐작할 수 있다. 우리나라에서 조사된 자료에 의하면, 수령이 30년이 넘으면 그루당 열매의 연수량年收量이 15kg을 넘는다고 한다. 이것은 약 30ℓ나 되는데, 기름을 얻는 나무로서 그 가치가 인정된다. 따라서 공부하는 선비의 집 부근에는 이 나무를 심었다고 한다.

나무가 원래 대목大木으로 되고 화량花量도 많은 까닭에, 한 나무에서 얻을 수 있는 열매의 양은 자연 많을 수밖에 없다. 등화가친燈火可親의 인연을 이 나무가 크게 도와주었을 것을 생각하니 고마울 뿐이다.

| 쉬나무 꽃과 열매

## 암수 선호의 기준

나무는 사람에게 이로움을 주는지 안 주는지에 따라 귀천의 차이를 가지게 되는데, 이는 그 나무가 자라는 곳의 사람들의 생각에 따라 다르게 평가받을 수 있다. 예를 들어, 은행나무의 경우 우리나라에서는 암나무가 더 좋은 것으로 평가되고 있지만, 일본이나 미국 같은 곳에서는 암나무보다는 수나무를 더 즐겨 심는다. 이는 우리나라에서는 은행의 식용적 가치를 더 중하게 여기는 반면, 외국에서는 가을이 되어 종자가 길바닥에 떨어질 때 그로 인한 지저분함과 청소의 필요성이 더 구차스러운 문제가 되는 까닭이다. 또 수양버들이나 능수버들의 경우는 수나무가 더 사랑을 받는데, 이는 수나무가 암나무보다 그 힘이 강건하고 모양이 더 아름다우며 또한 종자를 가지지 않아 사람들에게 더 깨끗한 환경을 제공할 수 있기 때문이다.

쉬나무가 있는 곳을 살펴보면, 큰 나무가 있을 때 그 부근의 뿌리에서 움싹이 많이 돋아 나오는데 이것을 뿌리움돋이根萌芽라 부른다. 이 뿌리움돋이가 새로운 자연묘自然苗를 만드는 것이다. 이것을 캐어서 심으면 독립된 나무로 된다. 암나무의 뿌리움돋이는 암나무로 되는 까닭에 과거에 암나무 뿌리움돋이가 더 선택되었을 것으로 생각된다. 그러나 암나무만 있으면 열매는 잘 맺어지지 않는데, 이는 암꽃이 피어 수꽃으로부터 꽃가루를 받아야 종자를 맺는 까닭이다. 여러 나무의 암나무가 있을 때 그 사이에 수나무가 간혹 서 있어야 결실량이 많아질 수 있다. 단, 밀원식물蜜源植物로만 이 나무를 평가할 때에는 암나무만으로 충분할 것이다.

**우상복엽(羽狀複葉)**
한 대궁에 몇 개의 작은 잎이 마주 달려 있는 모양

쉬나무는 잎이 우상복엽羽狀複葉이다. 광주 무등산과 황해도 장수산에 이르는 각지에서 찾아볼 수 있지만, 남부 지방에 더 많다. 대구시 수도산에 쉬나무 군락이 있고 그곳 낭떠러지에서 생육하는 것으로 보아 척박한 환경에 견디는 힘을 가지고 있음을 알 수 있다. 영덕군 축산면에도 분포하는데 모두 식재된 것으로 보인다.

쉬나무는 가을에 종자를 따서 겨울 동안 땅속에 묻어두었다가 봄에 뿌리는데, 씨를 뿌린 뒤에는 자주 물을 줘야 한다. 두 해 동안 60~80cm 높이에 달할 정도로 자라고, 휘추리 모양의 묘목이 얻어진다. 성장이 빠르고 큰 나무로 되면서 토질에 큰 구애 없이 생육이 잘되는 편이다. 열매는 새들의 먹이로서도 가치가 있다. 또한 석유 자원이 종말을 고하는 날 인류가 다시 쉬나무 열매의 기름으로 바이오디젤을 만들고 어둠을 밝힐 수 있게 될지도 모른다.

쉬나무 열매는 건위健胃, 진통鎭痛, 이뇨제利尿劑로 쓰이는데, 작은 것이 더 좋다고 한다. 중국에서 수입되는 오수유는 우리나라의 것과는 다른 종류로 소엽小葉(한 개의 대궁에 붙어 있는 여러 개의 작은 잎)의 수가 7~15개에 이른다.

올해도 가을이 되면 쉬나무 가지에 붉게 보이는 열매가 지천으로 달려서 그 화려함을 볼 수 있을 것이다.

| 쉬나무 고목의 줄기

# 스트로브잣나무

소나무과, *Pinus strobus*
(White pine, Eastern white pine)

북아메리카 원산의 바늘잎 큰키나무다. 목질이 연하고 가벼우면서 결이 좋아 선박재에서 장식재까지 두루 쓰인다.
전체적인 나무 모양새가 아름다워 조경수로도 널리 심고 있다.

스트로브잣나무는 미국 동북부 지방과 캐나다 동남부 지방에 나는 소나무이다. 우리나라 잣나무처럼 한 다발에 5개의 잎이 나는데, 우리나라 잣나무보다는 자람이 더 빠르고 껍질이 맨들맨들하며 잎이 부드럽고 솔방울이 가늘고 길며 모든 점이 여성답게 보인다. 이 나무를 미국 사람들은 백송白松, White pine으로 부르는데, 그 이유는 이 나무 목재의 색깔이 깨끗하고 흰 까닭이다. 반면 우리나라 잣나무는 목재의 색깔이 붉은 까닭에 홍송紅松으로 부른다. 서로 같은 잣나무 계통(잎이 5개인 소나무류를 잣나무 계통이라 함)이면서도 하나는 백송, 또 하나는 홍송으로 되어 재미있다.

스트로브잣나무는 우리나라에서도 곳곳에 심어지고 있다. 잣나무는 비교적 높은 곳까지 자랄 수 있지만, 스트로브잣나무는 우리나라에서는 땅이 좋고 낮은 곳에 더 알맞은 것 같다. 미국에서는 해발고도 1,500m까지 자란다고 한다. 위도에 관련해서 생태 품종이 분화되어 있을 것으로 짐작된다.

스트로브잣나무는 성숙하면 몸집이 거대하게 된다. 기록에 높이가 약 80m, 줄기 직경이 약 4m인 나무가 있다 하니 그 크기가 짐작이 된다. 미국 동북부 지방에서 침엽수종으로서는 이것보다 더 큰 나무가 없다고 한다. 400~500년 정도 살 수 있는, 말하자면 장수할 수 있는 나무에 속한다.

## 미국 개척사와 스트로브잣나무

스트로브잣나무는 미국 개척사開拓史와 관련이 깊다. 유럽에서 새로운 땅 미국으로 건너온 사람들은 대부분 미국 동북부에 상륙했는데, 이때 그들은 이곳이 스트로브잣나무로 덮여 있는 것을 목격하였다. 그래서 미국 개척의 첫 작업은 스트로브잣나무를 잘라서 다리를 놓고 집을 짓는 것부터 시작되었다. 그뿐만 아니라 미국에서 처음 수출한 물품이 스트로브잣나무 목재였다. 다시 말해서 미국 해외 교역의 첫 테이프를 끊은 것이 바로 이 나무의 목재였다는 것이다.

미국에서 가장 먼저 제재소가 들어선 곳은 1623년 메인주의 버위크Berwick로, 이곳에서 제재를 한 재료는 물론 스트로브잣나무였다. 이 나무는 목재가 연하고 결이 고와 조각 재료로도 많이 이용되었다. 뱃머리에 붙이는 장식이라든

| 광릉 국립수목원의 스트로브잣나무

지 교회당을 건축할 때의 장식 또는 큰 집을 지을 때에도 이 나무로 갖가지 세공을 해서 건축을 완성했던 것이다. 목재가 가볍고 연하며 칼질이 쉽게 된다고 해서 호박소나무Pumpkin pine란 이름도 얻고 있다.

미국의 개국開國은 스트로브잣나무를 중심으로 한 목재 생산으로 시작되어 산에는 벌채 막사가 만들어졌으며, 강에는 이 나무로 만든 뗏목이 수없이 흘러갔다. 온종일 산에서 나무를 잘라내는 폴 버니언Paul Bunyan(미국 민화에 나오는 힘이 장사인 영웅)의 전설이 한창일 때였다. 스트로브잣나무가 잘라져 제재소가 성황이었고 도시가 건설되어 갔다. 많은 노동자, 심지어는 예술가에 이르기까지 그들의 생계가 이 나무로 지탱되어 갔다.

이 지방의 산림 개척의 실마리는 실제로 인구가 밀집되기 시작한 그 이전부터 풀리고 있었다. 즉 1605년에는 영국 해군 제독인 조지 웨이마우스George Weymouth 경이 미국 동북부에 있는 메인주를 답사하고 그곳에 있던 스트로브잣나무를 잘라서 영국으로 가지고 갔다. 그는 그 나무로 선박의 돛대를 만들 심산이었다.

그 당시 영국은 막강한 해군력을 자랑할 때였고, 또 그것을 키워 나가고자 애를 쓰고 있던 때였다. 영국은 선박 건조를 위해서 특히 돛대의 재료를 발틱

Baltic 국가에서 물색하고 있었는데, 나무들이 작아 이어서 쓰지 않으면 안 되는 실정이었다. 이러한 상황에서 이곳에서 발견한 스트로브잣나무야말로 바로 그들이 가지고 싶었던 자원이었다. 웨이마우스 경이 이 소나무의 종자를 가지고 갔다고 하며, 따라서 영국 및 유럽 국가에서는 스트로브잣나무를 웨이마우스 소나무로 부르고 있다.

일찍이 영국은 이곳의 스트로브잣나무에 눈독을 들이고 그것을 영국으로 가져갈 작정이었다. 그래서 나무 직경이 60cm 이상 되는 것에는 모조리 왕의 화살표king's broad arrow(⇧)를 새겨두고 이 표시를 한 나무는 누구도 자르지 못하게 했으며, 자르는 사람에게는 큰 벌을 주곤 했다. 그러나 이러한 자원 착취 정책이 원인의 하나가 되어 그 뒤 미국 독립전쟁에 불을 붙이게 되었다고 한다. 나무의 힘이 크다고 할 수 있다.

스트로브잣나무는 미국 동북부 초기 경제의 주축을 이루었다. 이것으로 배를 만들고 그 목재를 수출해서 돈을 벌어들였기 때문에, 메인주는 그 주州를 상징하는 나무로 스트로브잣나무를 선정했다. 스트로브잣나무의 개척은 점차로 서쪽으로 옮겨갔고, 미네소타주까지 나아가서는 드디어 다른 수종의 개척으로 바뀌어갔다. 미국 동부에 있는 유명한 덮개다리covered bridge는 스트로브잣나무로 만들어졌으며, 이 외에도 펄프재, 성냥대 등 그 쓸모가 다양하다.

## 생물학적 특성

스트로브잣나무는 한랭하고 습기가 많은 곳을 좋아한다. 뿌리는 직근直根이 깊게 아래로 들어가며, 곁뿌리側根도 발달하는 편이고 수평 방향으로 나가지만, 곁뿌리에 가지가 생겨 아래로 땅속을 뚫고 들어가기도 한다. 이런 뿌리를 침하근沈下根, sinker roots이라 하는데, 높은 나무가 푸석푸석한 땅에서 그 몸집을 유지하고 바람에 이겨 나가자면 이러한 뿌

| 스트로브잣나무 솔방울

리가 이로울 것이다.

이 나무는 종자로 쉽게 증식될 수 있다. 늦여름이 되면 길게 생긴 솔방울에서 종자가 떨어져 나오므로 일찍부터 종자를 받도록 한다. 우리나라에서도 상당량의 종자가 얻어지고 있다.

스트로브잣나무는 어릴 때 응달을 좋아하는 음수陰樹이므로 해가림을 해주는 것이 좋다. 그러나 털녹병毛銹病, blister rust이라는 병균의 침해를 받아 못 쓰게 되는 일이 많다. 털녹병 균은 어린 나무나 늙은 나무나 가릴 것 없이 사정없이 달려드며, 까치밥나무Ribes가 중간 숙주이다. 우리나라 잣나무에도 털녹병이 발생하고 있는데, 잣나무 계통의 소나무를 괴롭히는 병으로 생각되고 있지만 국내 잣나무는 이 병에 대한 저항성이 강하다. 또 큰 나무의 심재心材를 썩게 하는 '소나무 말굽버섯'이라는 병균이 있는데, 다행히 전염성은 강하지 않다.

스트로브잣나무는 유전적으로 생태경사生態傾斜를 가지고 있고 종자 산지에 따라 형질에 차이가 있으므로 유의해야 한다.

**생태경사(生態傾斜)**
생태적 조건의 점진적인 기울기 변화에 수반하는 종의 형질이나 군락의 속성 등이 연속적으로 변하는 것. 수분경사, 기온경사 등이 있다.

| 미국 뉴햄프셔주 모아트산 등산로의 스트로브잣나무 천연림

# 시로미

시로미과, *Empetrum nigrum* var. *japonicum*
(烏李·岩高蘭, Japanese crowberry, Korean crowberry)

---

한라산 정상 부근과 북한의 고산 지대에 융단을 깔아놓은 것처럼
무리를 이루어 자라는 자그마한 늘푸른나무다.
키가 한두 뼘 남짓하며 초가을에 흑자색의 콩알 굵기 열매가 익는다.
핵과로서 즙이 많고 약간 신맛에 시큼하므로 시로미란 이름이 붙었다.

'시로미'라는 나무 이름은 다소 이국적인 맛을 풍긴다. 우리나라에서, 아니 세계적으로 보더라도 나무로서는 암매岩梅와 함께 그 크기가 가장 작은 것으로 생각된다. 문헌에 '상록의 작은 관목灌木'이라고 쓰여 있듯이, 시로미는 자라서 그 높이가 10~20cm가량 된다면 큰 편이며, 이와 같이 한 자도 못 되는 나무인 까닭에 매우 작은 나무로 취급할 만하다.

## 명칭

시로미의 한자명은 '오이烏李' 또는 '암고란岩高蘭'인데, 전자는 '까마귀의 자두'라는 뜻이다. 새들이 이 나무의 열매를 먹어서 그러한 이름을 얻었을지도 모른다. 가을이 되어 한라산의 시로미가 익으면, 이때 큰 까마귀들이 산을 날고 백록담의 돌벽에 모여든다.

시로미의 영어명은 Crowberry로 역시 '까마귀의 열매'라는 뜻을 가지고 있다. 동양 사람과 서양 사람이 시로미의 이름을 지을 때 서로 상의한 것은 아닐 텐데, 그 뜻이 서로 같다는 것은 아무래도 신기하다.

일본어명은 '간코란岩高蘭'이다. 시로미는 우리나라에서는 한 종種으로서 시로미속屬을 만들고 또 시로미과科를 만들고 있다. 이것은 은행나무가 역시 한 종으로서 은행나무속 그리고 은행나무과를 만들고 있는 것과 비슷하다. 이러한 식물을 우리는 '모노타입mono type'이라 부른다.

## 시로미 산지와 특성

1911년 도쿄대 나카이 박사가 제주도 한라산 1,700m 이상에서 시로미가 난다고 보고한 바 있다. 그 뒤 백두산 관모봉, 설령, 남포태산 등에도 시로미가 있음이 밝혀졌다. 시로미는 일본, 유럽, 캘리포니아 등에도 분포하고 있다.

시로미는 높은 산의 건조한 곳에 나고 작은 콩만 한 검은색 열매漿果, berry를 맺는다. 제주도 지방에서 이것을 '시로미'로 부르고 열매를 식용하였는데, 옛적부터 산에 살고 있는 선인仙人이 먹는 불로장생의 열매라고 믿어지고 있다. 양력 9월이면 제주 시내 시장에서 시로미 열매를 볼 수 있다.

| 시로미 잎과 익어가고 있는 열매

확실한 것은 알 수 없지만, 옛적 제주도를 동영주東瀛州라고 불렀을 때 한라산 위에 나는 시로미의 열매는 불로불사의 나무 열매라고 전해지고 있다. 나는 몇 번인가 한라산 정상까지 오른 일이 있지만, 시로미 열매를 많이 볼 수 없었다. 과거 한때 시로미가 분재盆栽 목적으로 채굴당한 일이 있는데, 천연기념물로서 잘 보호해야 할 것이다.

시로미는 잎이 가늘고 빽빽하게 달려 있다. 이것이 많이 나 있는 곳을 보면 융단과 같아서 그 위를 걸어가면 푹신푹신한 탄력을 느낄 수 있다. 그러나 이상하게도 이곳을 오래 걸어가면 피로를 느끼게 된다.

시로미의 꽃은 초여름 고산高山에 봄이 오면 곧 피게 되므로 늦게 올라가면 이 꽃을 볼 수 없다. 가지 끝에 나는 진홍색의 작은 꽃이 사람들의 눈길을 끈다.

우리나라에는 자웅이주雌雄異株의 경향이 뚜렷하지만, 스웨덴과 핀란드, 노르웨이에서는 자웅동주雌雄同株의 경우가 오히려 더 많다. 열매로 잼을 만들고 또 술을 빚기도 하는데, 많이 먹으면 취해서 두통이 온다고 해서 독일에서는

'라우슈 베에러Rauschbeere'라고 하지만 독이 있을 정도는 아니다.

시로미 잎은 실제로는 넓은데 돌돌 말려서 가늘게 보인다. 이는 높은 산에서 물의 증산蒸散을 줄이자는 뜻이며, 호흡 작용에는 지장이 없다고 한다. 강한 산성 땅을 좋아하고 꺾꽂이 또는 열매로 번식이 된다. 일반 정원 땅에서는 키우기 어렵고, 토탄土炭 같은 것이 있는 곳에서 키우는 데 알맞다.

내가 스웨덴의 산을 걸을 때 줄곧 시로미 열매를 따먹었던 기억이 나는데, 그러나 맛은 그곳에 함께 있는 들쭉의 열매만큼 진하지 않았다.

어느 해엔가 스웨덴의 산에서 학술 연구의 현장 발표가 있었다. 스웨덴 임목육종 연구소장인 예스타Gösta 박사가 열심히 무언가 설명을 하고 있는데, 세계 각처에서 모인 학자들이 처음에는 조용하게 설명을 듣고 있다가 한 사람 두 사람 발목 부근에 있는 시로미 열매를 따먹기 시작했다. 대부분의 사람이 이것을 따먹게 되자, 설명하고 있던 예스타 박사마저 시로미 열매를 따먹었다. 나는 그때 정말 순박하고 고결한 인간성을 가진 학자들의 모임이라고 생각했다. 나도 물론 열심히 시로미 열매를 따먹었다. 그 뒤 그분의 학술 발표는 다시 계속되었다. 그곳에 모인 사람들에게 시로미 열매의 맛은 새로운 것이었다.

# 시무나무

느릅나무과, *Hemiptelea davidii*
(刺楡 · 十里木, Hemiptelea)

옛날 길손의 이정표로 삼은 나무로서 십 리 혹은 이십 리의 거리를 나타내었다. 느릅나무와 비슷하지만 가시를 가졌다고 자유刺楡라고도 한다.

## 기형奇型의 날개

시무나무는 느티나무와 매우 닮았다. 잎에 맥이 뚜렷하게 발달해 있고 가장자리에 톱니가 야무지게 생겨 있는 것이 흡사하다. 느릅나무과에 속해 있어 느릅나무, 팽나무, 느티나무들과는 일가친척인 셈이다. 겨울에는 잎이 떨어지는 낙엽수이고 키가 큰 나무이지만, 대부분 줄기를 자르기 때문에 키 큰 나무는 보기가 힘들다.

이 나무는 가지에 긴 가시가 많이 나 있기 때문에 쉽게 손을 댈 수 없다. 느티나무 열매에는 날개가 전연 없는 반면, 느릅나무 열매는 양쪽에 넓은 날개를 가지고 있다. 시무나무는 그 중간으로서 열매 한쪽에만 날개를 가지고 있어 반쪽의 기형奇型을 이룬다. 따라서 시무나무는 느릅나무와 느티나무를 이어주는 중간의 위치라고 할 수 있다.

시무나무의 학명에 헤미프텔레아Hemiptelea라는 단어가 들어가는데, 헤미hemi는 반半을 뜻하고 프텔레아ptelea는 날개를 뜻한다. 이와 같이 시무나무의 열매는 주목의 대상이 된다.

시무나무의 꽃은 5월경 햇가지 아래쪽에 무더기로 모여서 핀다. 대부분의 꽃들은 봄에 피지만, 이 나무는 초여름에 피는 늑장을 부린다.

## 문헌 속 시무나무와 그 명칭

김삿갓의 시에 "이십수하삼십객二十樹下三十客 사십촌중오십반四十村中五十飯"이란 것이 있다. "스무 나무 밑에 쉬고 있는 서러운 손님은 망할 놈의 마을에서 쉰밥을 대접받았다"라는 뜻인데, 스물 서른 마흔 쉰 하는 발음을 잘 구사한 것으로 '이십수二十樹'란 곧 시무나무를 흉내 낸 발음이다.

그러나 시무나무 이름을 정식으로 '이십수'라고 하지는 않는다. 한자로는 '자유刺楡'라고 하는데, 가시가 있고 느릅나무와 닮았다는 뜻이다. '십리목十里木'이라고도 하는데, 오리나무를 오리목五里木으로 쓰는 것과 견주어서 거리의 관념이 나무 이름에 들어간 것으로 어떤 의미가 들어가 있는지는 잘 모르겠다. 그러나 일본 등 다른 나라에서 예전에 도로의 이정里程(거리)을 나타내기 위해

| 시무나무 고목의 줄기

| 시무나무 꽃

표적이 되는 나무를 심었고, 오리목이나 십리목도 이러한 의미에서 온 것이 아닌가 생각된다.

시무나무는 또 한자로 '櫙'(시무나무 추, 때로는 樞)라고도 쓴다. 『시경詩經』「당풍唐風」에 보면 "산유추山有櫙 습유유濕有楡"라는 노래의 첫머리가 나오는데, "산에는 시무나무가 있고 들에는 느릅나무가 있다"는 뜻이다.

시무나무는 우리나라에서는 양지 바른 낮은 땅에서 흔히 볼 수 있다. 이 나무는 중국에도 나지만, 일본 및 구미 각국에서는 찾아볼 수 없다. 이 나무는 동양적이고 특히 한국적인 맛을 풍겨 준다.

## 시무나무의 추억

시무나무의 햇잎은 식용 가능하다. 어릴 적 나의 어머니는 이 나무의 잎을 콩가루와 버무려 밥솥에 얹어 쪄서 밥을 푸기 전 시무나무 잎맥을 나의 두 손바닥에 수북이 얹어주셨다. 나는 이것을 가지고 밖으로 나가 먹으면서 걸어다니

| 경북 영양 주남리의 시무나무 숲

곤 했다. 그 독특한 초봄의 맛이 좋았다.

나의 고향 마을 입구에는 성황당 숲이 있었다. 두 그루의 시무나무 노목, 그리고 몇 그루의 팽나무 노목이 그 주인공이었고, 이 나무들에 오래된 덩굴식물이 감겨져 있었다. 이들 나무는 누군가에 의해 심어진 것이 아니고, 옛날부터 그곳에 있던 것을 그대로 보호한 것이었다. 다른 곳에도 이러한 시무나무가 있었을 텐데, 대부분 도끼와 낫으로 베어졌다. 이렇게 해서 시무나무는 희귀한 나무가 되어 버렸고, 이제는 외국의 뜻있는 학자들도 그 번식을 희망하고 있다.

시무나무는 종자로도 잘 번식될 수 있으며, 가지를 휘어서 땅에 묻으면 그곳에서 뿌리가 내리기 때문에 묘목을 만들 수 있다. 가구재 또는 풍경수로 쓰이며, 생울타리 조성에 적격이다. 이 품위 있는 수종을 우리나라에서 좀 더 많이 볼 수 있었으면 한다.

# 신나무

단풍나무과, *Acer tartaricum* subsp. *ginnala*
(色木·楓樹, Amur maple)

---

단풍나무보다 단풍이 오히려 더 곱게 들어 '색목色木'으로도 불린다.
껍질이나 잎에서 진한 회색 염료를 뽑아
스님들의 옷을 물들이는 데 이용했다.

## 가을의 단풍 신나무

봄을 찾기 위해서 산속으로 갔다면 살필 것은 피어나는 잎과 꽃일 것이고, 가을을 찾아 산으로 갔다면 물든 나뭇잎을 살폈을 것이다. 봄과 가을을 산에서, 그것도 그곳에 자라는 나무들에서 찾는다는 것은, 자연의 대표로서 자연의 변화를 알려 주는 가장 믿을 만한 대상이 바로 나무란 것을 의미한다. 나무의 위대함을 이로써 알 수 있다.

자연의 변화를 보고 계절의 흐름을 느끼며 살아가는 것은 행복한 삶이라고 할 수 있지만, 우리 주변에서 이러한 삶을 향유하고 있는 사람들을 많이 볼 수 없는 것 같다.

매월당梅月堂 김시습의 시 중에서 "화시산중력花是山中曆 풍위정리빈風爲靜裏賓"이란 시구가 있다. "꽃은 이것이 바로 산골에 사는 사람에게는 시절을 알려 주는 달력이요, 고요한 때 불어오는 바람은 곧 이것이 귀중한 손님이다"라는 뜻이다. 이때 꽃으로 말한 것은 꽃 이외에 나무 각 부분이 나타내는 변화라는 뜻을 담고 있다고 본다. 아무튼 나무와 숲에서 자연의 변화와 흐름을 짐작하는 평화스럽고 고결한 경지가 아닐 수 없다.

송강松江 정철의 다음 시도 음미할 만하다.

| | |
|---|---|
| 曆日僧何識 | 오늘이 몇 월 며칠인지 산속의 중에게는 무슨 소용이겠는가 |
| 山花記四時 | 산에 피는 꽃들이 네 계절을 알려 주고 있지 않는가 |
| 時於碧雲裏 | 지금은 바야흐로 푸른 하늘에 흰 구름 흐르고 |
| 楓(桐)葉坐題詩 | 나는 단풍진 잎에 의젓이 시를 지어 쓰노라 |

이 시는 깨끗한 마음의 경지를 잘 묘사하고 있다. 단풍잎에 글을 쓴다는 것이 무척 마음에 든다.

## 어원과 용도

'풍楓'자의 식물학적 검토에 있어서 흥미로운 면을 찾아볼 수 있다. '풍楓'은 한

| 신나무와 풍향수(楓香樹)의 열매

자 사전을 보면 '단풍나무 풍' 또는 '신나무 풍'으로 설명하고 있는 반면, 『훈몽자회訓蒙字會』에는 '신나무 풍'으로 나와 있고 '단풍나무 풍'이란 말은 없다. 물론 『훈몽자회』는 설명을 간단하게 했다고 하지만 신나무 풍을 언급하였다는 점에서 주의를 끈다. 한편 어떤 한자 사전에는 '풍楓'은 단풍나무과에 속한 모든 낙엽교목을 통틀어 말한다고 설명하고 있다. 또 기록에 의하면 신나무를 조선에서는 단풍丹楓이라 하고, 만주 지방에서는 색목色木으로 말하며, 풍엽楓葉 즉 신나무 잎은 우중충한 검은색皁色 물감을 얻는 데 쓴다고 했다. 그리고 중국에서 '풍수楓樹'라 하면 신나무를 뜻한다고 했다.

단풍나무과에는 단풍나무속 하나만 있는데, 신나무는 그중 가장 간단한 잎 모양을 가지고 있고 잎이 세 갈래로 갈라져 있어 식별하기에 어려움이 없다. 우리나라 모든 지역에 자라고 있고, 외국의 경우 일본, 만주, 중국 본토(양쯔강 하류에서 동북 지방까지), 몽고, 시베리아 동부에도 분포한다. 작은 교목으로서 목재의 용도가 다양한 편은 아니지만 재질이 단단해서 담봉擔棒(멜대) 및 가구재로 이용되었고, 잎은 염료로 쓰여졌다. 줄기의 껍질은 섬유질이 발달해 있어 종이 만드는 재료로 쓰이며, 열매는 기름을 짜 이용한다.

이수광의 『지봉유설芝峯類說』에 보면 두시杜詩 중 "청풍엽적천우상靑楓葉赤天雨霜"에 대해서 풀이하고 있는데, "청풍靑楓의 잎이 붉게 되니 하늘에서는 서리가 내리다" 하는 청풍은 '푸른 단풍'이란 뜻이 아니고 '신나무'를 뜻하는 것이라고 단정하고 있다. 즉 청풍青楓은 나무 이름으로서 지금 염색 재료로 쓰고 있는 것이 바로 이 나무라고 했다. 신나무의 한자명은 풍수楓樹 또는 색목色木인데, 이 중 색목이란 염료로 쓰이는 나무라는 뜻이다.

이와 같은 '신나무 풍楓'자에 대한 해석이 중국의 경우 조금 다르다. 이시진李時珍의 『본초강목本草綱目』에 "풍목지간수용楓木枝幹修聳 기실성구其實成毬 유유자有柔刺"라는 말이 있는데, 이것은 우리가 말하는 신나무 또는 단풍나무가 아니라 풍향수楓香樹, *Liquidamber*속 나무로 우리나라에는 원래 없는 것이다. 열매가 오리알만 하고 나무줄기가 위로 쭉 솟은 것이 사시나무白楊와 비슷하고, 가을에 성숙해진 굵은 열매는 불에 잘 타고 열매에 부드러운 가시가 나 있는 것이 이를 말해준다. 따라서 이때의 풍楓은 리쿠이담버를 뜻한다.

중국에서는 신나무를 '풍수楓樹'로 표현하기도 하지만, '다조척茶條槭'이라고도 불리고 있다. '다조척茶條槭'이라고 부르는 것은 봄철 어린잎을 따서 차를 만들어 마신다는 것에서 얻어진 이름으로 짐작된다.

신나무 껍질은 검은색이나 진한 회색을 내는 염료로 사용했고, 따라서 승려들의 의복은 신나무를 염료로 해서 많이 염색되었다고 한다. 얼룩덜룩한 잿빛 옷을 입은 승려들의 모습은 우리 눈에 무언가 이 세상과는 색다른 느낌을 주지만 또한 친근감이 간다. 아름다움을 멀리하고자 애쓴 모습을 보여주는 색깔, 아니면 절간 옆에 있는 신나무 잎을 손쉽게 이용한 결과 나타난 색깔로 생각된다.

이러한 회흑색을 조색皁色으로 말하기도 한다. 그래서 신나무는 조색을 얻는 재료로 이용되었다. 지난날 만주 지방의 노동자를 '쿨리cooly, 苦力'라고 불렀는데, 이들 쿨리는 감색紺色 옷을 입었고 지금도 중국 사람들은 진한 하늘색 옷을 좋아해서 많이 입는다고 한다. 지난날 쿨리들은 주로 신나무 잎으로 그들의 옷을 염색했는데, 그때 우리나라에서는 염색 재료로서 많은 양의 신나무 잎을 만주 지방으로 수출했다. 특히 평안북도 의주, 창성, 삭주, 위원, 초산, 강계, 자성, 원창의 압록강 남쪽 소위 강남 8군은 다량의 신나무 잎을 압록강 하류에 있는 안동으로 수출했다. 기록에도 이 풍엽楓葉의 수입이 매우 많았다고 되어 있다.

아무튼 '풍楓'자는 단풍나무과에 속하는 모든 나무를 말한다고 해석하는 것이 우리로서는 가장 무난한 것으로 보인다.

### 단풍의 시심詩心

단풍 하면 단풍나무과 나무만 생각할 필요는 없다. 우리나라 강산은 가을이 되면 단풍으로 황홀한 단장을 한다. 금수강산이란 아마도 가을철의 불타는 듯한 숲의 경치를 두고 표현한 것이 아닌가 한다. 우리나라는 산악성 국토이고 많은 종류의 나무가 모여 살고 있기에 단풍 또한 다채롭고 아름답다.

단풍나무야 더 말할 것도 없고 그 밖에도 옻나무, 붉나무, 화살나무, 빗살나무 등은 이루 표현할 수 없는 아름다운 단풍을 만들어낸다. 참나무류의 단풍, 포플러 특히 양버들의 노랑, 은행나무의 노랑은 가을 색채로서는 모두 최상급이다.

나뭇잎이 단풍이 되어 땅으로 떨어진다는 것은 그 생애를 아름답게 끝낸다는 것이지만, 인간의 눈에 이것은 가을의 상징으로 쓸쓸하게 보인다. 생애가 끝난다는 것은 그것이 아무리 장엄하고 화려한 것이라 하더라도 한스럽고 쓸쓸한 것이다. 불생불멸不生不滅, 공즉시색空卽是色이라고 하지만, 초월하지 못한 우리 인생에서 그 형태가 없어진다는 것은 슬픔과 통하는 것으로 여겨진다. 따라서 가을의 단풍나무는 시와 문장 속에서 성숙의 쓸쓸함으로 많이 등장하고 있다.

| 신나무 단풍

| | |
|---|---|
| 吟風杪秋樹 | 가을바람의 끝머리가 나무를 울리는데 |
| 對酒長年身 | 내 이 나이로서 술을 대하고 있노라 |
| 醉貌如霜葉 | 취한 나의 얼굴이 서리 맞은 단풍잎처럼 붉지만 |
| 雖紅不是春 | 다 하더라도 이것은 이미 봄은 아니다 |

늙은 사람의 술로 말미암은 붉은 낯빛은 말하자면 홍안紅顔이라 할지라도, 그것은 봄이 아니고 가을 단풍의 빛이라 하는 것이다. 가을 단풍에 늙음을 붙이고 있는 심정이 이해가 간다.

| | |
|---|---|
| 秋風落葉正堪悲 | 가을 달밤에 단풍잎이 지니 슬픔을 참을 수 없다 |
| 黃菊殘花欲待誰 | 남아 있는 황국은 누구를 기다리고 있는가 |

그러나 흐르는 자연은 거역할 수 없는 것이고, 어느 순간이라도 그것에 만족하고 즐기는 것이 옳다. 쓸쓸함을 극복한다는 것은 오히려 위대한 행위로 보아야 할 것이다. 백거이白居易의 다음 시에서는 생애를 아름답게 꾸며나가는 품격 높은 사람의 지혜가 돋보인다.

| | |
|---|---|
| 林間暖酒燒紅葉 | 산속에서 단풍잎을 모아 태워서 술을 덥히고 |
| 石上題詩掃綠苔 | 돌 위의 푸른 이끼를 없애고 앉아서 시를 쓴다 |

# 아카시아(아까시나무)

콩과, *Robinia pseudoacacia*

(刺槐, Black locust)

북아메리카 원산으로 19세기 말에 황폐한 산의 복구를 위하여 들여왔다. 꽃에서는 질 좋은 꿀을 따며, 목재는 단단하고 무늬가 고와 쓰임이 요긴하다. 『국가표준식물목록』에는 '아까시나무'로 표기되어 있다.

## 순백의 아카시아 꽃에 대한 향수

아카시아. 멋있고 듣기 좋은 이름이다. 나는 이 나무 이름을 좋아한다. 중학교 시절 아카시아 노래가 유행했었다. "아카시아 숲속으로 역마차는 달려간다"라는 가사였다. 이 노래는 만주의 하얼빈을 무대로 한 것으로, 나는 만주에서 마차를 타본 일이 있다. 우거진 아카시아 숲속을 마차로 달리는 기분은 무엇과도 바꿀 수 없다.

**주의!**
'아카시아'는 호주 및 남태평양 원산의 노란 꽃을 피우는 나무이고, '아까시나무'는 북미 대륙 원산으로 19세기 말 중국에서 도입되어 우리 주변에서 흔히 볼 수 있는 나무이다. 본문에서는 이 아까시나무를 '아카시아'로 부르고 있지만, 『국가표준식물목록』에는 '아까시나무'로 표기되어 있다.

아카시아는 초여름에 흰 계절의 꽃을 피운다. 싱싱한 흰빛으로 장식한다. 아카시아 꽃은 왜 흰빛일까? 초여름에 피는 꽃은 흰 것이 많다. 이팝나무의 꽃이 그렇고, 고광나무와 쥐똥나무, 으아리, 밤나무, 산딸나무 등 모두 흰 꽃으로 풍성한 여름을 맞는다.

아카시아는 계절의 꽃을 단다. 초여름은 계절의 절정이다. 하늘을 보고 또 아카시아 꽃을 보고 그 맑은 공기를 들이마실 때 마음의 문은 열리고 만다. 남의 잘못이 눈에 띄지 않는다. 부드럽고 평화스러운 그것이 가슴속에 꽉 찬다. 젊은 가슴이 환희의 감격으로 터질 것 같은 계절, 바로 이때가 아카시아 꽃 필 무렵이다. 그래서 아카시아 꽃이 좋다.

어떤 해인가 유별나게 아카시아 꽃이 많이 피었다. 지난날 나는 이렇게도 많은 아카시아 꽃을 본 적이 없었다. 아카시아 꽃에서는 꿀이 흐른다. 그래서 '비 트리Bee tree, 꿀벌나무'라는 별명도 있다.

아카시아 꽃은 우리나라 남해안에서부터 피기 시작해 북쪽으로 올라온다. 아카시아 꿀을 모으는 사람들은 자동차에 벌통을 싣고 남쪽에서 초여름을 따라 북쪽으로 나아간다. 꿀이 흐르는 땅을 따라 나그네가 되어 가는 것이다. 그 사람들은 큰 아카시아 나무가 더욱더 많았으면 한다.

아카시아가 우리나라에 들어온 것은 19세기 말이다. 그 후 이 나무가 많이 심어졌기 때문에 이제는 우리나라 나무같이 되었다. 몇 해 전에 일본 친구가 방문했을 때 나는 서울 남산으로 친구를 안내했다. 그는 길에 오르면서 아카시아 꽃 향기를 맡으면서 옛 고향의 냄새라고 하며 감격해 했다. 그의 가족은 지난날 서울에 살았는데, 그의 어머니는 그에게 한국에 나가거든 아카시아 꽃과 잎을 가져다 달라고 부탁했다고 한다. 그래서 그는 한 줄기 아카시아 꽃과 잎을 가지고 돌아갔다.

옛 고향의 추억은 나무와 함께 살아나게 된다. 산도 좋고 물도 좋고 개울도 좋지만, 추억에는 나무가 좋다. "나의 살던 고향은 꽃피는 산골, 복숭아꽃 살구꽃 아기 진달래~." 얼마나 화려했던 고향인가. 향수鄕愁가 아카시아 꽃 향기에 실려서 천 리 만 리 퍼져나간다. 꽃이 져도 향기는 남아 있다.

## 용도

아카시아는 미국이 원산이다. 미국에서의 기록을 보면 큰 나무는 높이가 30m를 넘고, 줄기의 지름이 약 1.7m에 이른다고 한다. 미국에서는 과거 아카시아 나무를 배를 만드는 데 썼는데, 이는 이 나무의 목재가 강인하고 오래 견디기 때문이다. 또한 황폐지 조림에도 이 나무가 많이 사용되었다. 루스벨트 대통령이 아카시아를 이용하여 테네시강 유역 황폐지 복구에 성공한 사례는 유명하다. 이 점은 우리나라도 마찬가지이며, 프랑스 동부와 독일 서부, 헝가리 등에서도 아카시아를 많이 심고 있다.

우리나라는 아카시아를 많이 심은 나라로 손꼽힌다. 이는 황폐지 조림에 알맞은 특성을 가지고 있고, 또 땔감으로 적당하며, 잎은 가축의 사료로 쓰일 수 있기 때문이다.

아카시아 가지에는 가시가 나 있어 사람들이 싫어하기도 한다. 나무의 가시는 두 가지로 구별된다. 아카시아의 가시는 손으로 누를 때 똑똑 잘 떨어지는데, 이러한 가시는 나무껍질이 변해서 가시가 된 것으로 껍질가시라고 할 수 있다. 반면 탱자나무나 시무나무, 주엽나무 같은 것은 이와 같이 가시가 떨어지지 않고 칼로 잘라내야 떨어진다. 이러한 가시는 가지가 변해서 된 것으로 가지가시라고 할 수 있다.

아카시아 중에는 가시가 없는 것이 있다. '민둥아카시아'로 불리며, 취급하기 편리하고 가축의 사료로도 좋다. 가시 없는 아카시아는 일반 아카시아가 변해서 된 것이다. 그런데 가시 없는 아카시아로부터 종자를 따서 땅에 뿌리면 생겨나는 묘목의 약 반은 가시가 있고, 다른 반은 가시가 없게 된다고 한다. 가시 없는 아카시아는 키가 작고 모양이 둥글게 되는 것이 있다.

## 특성

아카시아는 자람이 매우 빨라 10년이 되면 키가 10m나 되기 때문에 좁은 뜰에 심을 만한 것은 못 된다. 겨울에는 잎이 떨어져 쓸쓸한 겨울의 맛을 한층 더 강조해준다. 이와 같은 야성적인 자연의 맛을 맛보기 위해서는 이 나무를 심는 것이 좋다.

어떤 사람들은 이 나무의 뿌리가 땅속으로 퍼져나가 움싹을 내고 또 퍼져나가는 까닭에 심을 것이 못 된다고 한다. 특히 묘 안으로 파고들어가서 곤란해져 아카시아 나무를 없애는 방법을 문의해오기도 한다. 경우에 따라서 이러한 일이 발생할 수 있는데, 이에 대해서는 여러 방법이 있다.

줄기를 모조리 잘라주면 어린 새 가지가 돋아 나오는데, 가지를 20~30cm 정도 남겨놓고 잘라버린 뒤 이 가지를 휘어서 끝 쪽을 약물이 들어 있는 유리병에 잠기도록 한다. 이때 약물이란 황산동액이나 석유, 그 밖에 나무를 죽이는 약殺木劑을 물에 탄 것이다. 이와 같이 하면 줄기가 약물을 빨아먹고 그 줄기와 관계있는 나무 부분은 죽게 된다. 다른 나무도 그렇지만 아카시아는 특히 뿌리로 서로 연결이 잘 되어 있다. 한쪽 줄기가 죽게 되면 이 나무와 뿌리로 이어져 있는 다른 줄기도 해를 입게 된다.

아카시아는 장소에 따라서 가로수로 심을 수 있고, 또한 풍치수나 녹음수로도 좋다. 아카시아 목재는 잘 썩지 않는 까닭에 예전에는 철도 침목으로 많이 이용되었다. 땅속에서 오래 가므로 말뚝으로는 참나무 종류보다 더 좋다. 그러나 이 나무는 건조하고 바람이 부는 곳에서는 자람이 좋지 않다.

아카시아의 꽃말은 '아름다운 우정'과 '청순한 사랑'이다.

### 정태현 박사 이야기

사람은 살아가면서 많은 사람들을 만나게 된다. 기억에 오래 남는 사람도 있고, 기억에서 영영 없어지고 마는 사람도 있다. 나에게 훌륭하다는 인상을 남긴 몇 분은 철두철미하게 온유하고 성내는 것을 볼 수 없는 그러한 인간성의 사람이다. 그중 한 분이 존경하는 정태현鄭台鉉 박사이다.

그는 '마음씨 고운 할아버지'란 인상, 그것이 거의 전부였다. 모나지 않고 자기 자랑을 하지 않으며, 할 수 있는 한 남을 도우려고 한 분이었다. 정 박사가 1943년 출간한 명저 『조선삼림식물도설朝鮮森林植物圖說』을 바탕으로 하여 1956년에 『한국식물도감』 목본 편이 신지사新志社에서 발행되었다.

1943년에 일본어로 낸 책에는 우에키植木秀幹 교수가 서문을 썼다. 우에키 교수는 훌륭한 인격자로 아량이 넓고 사리가 분명한 분이었다. 정태현 박사의

| 경북 상주 평천리의 아까시나무

책에 '아가시나무(혹은 아까시나무)'가 나온다. 한자명은 자회刺懷로 가시刺가 있는 회화나무懷라는 뜻이며, 잎의 모양은 우상복엽羽狀複葉으로 서로 닮은 점이 많고 함께 콩과에 속한다.

## 명칭의 유래

이 나무가 19세기 말 우리나라에 도입 및 식재되었을 때 '아카시아' 또는 '니세아카시아'라는 이름으로 보급 및 홍보되었다. 그래서 당시 사람들은 쉽게 '아카시아'라고 불렀다. 그런데 식물학상으로는 아카시아*Acacia*라는 속이 따로 있고, 역시 콩과에 속하며, 호주에 많고 아프리카 사바나에도 있다. 건조한 아열대부터 난온대 중심으로 분포하며, 내한성耐寒性이 약하기 때문에 일본이나 우리나라에서는 거의 심지 않고 있다. 발음상으로 아카시아*Acacia*속이 아카시아지만, 로비니아*Robinia*를 아카시아로 부르는 사람도 많다.

아카시아속 나무는 고대 이스라엘 및 바빌로니아 사람들이 신목神木으로 여기고 생명력의 상징으로 삼았다고 한다. 아카시아*Acacia*의 어원語源은 그리스어의 아키스Akis(돌기 또는 바늘의 뜻)에서 온 것으로 가지에 발달한 가시를 뜻한다. 이런 점에서는 아카시아속이나 로비니아속이나 비슷하다.

그런데 우리나라에서 일반적으로 많이 볼 수 있는 로비니아속 미국 원산의 Black locust를 아카시아로 부르면 호주 원산의 아카시아 속명과 똑같아 혼란이 있을 수 있다. 일본 사람들도 '니세아카시아ニセ·アカシア' 또는 '하리엔주ハリエンジュ(가시회화나무)'로 불러 '아카시아'라는 말은 피하고 있다. 이러한 것이 이유가 되어서 정태현 박사도 '아가시나무'로 말한 것으로 짐작된다. 일본명 '니세아카시아'는 가짜 아카시아false acacia 또는 학명에 나타나는 슈도아카시아pseudoacacia(가짜 아카시아)를 그대로 번역한 것이다. 그런데 일본의 일반 식물학자들은 가시회화나무라는 명칭을 고집하고 임업계의 통칭, 즉 니세아카시아를 받아들이지 않고 있다.

속명 로비니아*Robinia*는 캐나다에서 프랑스로 그 종자를 처음 옮겨간 진 로빈Jean Robin을 기념하기 위해서 린네Carl von Linné가 명명한 것이다. 영국에 아카시아가 들어간 것은 그 뒤 미국의 버지니아주로부터였다.

그런데 『웹스터 영어사전(1983)』에 아카시아acacia의 발음은 '아케이셔'로 되어 있고, 이는 호주 원산의 소위 아카시아속 나무들, 미국 원산의 소위 로비니아속 나무들을 뜻한다고 되어 있다.

아카시아는 국민들의 가슴 깊은 곳에 담겨 있는 생활문화적인 나무 이름이다. 미국인이나 일본인이 '아카시아'로 부르는 관행에 대해서, 또 그것이 식물학적으로 타당한지에 대해서 그들은 심각하게 생각하지 않는다. 오히려 국민생활문화에 바탕을 둔 그러한 이름이 사랑을 받고 있다. 아카시아 꿀, 아카시아 껌, 아카시아 치약이 그러한 것들이다. 다음 노래 가사 중 '아카시아 흰 꽃'은 너무나 황홀하다.

고향 땅이 여기서 얼마나 되나
푸른 하늘 끝닿은 저기가 거긴가
아카시아 흰 꽃이 바람에 날리니
고향에도 지금쯤 뻐꾹새 울겠네

아카시아가 짜릿한 맛의 감미로운 음향 가치가 있는 용어라면 아카시아에 향수를 던지지 않을 수 없다. 까다롭고 어려운 논의보다는, 기분 좋고 또 남들이 하는 것이라면 그것이 좋다는 것이다.

아카시아는 이제 우리의 나무가 되었다. 우리의 산야를 덮고, 흰 꽃의 타래 타래가 주렁주렁 넘실거리며, 흰 구름이 산기슭에 또 마을 뒤에 내려앉은 듯한 경관은 이제 우리 대한민국의 것이 되고 말았다. 그 원산이 미국이라는 것을 따질 필요가 없다. 은행나무가 중국 원산이라 해서 우리나라에서 이단자 취급을 하지 않는다. 벼, 감자, 포도, 호박, 고추가 외국에서 들여온 것이라 해서 색다르게 생각하지 않는다. 모두 우리 것이다.

## 헝가리의 아카시아

나는 1997년 6월 초 헝가리의 아카시아 임업을 견학한 적이 있다. 헝가리 임업을 떠받치고 있는 수종은 아카시아이고, 아카시아 꿀이 흐르고 있는 나라가 바로 헝가리다. 아름다운 다뉴브 강가에 고색창연하게 위용을 자랑하는 국회의사당 건물이 있다. 이 건물로 진입하는 길가에 아카시아 노거목이 줄로 심어져 다뉴브강의 아름다움을 더해주고 있었다. 헝가리에서도 아카시아는 외래 수종이다. 왜 그들은 외래 수종인 아카시아로 역사적 전통이 있는 국회의사당 건물을 둘러쌌을까? 어리석어서일까, 아니면 그들의 역사를 가볍게 여긴 탓일까? 아니다. 좋은 나무이고 값진 나무이기 때문이다. 헝가리에도 많은 토착 수종이 있고, 또 임업도 발달해 있다. 나는 국회의사당 건물 주변이 아카시아로 장식되어 있는 데 놀라지 않을 수 없었고, 그러한 그들의 설계에 경의를 표했다.

이에 더해서 헝가리 정부 공무원은 아카시아를 특별한 차원의 수종으로

| 헝가리 구스 포레스트(Guth Forest) 내 12년생 아까시나무 조림지

대우하고 있었다. 각종 통계, 즉 수종별 삼림 면적이나 임상별 목재 축적량, 그리고 조림물량 통계 등에 있어서 일단 토착 수종과 외래 수종으로 크게 나누어 아카시아를 헝가리 토착 수종에 넣고 있었다. 그들이 아카시아 원산지가 미국이란 것을 모르고 있을 리가 없다. 이는 그곳 임업시험장 부장장 레데이Redei 박사와 내가 나눈 대화를 들어보면 알 수 있다.

"헝가리에 아카시아가 들어온 지 오래되었나요?"

"약 200년으로 보면 됩니다."

"그렇다면 왜 아카시아를 국산 토착 수종으로 취급해서 임업통계 처리하고 있나요."

"200년이나 지났고 헝가리 임업에 크게 기여하고 있는데 외래 수종으로 취급해야 할 이유가 있나요?"

한국적이며 향기가 좋고 흰 구름 같은 꽃으로 마을과 강산을 감싸는 나무, 부드러운 푸름이 있고 깊은 사색을 좋아하는 나무, 시와 노래에 가득한 미학의 나무, 그것이 곧 아카시아다. 정태현 박사의 아가시나무다.

## 황당한 이야기들

임학과 임업을 공부하면서 비교적 긴 세월이 흘렀고, 그러다 보니 자연 각종 터무니없는 낭설도 듣곤 한다. 그러한 이야기는 어느 나라, 어느 사회, 어느 시대에나 존재한다. 깨우치지 못한 집단일수록, 또 가난하고 서러움이 많은 사람일수록 허무맹랑하고 황당무계한 이야기가 더 많다. 내가 들은 황당한 이야기 중 하나는 적송망국론赤松亡國論이고, 또 하나는 폐병을 유발한다는 플라타너스, 세 번째는 아카시아에 대한 이야기이다. 이들 나무는 모두 일본인들이 우리 민족을 말살하기 위해 심거나 가꾸어 놓았다는 것이다.

적송망국론이란 유식한(?) 용어를 듣고 고집 센 인사들이 모이기만 하면 소나무 때문에 우리는 죽게 되었고, 이것은 일본 사람들의 처사라는 것이다. 이것은 터무니없는 잘못된 여론이다. 그러나 그때 그 여론은 큰 힘을 얻어 널리 퍼져나갔다. 한편 플라타너스 잎 뒤에는 무서운 털이 있어서 이것이 떨어질 때 사람의 호흡기로 들어가면 폐병으로 죽게 된다고 하였다. 따라서 전국의 플라타너스를 베어 없애자는 의견도 나돌았다. 이것도 잘못된 여론이었다. 아카시아도 미국 나무로서 우리나라에는 맞지 않는 것으로 국력을 총동원해서 없애버려야 하며, 일본 사람들이 우리를 못 살게 하기 위해서 심은 것으로 나무 안에는 좋지 못한 독기가 있어 우리 국토를 못 쓰게 만든다는 주장도 있었다.

이러한 것들은 모두 황당무계하게 퍼져 나온 이야기이다. 신조가 없는 사람들은 이러한 말에 동조하기도 한다. 하지만 이 세상의 모든 나무와 풀은 창조주가 인류를 위해서 쓸모 있는 것으로 만들어 놓은 것들이다.

아카시아는 목재로서, 꽃은 꿀로서, 그리고 우리 생활환경의 나무로서 높게 평가받아야 한다. 소나무는 나라를 망치고, 플라타너스는 국민의 건강을 해치며, 아카시아는 나라를 못 쓰게 만든다는 이야기는 무시해도 좋다. 지구상의 모든 나무와 풀은 고마운 존재들이다. 우리는 그들을 선용善用할 줄 아는 지혜를 개발해 가고 있다.

## 가장 오래된 아카시아

나는 경북 성주군 월항면 지방리에 우리나라에서 가장 크고 오래된 아카시아가 있단 말을 듣고 1995년 6월 30일 용기를 내어 그곳으로 향했다. 길가에 있는 아카시아 거목은 1901년 식재되었는데, 나무 높이 약 16m, 가슴높이 줄기둘레 368cm, 뿌리목 줄기둘레 600cm, 가지밑 줄기높이 350cm에 이르고 있었다. 가슴높이 직경은 117cm로 계산된다. 줄기는 세로 골이 지고 수피는 섬유질로 갈라지고 있었다. 이는 내가 본 아카시아 중에서는 가장 큰 나무로 녹음수 및 정자나무로 이용되고 있었다.

마을 사람들은 이 나무에 신성神性 같은 것을 부여하여 보호하고 있었다. 자동차를 사면 먼저 이 나무 아래에서 돼지머리를 놓고 고사를 올려 교통사고 없이 무사할 것을 기원한다. 사람이 죽어 출상을 할 때에는 이 나무 아래에서 노제路祭를 지내며 마을을 떠나 영원의 살 곳으로 간다는 보고를 한다. 이것은 이 나무가 예사로운 것이 아니라는 뜻이다. 외국 수종이라 그 안에 깃들어 있는 신도 외국 신이겠는데, 그것을 우리 신으로 귀화시킨 우리 국민의 성품이 자랑스럽기도 하다.

| 경북 성주 지방리의 아까시나무(1901년 식재)

# 오동나무

현삼과, *Paulownia coreana*

(梧桐, Korean paulownia)

우리나라 나무 중 잎이 가장 크고 넓다.
빨리 자라고 재질도 좋아 가야금이나 거문고 등의
전통 악기는 물론 가구 제작에도 널리 쓰인다.

## 내 고향의 오동나무

어릴 때 우리 집 마당에는 큰 오동나무 한 그루가 있었다. 줄기는 곧고 높고 아름다웠다. 초여름이 되면 보라색 꽃이 한량없이 붙어서 장관을 이루었다. 마당가에 떨어지는 수천 수만의 꽃은 아름다운 꽃이불을 만들었다. 약간 톡 쏘는 듯한 꽃내음이 내 콧속에 아직도 남아 있다.

사방으로 고루 뻗은 굵은 가지 때문에 나는 이 나무를 믿음직하게 생각하였고, 또 우리 집의 자랑으로 여겼다. 그런데 어느 날 정장 차림에 모자까지 쓴 사람이 와서 이 오동나무를 사고 싶다며 흥정을 했다. 그때 나는 우리 집 오동나무가 잘라지고 없어질 것을 생각하며 충격이 매우 컸다. 마음속으로는 흥정이 이루어지지 않아 양복 입은 사람이 빈손으로 돌아가기를 몹시도 바랐다. 그러나 오동나무는 그 사람의 손으로 넘어가게 되었다.

그때 나뿐만 아니라 동네 소꿉친구들도 모두 이 사실을 슬퍼했다. 마당에 톱과 도끼가 보였을 때 우리는 산으로 올라갔다. 오동나무가 죽어가는 순간을 지켜볼 수가 없어서였다. 우리는 오랫동안 산속 개울가에서 있다가 저녁 늦게야 집으로 돌아왔다. 그 믿음직하던 오동나무는 잘리고 많은 가지들이 정돈되어 있었다. 잘라진 오동나무의 그루터기는 흙으로 묻어 무덤같이 보였다. 그때 우리는 모두 울었다. 생명의 끝장은 슬픈 것이었다.

봉황새는 대나무 열매만 먹고 살며 집은 오동나무에 짓는다고 하여 예전부터 이 나무는 고귀한 것으로 생각되었다. 그러나 이때의 오동나무는 지금의 벽오동나무로 해석되고 있다.

## 오동나무와 참오동나무

우리나라에 나는 오동나무에는 두 가지가 있다. 하나는 참오동나무白桐로, 잎 뒤에 흰 털이 많이 있어서 구별이 잘 된다. 일본 사람들은 이것을 일본오동日本桐이라고 부른다. 참오동나무는 울릉도에서는 자연 상태로 산에 나고 매우 굵게 자란다. 생장이 빠르고 재질材質도 좋으며 줄기도 굵게 된다. 일본에도 이 참오동나무가 있는데 울릉도의 것이 그쪽으로 건너간 것으로 추측된다.

또 한 종류는 그냥 오동나무梧桐라고 부르는 것으로, 잎 뒤에 갈색 털이 나 있어서 쉽게 알아볼 수 있다. 이 오동나무는 참오동나무보다 드물게 볼 수 있다. 이 밖에 중국과 대만에도 오동나무가 있어 중국오동나무, 대만오동나무 등으로 불리고 있다. 이들 나무는 자람은 빠른 편이나, 나무의 질이 떨어지고 따뜻한 지방을 좋아한다.

오동나무는 아시아의 나무이고 일본 이름은 '기리キリ'(切, 자른다는 뜻)이다. 자를수록 좋아진다고 해서 이러한 이름을 붙인 것이다.

오동나무 줄기가 자랐을 때 그것을 잘라 이용하게 되는데, 이 줄기를 모동母桐(어미 오동)이라 한다. 잘라주면 다시 움이 돋아서 줄기가 되는데, 이것을 자동子桐이라 하며, 목재의 질은 어미 오동보다 더 좋아진다. 이것을 자르고 나면 다시 줄기가 나오는데, 이것을 손동孫桐이라 부른다. 손동은 재질이 매우 우수하기 때문에 고가로 흥정이 된다. 오동나무 목재는 얇은 판으로 만들어도 갈라지지 않고 뒤틀리지도 않아 귀한 나무 그릇을 만드는 데 사용된다.

한편 '오동나무' 하면 울릉도가 생각난다. 우리나라 다른 곳에서는 낮은 땅에만 이 나무가 나지만, 울릉도에서는 자연적으로 산에서도 난다. 울릉도 석문동의 오동나무는 지금은 죽고 없어졌지만 끊어낸 그루터기에 초등학생 20여 명이 앉아 도시락을 먹을 수 있었다고 하니, 다소 과장된 느낌이 있지만 얼마나 큰 것이었는지 짐작이 간다.

원래 일본에는 오동나무가 없었는데 울릉도에서 건너가 오늘날의 일본오동나무가 되었다고 한다. 또한 울릉도에 큰 오동나무가 있었는데, 그 나무를 베어가기 위해 러시아와 일본 사이에 싸움이 벌어지기도 한 모양이다.

## 오동나무의 큰 잎

"오동 한 잎 날리자 천하가 가을이다一葉梧飛天下秋." 조선 철종 때의 명신 조두순趙斗淳의 시 중 한 소절이다. 뜰에 심어져 있는 오동나무 잎들이 이미 가을이 온 것을 알리는 것이다. "뜰 앞 오동나무 잎에서는 벌써 가을의 소리가 들려온다階前梧葉已秋聲"라는 시도 있다.

| 오동나무의 큰 잎

이처럼 오동나무는 그 잎이 떨어지는 소리로 계절의 바뀜을 알리는 상징이 되었다. 가을이 되면 단풍이 들고 시들어 떨어지는 데에는 다른 나무도 마찬가지이지만, 유독 오동나무에서 그러한 것을 발견할 수 있었던 것은 그 잎이 큼직하기 때문일 것이다.

우리나라에는 천여 종에 달하는 나무가 있지만, 오동나무 잎보다 더 큰 잎을 가진 나무는 없다. 남쪽에 자라는 멀구슬나무라든지 소엽小葉으로 된 나무는 모여서 전체로 큰 잎을 만들기는 하지만, 오동나무의 큰 잎에 미치지는 못한다. 그런데 잎이 크기는 하지만 그에 비해 쓸모는 적은 것 같다. 예전에 재래식 변소를 사용할 때, 오동나무 잎을 몇 장 넣어 두면 구더기가 생기지 않고 고약한 냄새도 줄어들어 좋다고 했다.

떨어지는 오동 잎 소리를 스산한 가을의 발자국 소리로 듣는 우리의 계절적 생활 감각. 그 속에는 무한한 감회가 들어 있다. 얼마나 많은 사람들의 심정을 울린 낙엽의 소리인가?

이백의 시에서도 "가을 색조는 오동나무를 늙게 만든다秋色老梧桐"라고 하여 이에 대해 잘 표현하고 있다. 오동나무의 잎이 크기 때문에 오동나무를 심지 않겠다는 시조가 있다. 김상용金商容이 지은 것이다.

오동에 듣는 빗발 무심히 듣건마는
내 시름 하니 잎잎이 수성愁聲이로다
이후야 잎 넓은 나무를 심을 줄이 있으랴

이 시에서는 큰 잎을 가진 다른 나무마저 싫어한다는 심정을 나타냈다. 오동나무 잎을 두드리는 빗소리에 서린 한이 커가기만 하는 까닭이다.

| 전북 부안 변산반도 채석강의 오동나무

## 목재의 용도

오동나무 목재는 가벼우면서도 마찰에 잘 견뎌 책장, 경대의 서랍, 장롱, 음식물을 넣는 합盒 등을 만드는 가장 좋은 재료가 된다. 예전에 나막신을 만들 때 오동나무를 사용하면 발이 편하고 가볍고 땀이 차지 않아서 귀하게 여겼다.

또한 목재의 질이 좋고 결이 고와서 특수한 용도로 사용되었는데, 그 대표적인 것이 악기 제조였다. 옛적부터 오동나무는 거문고와 비파, 가야금 등의 제조에 많이 이용되었다. "오동나무 씨만 보아도 춤을 춘다"는 말은 바로 이를 두고 한 말이다. 악기재로 얼마나 좋으면 씨를 보고 춤을 춘다는 말인가? 술이 약한 사람은 밀밭에만 가도 취한다는 말이 있는데, 같은 이야기로 보아도 될 듯하다.

중국에서는 신농神農 황제 때 이미 오동나무를 악기재로 사용하였다는 기록이 있다. 즉 '삭동위금削桐爲琴'이라고 하여 오동나무를 깎아 거문고를 만들었다고 한다. 또한 산간 돌이 많은 곳에서 자란 오동나무는 특히 악기를 만들었을 때 그 소리가 곱고 맑으며, 집 둘레에 심어서 재배한 것보다는 자연생의 것이 더 좋다고 하였다. 이는 재배한 인삼보다는 산에서 캔 산삼의 효과가 더 크다는 것과 같은 이치이다.

## 한시 속의 오동나무

한시 속에서 오동나무는 아름답고 운치 있는 나무로 등장하고 있다. 그중에서도 달밤의 오동나무의 아름다움이 부각되고 있는 것은 아마도 성기게 난 굵은 가지와 달과 같이 넓적한 잎 때문일 것이다. "오동추야 달이 밝아 오동동이냐~" 하는 귀에 익은 노래 역시 달밤에 어울리는 오동나무가 소재이다.

중국 당대의 『전당시全唐詩』 권 401에 오동나무에 대한 이야기가 나오는데 한번 음미할 만하다.

| | |
|---|---|
| 微月照桐花 | 달빛이 희미하게 오동나무 꽃에 지고 있는데 |
| 月微花漠漠 | 달빛은 희미하지만 꽃색은 가득하다 |

| 오동나무의 꽃눈과 열매

露重枝條弱　　이슬이 가지에 무겁게 놓여
夜久春恨多　　깊은 밤 봄의 한스러움이 크누나
風淸暗香薄　　바람이 맑아 오동나무 꽃향기 은은하고
是夕遠思君　　멀리 그대를 생각하니
思君瘐如削　　그것으로 내 몸이 야윈 것을 안다
…
我在山館中　　지금 내가 산중 초옥에 머무는데
滿地桐花落　　떨어진 오동나무 꽃으로 뜰이 가득하다

달이 뜬 저녁 오동나무 꽃향기 은은하고 공기 맑은 산간의 초가집에서 사랑하는 사람을 생각하여 시름에 잠겨 몸이 야윈 이 고고한 인품의 사람을 어떻게 여기는가?

오동나무는 품위가 있어 귀족적이다. 그래서 봉황새도 오동나무에 집을 짓는다고 한다. 봉황새는 그 기개氣概로 보아 땀이 흐르는 여름보다는 찬바람 부는 겨울이 어울린다. 강한 자에게는 훈훈한 바람보다는 찬 회오리바람이 더 적격이다.

당나라 시인 왕창령王昌齡의 다음 시는 오동나무의 품격과 달밤과의 조화를 이야기하면서 이 나무를 한량없이 훌륭한 것으로 추켜올려주고 있다.

鳳凰所宿處　　봉황새가 머무는 곳
月映孤桐寒　　달은 외로운 오동나무의 찬 가지에 비치고
槁葉零落盡　　말라버린 잎은 이미 떨어져서 없는데
空柯蒼翠殘　　푸른 가지만이 앙상하게 남았다

아침에 까치 소리를 들으면 그날 좋은 일이 있을 것으로 기대한다. 믿어야 할 일인지 모르지만, 아무튼 까치 소리를 들으면 기분이 좋다. 좋은 일이 있으면 그것이 어떤 상징으로 나타난다는 말이 있다. 임금님이 훌륭하고 어진 신하를 기용하면 뜰 동쪽 편에 오동나무가 난다는 말이 있다王子任賢良則 梧桐生于東廂. 오동나무가 좋은 일을 알리는 나무라는 것은 이 나무의 품격이 어떠한지를 잘 말해준다.

| 오동나무 장구

# 옻나무

옻나무과, *Rhus verniciflua*

(漆, Chinese lacquer tree, Varnish tree)

수액을 '옻'이라고 하여 예로부터 칠기, 가구, 제기, 병기, 목관에서 미술공예품에 이르기까지 거의 모든 고급 생활용품을 오랫동안 보존하고 표면을 아름답게 하기 위해 널리 사용되었다.
단풍나무 못지않게 가을날의 붉은 단풍이 아름답다.

## 화려한 옻나무 단풍

어느 해인가 늦은 가을 죽령竹嶺을 넘어 충북 쪽으로 내려오는 길목에서 나는 나무치고는 너무 붉은 잎을 단 나무를 보았다. 그 나무가 계곡 쪽으로 내려가야 볼 수 있었기 때문에 나는 가시덤불을 헤치고 그것이 대체로 어떤 나무인지 알기 위해서 내려갔다.

잎 색깔이 붉다 못해서 불타버릴 듯한 그러한 진붉은 색이었다. 가까이 가서야 나는 그것이 옻나무임을 알았다. 옻나무는 독만 가지고 있는 줄로 알았는데 이와 같이 아름다운 단풍을 가질 줄은 미처 모르고 있었다. 이글이글 끓고 있는 용광로의 쇳물 같은 붉음이었다.

옻나무와 비슷한 것으로 붉나무가 있다. 붉나무는 소엽小葉과 소엽을 연결하는 대궁葉軸에 날개가 달려 있어 쉽게 옻나무와 구별할 수 있다. 붉나무는 손으로 만져도 옻이 오르지 않는 까닭에 무섭지 않다. 외국에서는 가을에 아름다운 단풍을 보기 위해 붉나무를 자연공원 같은 곳에 모아 심는다고 한다.

| 옻나무의 단풍

오래전 나는 미국에서 어떤 가정의 초대를 받아 간 적이 있는데, 그때 아직 저녁은 이르고 해가 남아 있어 그집 주인과 함께 미니애폴리스시에서 멀지 않은 산으로 드라이브하게 되었다. 그때 그는 산허리의 길을 달리면서 나무 이야기를 해 주었다. 아름답게 단풍이 들어 온 산을 불태우고 있는 나무들이 바로 붉나무라고 했다. 나는 붉나무가 이렇게도 아름다울 수 있는가 하고 놀라지 않을 수 없었다. 아직도 그 풍경은 추억으로 남아 있다. 붉나무가 아름다우니 옻나무 역시 아름다울 수밖에 없다.

## 특징 및 주요 산지

옻나무는 그렇게 크게 되는 나무는 아니다. 우리나라 전역에 걸쳐 나는데, 북한에 나는 옻나무는 비교적 키가 크고 나뭇가지 수가 적은 반면, 남한에 자라는 옻나무는 키가 작고 가지가 많은 편이다.

옻나무가 많다고 알려진 곳은 경북 안동, 강원도 원주, 함남 신흥, 평북 태천, 평남 성천 등이다. 이 밖에도 경북의 경주와 문경, 전남의 곡성과 화순, 나주, 경남의 함양, 충북의 옥천도 알려져 있다.

옻나무에서 나오는 진인 옻은 나무줄기에서 얻을 수 있다. 줄기에 금을 넣어주면 칠액이 흘러나오는데 이것을 대나무 칼 같은 것으로 긁어모으는 것이다. 옻은 우리나라와 일본 등 극동 지방의 특산물이다. 아시아 열대 지방에서 나는 옻을 '안남칠安南漆'이라고 하는데 품질은 좋지 않다.

칠은 예전에는 달리 그 유사 물질을 구할 수 없었기 때문에 독특한 공예도료로 사용되었다. 알칼리에도 강하고 산酸에도 내성을 보인다. 지금은 인공도료가 나와서 대용품으로 쓰이기도 하지만, 여전히 옻은 칠기漆器에 없어서는 안 될 재료이다. 전에는 선박 특히 군함을 옻으로 칠했고, 또 해저전선海底電線의 절연 도료로 이용되었다. 이 외에도 예전에는 기관총, 대포, 포탄, 탄약 상자 등을 옻으로 칠했다. 뿐만 아니라 우리나라에서는 옻이 위장병에 효험이 있다고 해서 민간약으로 사용되고 있고, 머리 염색약에도 옻이 들어간다.

## 재배 역사

우리나라에서는 낙랑 시대, 신라의 고대부터 병기兵器, 관곽棺槨, 그리고 가구 등에 옻을 사용하였고, 고분에서 발굴되는 유물 중에서 광택을 잃지 않는 칠기漆器가 발견되었다.

옻나무는 오래전부터 사람들의 관심의 대상이었는데, 『시경詩經』에 "언덕에는 옻나무가 있고阪有漆"라는 대목이 나올 정도이다.

우리나라에서는 옻나무 재배가 옛적부터 권장되었는데, 기록을 보면 신라 35대 경덕왕 이전에 이미 칠전漆典, 즉 식기방飾器房이란 관직이 있었다. 고려 선종 5년(1088)에는 옻나무에 세금 제도가 마련되기도 했고, 또 인종 23년(1145)에는 알맞은 땅에 뽕나무, 밤나무, 닥나무와 더불어 옻나무를 심을 것이 권장되었다. 그 뒤 명종 18년(1188)에는 닥나무, 밤나무, 잣나무, 배나무, 대추나무 등과 함께 옻나무를 심으면 수입이 좋다고 했다. 이 외에도 기록을 통해 이미 옻나무 재배가 권장되었음을 짐작할 수 있다.

| 옻나무 열매와 새순

한편 『조선왕조실록朝鮮王朝實錄』에서는 세조 12년(1467)에 옻나무가 많이 잘라지고 관민官民이 옻나무 심기를 게을리하므로, 봄이 되면 각 마을에 그루수를 알맞게 정해서 심도록 권장하고 자르고 심는 수량을 조사·보고하도록 하고 있다. 이 기록을 보면 조선 초기에는 옻나무가 난벌로 말미암아 줄어든 것을 알 수 있다. 또한 당시 각지에 칠장漆匠이 많이 있었음이 문헌에서 나타나고 있다.

옻나무 산지에 대해서는 이미 지적했지만 공조貢租(세금)의 내용으로 미루어 옻나무가 많았음이 짐작된다. 즉 세종 14년(1432)에는 335개 고을邑 중 칠공조漆貢租(옻 세금)를 바치는 고을이 182개에 이르렀다고 한다. 그러나 약 100년 뒤인 1531년에는 전국 329개 고을 중 칠공조를 바치는 고을이 77개로 옻나무 재배가 크게 쇠퇴한 것 같다.

옻나무 생육 방법은 다음과 같다. 가을에 열매를 따서 그늘에서 말린 후 절구에 넣어 가볍게 찧어서 외피外皮를 벗긴다. 옻나무 열매는 껍질에 밀랍蠟(왁스)을 가지고 있어 땅에 뿌렸을 때 물기가 잘 흡수되지 않는다. 그래서 전에는 옻나무 열매를 60%의 황산에 넣어 처리했는데, 요즘은 정미기精米機(도정기)에 넣어 껍질을 갈아 물기가 잘 흡수할 수 있게 한다.

옻나무 열매 약 30g을 $1m^2$에 줄로 뿌려 준다. 비교적 싹이 잘 트는데, 옻나무는 바람이 센 곳에 심으면 칠액이 적게 나오기 때문에 바람이 적은 밭둑이나 제방 같은 곳에 심어야 하며, 비료를 충분히 제공해 주어야 한다.

옻을 채집하는 방법에는 우선 나무를 잘라서 채집하는 방법이 있는데, 이때는 뿌리부터 움싹이 다시 돋아나오게 된다. 또 다른 방법은 나무를 세워둔 채로 한 번 채집하고 그 뒤 몇 해 동안 채집을 중단하였다가 나무가 세력을 회복하게 되면 다시 채집하는 것이다.

6월 하순에서 7월 중순 사이에 채집한 것을 '초칠初漆'이라 하고, 그 뒤부터 8월 하순 사이에 채집한 것을 '성칠盛漆'이라 하며, 또 그 뒤부터 9월 하순 사이에 채집한 것을 '말칠末漆'이라 한다. 이 중 채집량이 가장 많고 품질이 좋은 것은 성칠이다.

『장자莊子』「외물外物」 편에 나오는 이야기로 '무용지용無用之用'이라는 고사의 유래가 된 "옻나무는 몸 안에 쓸모 있는 옻을 가지고 있기 때문에 사람의 의해 칼로 찔리고 쪼개진다漆有用故割之"라는 대목도 음미할 만하다. 좋은 것을 가지고 있다는 것은 한편 슬픈 일의 원인이 되기도 한다.

## 황칠 이야기

옻나무에 곁들여서 황칠黃漆이란 것에 대해 설명하고자 한다. 황칠은 따뜻한 남쪽 지방에 자라는 황칠나무黃漆木에서 얻은 즙액이다. 황칠나무는 겨울에도 잎이 떨어지지 않는 교목喬木으로 제주도, 전남 완도, 대흑산도, 그리고 경남의 남쪽 도서에 자란다. 백제의 삼도三島에서 황칠이 난다는 것은 이들 섬을 말하는 것이다.

황칠은 예전부터 귀중한 것으로 알려졌다. 서기 645년 백제에서 금칠金漆을 채집해서 철갑鐵甲에 칠했다는 기록은 바로 이 황칠을 말하는 것으로 해석된다. 예전 장수들의 투구와 철갑은 황금빛으로 번쩍였고 이로써 위엄과 힘을 상징할 수 있었다.

『본초本草』에서는 옻나무는 춘분 전에 옮겨 심으면 잘 자라는데, 줄기가 감나무 같고 잎은 참죽나무 같으며 금주金州 지방에 나는 것이 가장 좋아 세상 사람들이 이를 '금칠'이라 한다고 했다. 또 광석廣淅에서 나는 옻나무의 옻은 6월 중에 채집하는데, 그 색깔이 황금빛 같기 때문에 『당서唐書』에서는 이것을 황칠黃漆이라고 했다.

이러한 사실로 미루어 보면 금칠과 황칠은 서로 다른 것 같지만, 과학적인 정확성에 의한 분석이라고는 할 수 없을 것 같다.

한편 『고려사高麗史』에 원종 12년(1271) 몽고에서 사신이 와서 궁궐을 지을 목재와 금칠을 구했다는 기록이 있어, 당시 몽고에서도 갑옷과 궁전의 도료에 황칠이 귀중하게 사용되었던 것으로 보인다.

## 옻칠 두리반(소반)에 대한 추억

'옻' 하면 생각나는 것이 하나 있다. 1945년 해방이 되자 나는 대구농림고등학

| 황칠나무(천연기념물 제479호)

교 교사로 취직하여 맨손으로 대구에 내려갔다. 그 당시 내 옷차림은 지금의 희극 배우 비슷한 것이었다. 바지는 기억이 나지 않지만 점퍼는 아내가 자기 옷을 고쳐서 만든 것으로 재봉틀이 없어서 손바느질로 간단히 만들었는데, 천이 모자라서 짤막했고 다리미가 없어 우글쭈글했다. 넥타이 역시 손바느질로 만든 것으로, 목에다 매면 배배 꼬여 학부형이 찾아오면 출석부로 넥타이의 매듭을 가리고 대화를 하였다. 남에게 밉상스런 넥타이를 보이기 싫어서였다.

교장 선생님은 나의 이런 옷차림이 불만스러웠던지, 어느 날 나에게 일본군이 입던 군복을 사서 입으라고 하여 나는 하는 수 없이 육군 군복을 한 벌 사서 입게 되었다. 옷이 날개라는 말처럼 나는 하늘을 나는 듯 경쾌하고 들뜬 기

| 황칠나무의 하나로 된 홑잎(왼쪽)과 셋으로 갈라진 삼출엽(오른쪽)

분을 감추기 힘들었고, 나는 이 옷을 입고 몇 해 동안 교단에 섰다. 그때 학생들은 나를 '아라사 병정'이라고 불렀는데, 항상 군복만 입고 있어서 그런 것 같았다. 입학식에도, 졸업식에도, 축구시합 때에도, 소풍 갈 때에도, 실습 시간에도, 나는 항상 이 군복을 입고 있었다.

그때 나는 수학도 가르치고 있었는데, 대영당大榮堂이란 서점에서 수학 참고서를 하나 써 보라고 하기에 나는 이 군복을 입고 한숨에 써 내려갔다. 일주일이 안 걸렸다. 그 원고료가 밑천이 되어 당장 집을 한 채 살 수 있었다. 그때까지는 기숙사의 방 한 칸을 빌려 살고 있었다.

집을 한 채 구입하고 나니 나는 갑자기 위대한 인물이 된 것 같았다. 이제 집이 생겼으니 사과 궤짝 밥상을 버리고 변변한 밥상을 마련해야 했다. 우리는 두리반을 하나 샀다. 두리반에서 밥을 먹는 기분은 괜찮았지만, 식구들의 눈가가 붉게 부어오르고 두 다리 사이가 가려워지고 해서 이상하게 생각했다. 원인은 옻칠한 두리반 때문이었다.

누군가 그때 옻독이 있는 밥상을 변소에 당분간 두면 구린 냄새를 맡아서 옻독이 죽는다고 했다. 우리는 귀중한 밥상을 고약한 냄새가 풍기는 변소에 오랫동안 두었다. 그래서 그런지 그 뒤 밥상에서는 옻독이 사라져 우리 가족은 식사 때마다 항상 이 밥상과 마주하게 되었다.

# 왕버들

버드나무과, *Salix chaenomeloides*

(鬼柳·河柳, Giant pussy willow, Japanese pussy willow)

버들 중에서 가장 굵고 크게 자라며 장수하기 때문에 왕버들이다. 물가에 잘 자라므로 고목은 가운데가 잘 썩는다. 목재 속에 포함된 인燐이 밤에 파랗게 보이기도 하므로 여름날 도깨비불의 근원지가 되기도 해 '귀류鬼柳'라고도 부른다.

## 도깨비불

버드나무에는 가지가 늘어지는 것과 위로 곧게 서는 종류가 있는데, 우리나라 곳곳에서 크게 자라는 왕버들은 가지가 위로 서고 흔히 정자나무 모습을 하고 있다. 즉 줄기가 굵고 몸집이 커서 웅장한 맛을 풍긴다. 비교적 오래 사는 나무로, 오래 살다 보면 줄기의 일부분이 썩어서 큰 공동空洞이 생기기도 한다.

옛날 도깨비에게 혹을 도둑맞은 노인이 나무줄기의 공동 안에서 밝은 달을 쳐다보면서 노래를 불렀다는 동화가 있는데, 우리나라 상황으로 보아서는 그 나무가 왕버들이었다고 생각된다. 높은 산에 나무하러 갔다가 날이 저물어 나무 공동 속에 들어갔다면 그 높은 산에 왕버들이 있었겠는가 싶지만, 옛이야기를 놓고 굳이 과학성을 따지고 싶지는 않다. 도깨비는 고목古木에 살고 있는 나무의 요정 또는 나무의 신이라 할 수 있다.

| 왕버들 잎과 꽃

왕버들을 한자로는 '귀류鬼柳' 또는 '하류河柳'라고 한다. 일본 사람들은 왕버들의 새 눈이 붉은색을 띠고 있어서 적아류赤芽柳라는 이름을 붙이고 있다. 왕버들의 공동에는 어두운 밤에 종종 불이 비치는데, 비오는 밤 나무가 비에 젖으면 불빛이 두드러진다. 이것은 목재 안에 들어 있는 인燐 성분 때문이라고 하는데, 이것을 인화燐火라고도 하고 우리 조상들은 귀신불鬼火로 불렀다. 비오는 밤 왕버들 주변에는 도깨비들이 모여든다고 해서 '귀신 버드나무鬼柳'라는 한자 이름을 얻었고, 시냇가에 잘 난다고 해서 '하류河柳'라는 이름을 얻었다.

옛 어른들의 이야기에 의하면 서울 청량리 일대는 왕버들과 오리나무들 벌판이었다고 한다. 그 숲이 사라지고 지금은 흔적조차 찾을 수 없으니 안타까운 마음이다.

## 거목 왕버들

왕버들은 군자君子의 나무이다. '유단사장柳短莎長'이란 군자가 불우한 처지에 있

| 경주 계림의 왕버들

고 소인배가 잡초처럼 무성한 것을 표현한 말이다. 길어야 할 버드나무 가지는 짧고 짧아야 할 사초莎草가 길게 되었으니, 세상이 말이 아니란 것일까?

왕버들은 지난날 우리나라 곳곳에서 큰 나무로 자라고 있었다. 기록에 의하면, 경주에 천경림天鏡林이란 숲이 있었는데 원래는 왕버들이 이 숲을 많이 뒤덮고 있었고, 신라 법흥왕 때 이 천경림의 나무를 베어 정사精舍를 세웠다는 것이다. 기둥감, 큰 동량棟梁감의 나무가 모두 이 숲에서 얻어졌다고 한다. 이때 정사라 하면 흥륜사興輪寺가 그 대표적인 것의 하나로 10여 년이란 긴 세월이 걸려 건립한 대가람大伽藍인데, 건축재는 천경림 등 주변의 숲에서 얻어진 것으로 추정된다. 이곳은 땅이 낮고 습기가 알맞아 왕버들도 그곳에 무성한 자람을 보였을 것이다.

경주에는 왕가王家 숲이 있었다는 기록이 있고, 이 숲은 왕버들, 소나무, 팽나무 등으로 구성되었다고 전한다. 왕가 숲에는 귀신과 얽힌 전설이 있다. 즉 신라 26대 진평왕의 집사인 비형鼻荊은 많은 귀신을 통솔하는 힘을 지니고 있어서 하룻밤 동안에 귀신들을 모아 큰 돌다리를 만들기도 했는데, 이 다리를 귀

| 광주 충효동의 왕버들(천연기념물 제539호)

교鬼橋라 했다. 비형은 길달吉達이라는 귀신을 추천해서 정치를 잘 할 수 있도록 했으나, 어느 날 길달이 도망을 치자 비형은 다른 귀신을 보내 길달을 잡아 죽였고, 그 뒤부터 모든 귀신들은 비형을 매우 무서워했다는 것이다. 이후 비형을 가사로 한 것을 써서 대문에 붙여 두면 좋지 못한 귀신을 물리친다는 향속鄕俗이 생겨났는데, 이를 목랑木郎 또는 두두리豆豆里라고 했다.

왕가 숲은 목랑을 모시고 제사 드리는 곳으로 되었다. 인간이 재앙을 면하려면 뭇 귀신을 통솔하는 지배자 격인 귀신에게 부탁하는 것이 옳고, 그러한

신을 모시는 곳으로는 하늘에 가까운 산이 합당하나 산이 없는 평지에서는 높게 자라고 있는 나무들이 모인 숲이 좋다고 생각했다. 그래서 목랑을 거목들이 자라는 왕가 숲에 모시고 제사 지낸 것이다. 소나무나 왕버들이나 팽나무는 거목으로 자라며 오래 살고 보기에도 위풍당당하다. 또한 왕버들의 줄기에는 큼직한 공동이 있어 귀신이 거처하기에 적당했다고 생각되었다.

경주에는 이 밖에도 왕버들로 된 숲이 더 있었다는 기록이 있다. 이는 제방에 왕버들을 심어 하천과 불길을 보호하고 다스리고자 했던 것으로 생각된다. 경남 김해 수로왕릉 주변에도 왕버들, 오리나무, 팽나무, 느티나무 등이 많았다고 기록되어 있다.

## 문헌 속의 왕버들

왕버들을 위시해서 버드나무나 포플러 종류는 모두 늦봄이 되면 솜털을 단 가는 열매種毛가 바람을 타고 날아다닌다. 많이 날아다닐 때에는 눈이 날리는 것처럼 보이기도 한다. 이 흰 솜털은 종자에 붙어 바람을 타고 먼 곳까지 옮겨가는 것으로 풀이되는데, 옛 사람들은 이것을 유서柳絮, 양화楊花 또는 유화柳花라로 불렀다. 유서는 버들솜으로, 양화는 왕버들의 솜으로, 유화는 버들꽃(버들개지)으로 해석될 수 있다. 그래서 지금도 이것을 보고 사람들은 버들꽃으로 흔히 부르고 있다. 『동의보감』에서는 유화(버들꽃, 버들개지)는 약으로 쓰고, 이것이 마르면 유서(버들솜)로 된다고 했다.

버들꽃이 나오는 작품을 보면, 이백李白의 시에 "버들꽃 떨어지니 두견새 운다楊花落盡子規啼"라는 것이 있고, 두보杜甫의 시에도 "복사꽃 한 송이 한 송이 버들꽃 따라 떨어지고 있다桃花細逐楊花落"라는 대목이 있는가 하면, 이익李瀷

| 왕버들의 잎과 꽃

의 시에 "길 가는 나그네들아 둑에 올라 바라보지 말라行人莫上長堤望, 바람 불어 버들꽃 지면 수심이 더하리라風起楊花愁殺人"라고 했고, 또 당시唐詩 『양류지사楊柳枝詞』에 "몇 그루 버드나무가 봄을 이겨내지 못하고數株楊柳不勝春, 늦게 부는 바람에 버들꽃 눈처럼 날린다晩來風起花如雪"라는 대목이 있다. 또한 "버들꽃 질 때 강 건너간 사람楊柳花時渡江客, 복사꽃 피고 져도 돌아오지 않는다山桃開盡未還家"라는 시도 있다. 이 외에도 많은 작품에서 찾아볼 수 있는 버들꽃은 실상은 꽃이 아니지만 꽃으로 표현하여 오히려 흥취가 더해진다.

왕버들이나 다른 버드나무 종류의 버들꽃柳絮은 소양제消陽劑로서 큰 효과가 있다고 한다. 다시 말해서 성욕을 억제하고 감퇴시키는 효과가 있다는 것이다. 버들꽃은 버드나무 종류의 암나무에서 만들어지는 것이므로 우리 주변에서 암나무는 되도록 없애고 수나무를 심는 것이 바람직하다. 수나무가 암나무보다 그 모습도 더 아름답다.

# 위성류

위성류과, *Tamarix chinensis*
(渭城柳, Chinese tamarisk)

중국 산시성 위성渭城에 많이 자라는 버들이란 뜻으로 위성류이다.
그러나 실제로는 버들이 아니고 모양만 비슷한 완전 별개의 식물이다.

처음 위성류를 보면 가지들이 병들어서 곰팡이가 핀 것같이 느껴지지만, 자세히 보면 가지가 원래부터 이와 같이 가늘게 된 것임을 알 수 있다. 나무 중에서 이보다 더 가는 가지를 가지고 있는 나무는 없을 것으로 보인다.

이 나무는 주로 정원이나 집 둘레에 심고 있고, 산속에서 자연적으로 자라는 것은 없다. 산에서 다른 나무와 다투면서 살아갈 수 있는 힘이 없는 것으로 생각된다. 힘을 잃어버린 약한 나무로밖에 생각되지 않는다.

위성류는 흔하게 볼 수는 없지만 종종 집 뜰에 심기도 한다. 덕수궁에 가면 오른쪽 연못 둑에 한 그루 있고, 파고다 공원에 있는 나무도 가지가 실처럼 가늘게 아래로 휘휘 늘어져 있다.

## 명칭

위성渭城은 지금의 산시성陝西省 셴양현咸陽縣 동쪽에 있는 진秦나라의 수도로, 그곳에 이 나무가 있어서 위성류라는 이름을 얻은 것으로 생각된다. 이 나무는 한자명 위성류渭城柳 외에 성류檉柳, 삼춘류三春柳, 우사雨師, 적경류赤莖柳, 수사류垂絲柳 등 여러 가지 이름을 가지고 있다. 이름이 우사雨師로 된 것은 비가 내릴 기색이 있으면 가지가 생기를 얻어 뻣뻣해지기 때문이다. 이로써 비가 오겠구나 하고 점칠 수 있다. 우사란 비를 오게 하는 신神을 말한다. 영어명은 타마리스크Tamarisk로, 낙엽송을 타마라크Tamarack라고도 하기 때문에 서로 혼돈이 안 되게 주의해야 한다. 일본명은 '교류ギョリュウ'인데, 이는 중국 이름 '어류御柳'를 그대로 일본 발음으로 고친 것이다.

| 위성류 단풍

이 나무의 이름에 '버드나무 류柳'자가 많이 들어가는데, 이것은 가지가 아래로 처져서 얼핏 보기에 능수버들을 생각나게 하고, 또 물가를 즐기는 성질이 버들과 닮았다고 해서 그런 것으로 짐작된다.

겨울에는 잎이 떨어지고 나무의 모양이 정돈되지 못하고 흐트러진다. 나무가 아름답다기보다는 가지와 잎이 신기해서 심는 편이다. 가지가 1m 정도의 길이로 늘어지기도 한다.

| 위성류 고목

## 특징

중국 명나라 왕상진王象晋이 편찬한 『군방보群芳譜』에는 "가지는 붉은색을 띠고 가늘고 약하며, 잎은 가늘어 실과 같아서 가냘픔이 사랑스럽고, 일 년에 세 번씩 꽃을 피우고, 꽃 색은 분홍으로서 여뀌꽃蓼花 같다皮赤小枝弱 葉細如絲 縷娜可愛 一年三作花 粉紅如蓼花"고 표현하고 있다.

이 나무는 중국 원산으로 우리나라와 일본으로 건너온 것이다. 습한 땅을 좋아하지만 건조한 땅에도 잘 견디고 소금기 있는 바닷가 땅에도 비교적 견디는 성질이 있다.

일 년에 꼭 세 번씩 꽃이 피는 것이 아니라 두 번도 핀다. 5월경 먼저 피는데, 이때는 묵은 가지에 꽃이 달리고 이 꽃은 열매를 만들지 않는다. 다음에는 늦여름에 꽃이 피는데, 이때에는 그해에 자란 새 가지에 꽃이 달리며 5월의 꽃보다 모양이 작지만 열매가 익는다. 종자에는 긴 관모冠毛가 있다.

중국에서는 당나라 때부터 이 나무를 뜰에 심었고, 양귀비가 이 나무를 매우 사랑하였다는 말이 있다. 이로써 오래전부터 심어졌던 나무임을 알 수 있다.

위성류는 '죄악' 또는 '범죄'를 상징한다고 한다. 옛날 로마시대의 풍습에 죄인의 머리에 이 나무의 가지로 만든 관을 씌웠는데, 이것이 연유가 되어 이 나무의 뜻이 '죄악'으로 된 것 같다.

# 은행나무

은행나무과, *Ginkgo biloba*
(銀杏, Maidenhair tree, Ginkgo)

약 3억 년 전부터 거의 모습을 바꾸지 않고 살아온 화석 나무이다.
중국이 고향이며 수백 년에서 천 년을 훌쩍 넘겨 오래 살기로 유명하다.
씨가 은빛 살구 모양이라서 은행나무이다. 암수 나무가 따로 있다.

## 명칭의 유래

'은행나무'란 이름만 들어도 왜 그런지 친밀감이 들고 어떤 낭만 같은 것을 느낄 수 있다. 노란 색깔의 부채 모양에, 그것도 두 갈래로 갈라진 잎이 특이하여 그런지도 모른다. 은행 열매가 보기에 사랑스럽고 먹으면 맛이 새로워서 그럴지도 모른다. 중·고등학교 다닐 때 가을에 은행나무 잎을 주워 책 사이에 넣었던 추억이 떠오르기도 한다. 친구에게 보내는 편지에 은행나무 잎을 하나 넣어서 부치기도 했다.

은행나무는 한자로는 '銀杏'이라고 쓰는데 은빛 나는 살구 씨와 닮아 이러한 이름이 붙었다. 서양 사람들도 은빛 나는 살구라 하여 이를 그대로 번역, 실버 어프리코트Silver apricot(은빛 살구)라고 부르기도 한다. 그러나 영어 이름은 메이든헤어 트리Maidenhair tree(처녀 머리 나무)라고 한다. 은빛 나는 윤기 있는 처녀의 머리카락, 이 얼마나 아름다운 것인가? 은행나무는 아름다운 나무인 것 같다.

조선시대의 실학파 학자인 정약용은 『아언각비雅言覺非』라는 책에서 "杏이란 글자는 반드시 살구나무만이 아니고 은행나무를 뜻할 수도 있다"고 했다.

중국 송나라 구양수歐陽修의 시에서 '은행銀杏'이라는 이름과 오리발을 뜻하는 '압각鴨脚'이 나오는데, 은행나무 잎이 오리발을 닮아 이 나무의 별명이 압각수鴨脚樹가 되었고, 중국에서는 은행보다 압각수로 불리고 있다. 한편 일본에서는 이 나무를 '이치요一葉, イチヨウ'라고 부른다. 일본은 우리나라보다 기온이 더 따뜻하고 습도가 높아서 그런지, 큰 은행나무에는 종종 젖乳房과 같은 돌기가 생겨서 아래로 드리우는 일이 많다. 그래서 일본 사람들은 은행나무를 '젖나무'라고도 한다.

## 지질학적 고찰

은행나무는 일본과 중국에도 있고, 우리나라에서는 제주도에서 평북 용천, 함남 성진에 이르기까지 각지에 심어져 자라고 있다. 이와 같이 은행나무는 어디에서나 볼 수 있지만, 산에서 자연적으로 나서 자라고 있는 것은 아직 발견되지 않고 있다. 현재의 은행나무는 모두 사람 손에 의해 심어진 것이다. 은행나

| 강원도 영월 하송리의 은행나무(천연기념물 제76호)

무는 혼자서는 살 수 없는 나무이다. 사람이 없는 곳에는 은행나무도 없다. 이것이 은행나무의 가장 큰 특징이라고 할 수 있다.

이 나무는 현재 극동 지방에 분포하고 있지만, 과거에는 전 세계 각지에 있었던 것으로 알려지고 있다. 이는 화석 형태로 미국과 유럽에서 발견되고 있기 때문이다. 현재 은행나무의 종류는 단 한 가지뿐이다. 소나무에는 해송, 잣나무, 섬잣나무 등 여러 종이 있지만, 은행나무는 그렇지 않다. 화석으로는 12종이 알려지고 있다.

은행나무는 중생대에 가장 번성한 것으로 알려져 있는데, 그 당시의 은행나무는 잎이 잘게 여러 갈래로 갈라져 있는 것이 현재와 크게 다르다. 그 뒤 시간이 흐르는 동안 이와 같은 잎의 갈라짐은 적어지고 백악기 이후에는 현재 은행나무 잎과 비슷해졌다. 이와 같이 1억 년이란 기나긴 세월 동안 변함없이 지탱해온 사실은 정말 놀랄 만하다. 정녕 살아 있는 화석이라고 할 수 있다.

이와 같이 긴 세월을 지나는 동안 은행나무의 유전적 내용에는 큰 변화가 있었다. 지구 표면은 여러 차례 기후상의 변화를 가졌는데, 빙하에 덮이는가 하면 때로는 높은 온도에 놓이기도 하는 등 인간의 힘으로는 상상하기조차 힘든 극단적인 변화가 많았다. 현재에도 나무는 추운 지방에 살 수 있는 것이 있는가 하면, 그렇지 못한 것들도 있다. 야자수나 파인애플은 따뜻한 곳에서 자라고, 잣나무는 추운 곳에서 자란다. 그런데 은행나무는 때로는 얼음에 덮이기도 하고, 때로는 열대 지방에 사는 날개 달린 도마뱀과도 함께 살아왔다.

화석 연구를 통해 우리는 호주에서도 몇 종류의 은행나무가 있었음을 알게 되었다. 또 아시아, 유럽, 캐나다, 독일 북부 지방, 영국, 그린란드, 시베리아 등지에서도 은행나무의 화석종化石種이 발견되고 있다.

제3기 때 북극에서 빙하가 내려와 미국과 유럽의 식물을 죽인 경우가 있었다. 미국 동쪽 지방에 있어서는 북위 40도 지점까지 빙하가 내려왔다. 그러나 이때 빙하가 한국과 일본, 그리고 중국을 덮지는 못했다. 빙하가 내려오면 그 부근의 기온도 크게 냉각되는데, 그 당시 동양은 비교적 기온이 온화했던 것으로 생각된다. 그러나 이때 유럽과 미국 쪽의 은행나무는 전멸되고 말았다.

## 암수 구별

은행나무는 암나무와 수나무의 구별이 있다. "은행나무도 마주봐야 열매를 맺는다"는 말이 있는데, 이는 은행나무에 암수의 구별이 있다는 것을 말해준다.

조선 숙종 때의 실학자 홍만선洪萬選이 엮은 『산림경제山林經濟』에 다음과 같은 기술이 있다. 틀린 표현도 있지만 참고할 만하다.

> 은행나무白果木에는 암수가 있다. 수컷의 종자는 모양이 세모이고, 암컷의 종자는 2개 또는 3개의 모서리가 나 있다. 따라서 이 두 가지 종자를 함께 심는 것이 좋다. 또한 은행나무는 못가에 심는 것이 좋다. 그것은 은행나무가 물속에 비치는 자신의 그늘과 혼인을 하여 종자를 갖게 되는 까닭이다. 수나무도 열매를 맺게 할 수 있는데, 이때에는 수나무의 줄기에 구멍을 뚫고 그 속에 밤나무 가지를 넣어주면 수나무여도 열매를 맺게 된다.

최근 국립산림과학원에서는 '은행나무 성 감별 DNA 분석기술'을 개발하여 묘목일 때 정확하게 암수를 구별할 수 있게 되었다.

은행나무 겉모습을 보고 암나무와 수나무를 구별할 수 있는지 질문을 하는 사람들이 있다. 되도록이면 묘목일 때 병아리의 암수를 가려내듯 판별할 수 있는 방법을 묻는 질문이 많다. 종자나 묘목의 외관을 보고서 암수를 판별하는 방법은 아직 없다. 묘목을 보고서 '이것이 암나무다', '저것이 수나무다' 해도 20년 이상 지난 뒤에 가서 열매 맺는 것을 보아야 그 답을 알 수 있기 때문이다.

그렇지만 은행나무의 암수를 알아내야 할 필요성이 별로 없다. 암나무 묘목이 필요할 경우 암나무의 가지를 끊어다 땅에 꽂아 두면 뿌리가 쉽게 내려서 암나무로 되기 때문이다. 외국에서는 수나무를 즐겨 심는 까닭에 처음부터 이와 같이 한다. 수나무는 나뭇가지가 일반적으로 위로 올라가고, 암나무는 가지가 옆으로 퍼지거나 아래로 드리우는 경향이 있다고 한다. 그러나 이는 정반대의 경우도 흔하여 맞는 표현이 아니다.

## 정충을 가지고 있는 화석 식물

| 은행나무 열매

지구가 만들어진 것이 약 50억 년 전이라고 한다. 그런데 은행나무가 지구상에 나타난 것은 약 2억 7천만 년 전이다. 그때는 지구에 석탄과 석유가 만들어진 때이다. 석탄기는 약 3억 5천만 년 전에 시작되어 약 2억 3천만 년 전까지 계속된 것으로 추정되는데, 이때 은행나무의 선조들도 한몫한 것으로 보인다.

식물의 생명은 바다에서 먼저 시작된 것으로 알려져 있는데, 그 출발은 약 20억 년 전이고 그때에는 단세포의 조류藻類가 점점 복잡한 다세포 식물로 변화해 가고 바다와 늪에는 각종 식물이 있었다고 한다. 약 4억 년 전에 비로소 물속에서 식물이 뛰쳐나와 단단한 육지의 바위 위로 올라왔다고 전해지고 있다.

약 3억 년 전을 전후해서 석탄의 시대가 펼쳐지는데, 그때는 지구의 대부분이 오늘날의 열대 지방과 비슷해 춘하추동 사계절의 구별이 없었다. 물속에서 살아온 식물은 수컷의 정자精子가 암컷의 난자卵子로 가자면 물속을 헤엄칠 수밖에 없었다. 땅 위에 살고 있는 식물의 꽃가루에 해당하는 것이 바로 정자이다. 물속 식물의 정자는 몇 개의 꼬리를 달고서 그것으로 헤엄을 쳐서 난자를 찾아갔다. 그런데 육지의 식물은 꽃가루에 꼬리를 달고 있지 않다. 바람과 벌과 나비 또는 빗물이 있기 때문에 꼬리가 필요하지 않은 것이다.

그런데 은행나무만은 유별나게 꽃가루 속의 정자가 꼬리를 달고 있다. 꼬리가 없다면 그대로 꽃가루라고 말할 수 있지만, 꼬리를 가지고 스스로 운동해서 자리를 옮길 수 있을 때 이것을 정충이라 한다. 은행나무의 정충은 1895년 일본 도쿄 시내의 고이시카와小石川 식물원에 있는 큰 은행나무에서 히라세平瀨作五郎 교수에 의해서 발견되었다. 이어서 1896년 소철도 정자를 가지고 있음이 발견되었다. 나는 도쿄에 갔을 때 이 은행나무를 찾아간 적이 있다.

은행나무나 소철은 옛날부터 있었던 나무로, 그때는 아직 육지 식물들이 물속에서 올라온 지 오래되지 못했다. 그래서 물속에서 살던 때의 버릇이 그대로 남아서 꽃가루에 정자의 모습을 남긴 것이다.

책을 보면 은행나무는 정충이 있고 그것이 이동력을 가지고 있다고 하는데, 이는 잘못이다. 즉 암컷의 생식기 안에 눈으로 볼 수 없는 작은 우물이 있고, 이 우물의 표면에 떨어진 정충이 현미경으로나 볼 수 있는 짧고 짧은 거리를 뚫고 난자 쪽으로 이동하는 데 지나지 않는다. 물속 식물의 정충이 멀고 먼 물속을 헤엄치는 그 풍속을 현미경적으로나마 몸속에 담아보겠다는 은행나무는 확실히 현대화하지 못한 고풍을 즐기는 나무라 할 수 있다.

3억 년이란 긴 세월을 살아남게 된 이유는 정확히 알 수 없지만, 이 나무는 몸속에 특유한 성분이 있어 병에도 잘 걸리지 않고, 또 이 나무를 심하게 먹는 해로운 벌레도 없다는 것이 긴 역사의 배경이 될 수 있겠다.

## 은행나무 자생지

현재 우리나라나 일본에서 천 년을 넘는 은행나무가 더러 자라고 있지만, 야생 상태의 은행나무는 아직 발견되지 않고 있다. 즉 우리나라의 모든 은행나무는 사람이 심고 사람의 보호를 받고 있는 것이지, 스스로 그곳에 나타나서 자란 것은 아니다. 이것이 바로 은행나무의 독특한 특성으로 다른 나무에서는 찾아보기 힘들다.

지난날 식물학자들은 어딘가 지구상에 은행나무의 원산지, 즉 야생 상태의 나무가 있을 것으로 보고 그것을 찾아내기 위해 적지 않게 노력했다. 그 야생지가 중국에 있을 것으로 보고 탐험대는 쓰촨성四川省이나 윈난성雲南省 같은 오지를 답사했지만, 야생지를 찾는 데 결국 실패했다. 그러던 것이 최근 들어 양쯔강 하류 저장성浙江省과 안후이성安徽省의 경계를 이루는 천목天目산맥 해발 약 2,000m 지점에서 야생지가 발견되어 충격을 주었다.

우리는 이와 같이 나무의 고향을 중요시한다. 고향이란 무척 값진 것이다.

이곳에서 은행나무가 퍼져서 오늘날 지구상 곳곳에 심어지고 있다고 해석하는 것이다. 우리나라의 은행나무는 과거 중국에서 들여온 외국 수종이라고 할 수 있으며, 이 점은 일본도 마찬가지이다.

은행나무는 견딜 수 있는 환경의 폭이 매우 넓다. 온도로 말한다면 따뜻한 중국의 남단 광둥廣東에서도 자라는가 하면, 매우 추운 선양瀋陽에서도 지낼 수 있다. 선양의 최저 기온이 약 -38℃인데도 건강한 모습을 보인다. 다만 어릴 때에는 보호를 해주어야 한다. 은행나무의 이러한 성질을 적응력이 강하다고 표현할 수 있다. 적응력 특히 온도에 대한 적응력이 강하다 보니 오랜 세월을 살아올 수 있었을 것이다. 따뜻한 시절도, 또 빙하의 시절도 견디어 지내왔다. 은행나무를 살아 있는 화석이라고도 부르는데, 이는 은행나무가 길고 긴 지질 연대를 이어 살아왔고, 그들의 다양한 선조들이 화석으로 나타나고 있으며, 유럽이나 미주 대륙에서는 이미 자취를 감추고 화석으로만 나타나고 있기 때문이다.

## 양평 용문사의 은행나무

경기도 용문산의 용문사龍門寺에 있는 은행나무는 우리나라의 명목名木으로 유명하다. 명목이란 옛날 왕족이나 위인들이 심어 놓은 나무로, 요즘 말로는 기념식수한 나무라 할 수 있다. 명목에는 신비스러운 전설 비슷한 것이 얽힌 것도 있고, 때로는 높은 직계職階가 주어진 것도 있다.

용문사의 은행나무는 신라의 마지막 왕 경순왕의 세자인 마의태자가 금강산으로 슬픈 여행을 가는 도중에 심었다고 하기도 하고, 또 신라의 고승인 의상대사가 짚고 다니던 지팡이를 꽂고 간 것이 이 나무가 되었다고도 한다. 용문사는 약 1,300년 전 선덕여왕 때 원효대사가 세운 것으로, 은행나무는 그 뒤에 심어졌을 것으로 추정되어 수명이 약 1,100년일 것으로 짐작되고 있다.

이 나무는 우리나라에서 자라고 있는 나무 중에서 가장 큰 나무로, 세종대왕 때 정삼품 당상직에 봉하고 그 뒤 사천왕四天王이라 해서 해마다 제사를 드리고 있다. 가슴높이 줄기의 둘레가 약 11m, 나무 높이가 약 41m에 달한다. 이 밖에도 전국 각처에 은행나무의 노거목老巨木이 많고, 그 나무마다에 얽힌 사연들도 많다.

| 양평 용문사 은행나무의 봄과 가을(천연기념물 제30호)

용문사 은행나무에 얽힌 이야기가 몇 가지 있다.

첫째는, 옛날 한 나무꾼이 이 나무를 자르려고 톱을 대자 그 자리에서 붉은 피가 쏟아지고 갑자기 하늘이 흐려지고 천둥이 치고 해서 자를 수가 없었다고 하는데, 아직도 이 톱 자리가 남아 있다.

둘째는, 오늘까지 역사상 많은 병화兵火가 있었지만 이 나무에는 아무런 피해가 없었다는 것이다. 정미의병丁未義兵 때 일본 군대가 불을 질렀지만 이 나무만은 타지 않았고, 사천왕전四天王殿이 불탄 다음부터 이 나무를 천왕목天王木으로 받들고 있다.

셋째로, 나라에 큰 길흉사가 있을 때 이 나무가 소리를 낸다는 것이다. 고종이 승하하였을 때 큰 가지 하나가 떨어졌고, 8·15 광복 직전 두 달 동안 밤이 되면 윙윙 소리를 내었으며, 6·25 한국전쟁 때는 50일간, 4·19와 5·16 때에는 이 나무가 밤에 소리를 내었다는 것이다.

## 이천군 모가면의 은행나무

어느 봄날 나에게 경기도 이천군 모가면에 있는 은행나무 노거목이 죽게 되었으니 그 나무를 살려 달라는 전갈이 왔다. 모가면 어느 마을 앞에 수백 년생으로 추정되는 굵은 은행나무를 어떤 밥상食床 제작자가 줄기를 오려내어 나무를 죽게 한 뒤, 그 나무로 많은 밥상을 만들려고 한다는 것이다. 은행나무 밥상은 무척 고급스러운 것으로 행세깨나 하는 집안에서만 마련할 수 있는 고가품이었다. 마을 사람들이 대를 이어 함께 살아온 이 유서 깊은 은행나무를 어떻게 하든 살리고자 나에게 연락한 것이다.

그 현장을 찾아가 보니 은행나무는 줄기를 돌아가면서 깊이 4~5cm, 길이 30~40cm가 예리한 연모에 의해서 목질부에 이르는 깊이로 제거되어 있었다. 그대로 두면 이 나무는 도저히 살아남을 수가 없다고 판단되어 나는 다리접橋接을 해서 상처 부위를 뛰어넘는 상하 건전 부위 조직의 연결 수술을 하기로 했다.

집으로 돌아와서 나는 교접에 필요한 은행나무 가지, 그것도 생기 있고 곧으며 잔가지가 적은 것을 고르기 위해 이곳저곳 찾아다녔다. 그때 마침 잠업시험장 내에 있는 30~40년생 은행나무에 쓸 만한 휘추리 가지가 많아서 끊어 쓰기로 했다. 이 은행나무의 휘추리 가지를 70~80개 끊어 다시 현장으로 갔다. 나는 상처받은 조직을 오려내고 자신 있게 조직 연결 수술을 했다. 한 나무에 20~30개의 가지를 써서 시술을 했다.

그 뒤 마을 아이들이 장난삼아 연결된 가지를 만져 시술을 그르칠까 염려해서 수술 부위 위를 얇은 양철판으로 덮어 못질을 해서 수술한 자리를 보호했다. 이 수술은 성공을 거두었다. 이는 우리나라 수목외과 수술의 초기 작품으로, 세계적으로도 이처럼 늙은 나무의 교접 수술은 그 예를 찾기 어려웠던 것으로 생각한다. 나는 죽어가는 은행나무를 살렸다는 뿌듯함을 느낄 수 있었다.

### 행단杏壇과 은행나무

'杏'자는 '살구나무 행'으로 읽는다. 행단杏壇은 중국 산둥성山東省 취푸현曲阜縣에 있는 공자의 묘 앞에 있는 단의 이름으로, 공자가 이 단에 앉아서 제자들에게 학문을 강론하였다고 해서 행단이라 하면 학문하는 곳을 뜻하게 되었다. 그 단에 꼭 살구나무가 있어서 그러한 명칭이 유래되었는지는 알 수 없다.

우리나라에서는 행단에 살구나무보다는 은행나무를 두어 강학講學 분위기를 조성하고자 하지만, 큰 나무가 적고 또 그늘이 짙지 못한 결점이 있다. 은행나무는 실용적인 서민생활 속의 나무라 문묘나 서원, 향교 등에는 이 나무를 쌍으로 심어 장엄함을 나타내고 있다.

경북 순흥에 있는 소수서원紹修書院은 사액賜額서원으로 이름나 있는데, 이곳에도 은행나무가 있어 서원의 무게를 더해 주고 있다. 공부하는 분위기에 무게가 있으면 인간도 더 무게 있게 되고, 그러한 인간은 나라나 사회를 위해서 더 무게 있는 일을 할 수 있다.

서울 문묘의 은행나무는 천연기념물 제59호로 지정되어 있다. 명륜당明倫堂 앞에 두 그루의 은행나무가 동서 방향으로 쌍으로 서 있으며, 대성전大成殿 뜰 앞에도 두 그루의 은행나무가 있다. 제일 큰 것은 나무 높이 25m, 가슴높이 줄기둘레가 12m에 이른다.

## 은행나무와 유주乳柱

은행나무는 곁가지에서 땅으로 향하는 긴 돌기를 발달시키는 성질이 있다. 특히 기후가 온난다습한 일본의 은행나무에는 이러한 사례가 더 많다고 한다. 그 길이가 때로는 1m를 넘는 것도 있다. 일본 사람들은 그것을 젖乳, ちち으로 표현하여 은행나무의 별명이 젖나무乳木로 되어 있기도 하다. 우리도 이를 받아들여 유주乳柱(젖기둥 또는 기둥 모양의 젖)라고 부르고 있다.

일본에서는 아기가 없는 여자는 이 유주에 기도를 올려 아기 얻기를 소원하고, 또 산부가 젖이 부족할 때도 이에 치성을 드리는 습속이 있다 한다. 일본에서는 이 유주를 여성의 상징으로 보고 있지만, 우리나라에서는 그 관점이 다소 다른 것 같다. 아기 갖기를 소원하고 젖이 많이 나오기를 바라는 것은 일본이나 비슷하지만, 우리나라의 경우 그것을 오히려 남성의 상징물로 보고 그것을 잘라다가 끓여 국물을 마심으로써 잉태를 소원하는 예가 있다. 나는 이것을 서울 방학동 은행나무에서 볼 수 있었다. 방학동의 은행나무에는 상당한 길이의 유주가 발달해 있었는데, 그 유주의 선단부가 절단되어 있었다. 그 국물을 마시면 남자의 정력이 강해진다고도 했다. 모두 허황된 말임은 두말할 것도 없다.

하지만 우리나라에서도 이것을 젖으로 여기고 치성을 드리고 있는 곳이 있다. 예전에 경남 의령군 유곡면 세간리에 있는 천연기념물 제302호로 지정된 은행나무를 답사한 적이 있다. 곁가지에서 두 개의 작은 돌기가 생겨 아래를

| 서울 문묘 은행나무의 유주

보고 있었는데, 이곳에 치성을 드리러 오는 부녀자들이 있다고 한다. 이것에 빌면 젖이 잘 나온다는 것이다. 그러나 그 돌기는 그리 큰 편은 아니었다.

우리나라 은행나무 유주로서 가장 크고 장관인 것은 서울 문묘의 은행나무에서 볼 수 있다. 이것은 젖으로 보기보다는 남자의 성기로 보는 것이 더 그럴듯하고, 우리 선조들은 그렇게 보아 온 것으로 생각된다.

일본에서도 은행나무 유주를 잘라서 고아 국물을 마시는 습속이 있었다고 한다. 인간은 어디서 살거나 자연물을 보고 느끼는 방법이 서로 비슷한 것 같다. 그러나 이러한 일로 나무에 상처를 주는 일은 없어져야 할 것이다.

### 환경오염과 은행나무

은행나무는 비교적 오염된 환경에 적응하는 힘이 강한 것으로 알려져 있나. 그러나 이것도 어느 한계 내에서의 문제이지, 오염 정도가 지나치게 심하다면 결국 죽게 된다.

1975년경 나는 덕수궁 안에 있는 은행나무를 조사한 일이 있었는데, 그때 큰 은행나무 아래 몇몇 포장마차가 있어 길 가는 시민들이 이곳에서 소주 몇 잔에 꼬치 국물을 마시며 덕수궁의 분위기에 취하기도 했다. 지금으로 본다면 생각조차 할 수 없는 일이다. 어찌해서 궁 안에 포장마차가 줄지어 들어설 수 있었는지 알 수 없는 노릇이다.

문제는 은행나무 노목 아래에서 영업을 하던 포장마차들이 각종 폐수와 오물을 주변에 마구 버렸던 사실이다. 심해진 토양 오염으로 천 년을 바라보던 은행나무는 숨을 거두고 말았다. 이 나무 옆에 있던 회화나무 노거목도 동시에 오염의 제물이 되어 죽어갔다. 이들 나무를 죽이고 나서 포장마차들은 그곳을 떠나야 했다. 인간들은 이처럼 무분별한 행동으로 수백 년의 귀중한 역사를 단숨에 쓸어 없애고 말았다. 노거목들은 아무 말도 하지 못하고 저항도 할 수 없었다. 지금 그들은 없다. 슬픈 역사의 단편이다.

# 음나무

두릅나무과, *Kalopanax septemlobus*
(海東木·刺桐, Prickly castor oil tree, Castor-aralia)

가시가 엄嚴하게 생겼다고 엄나무로도 부른다.
개두릅이란 이름으로 봄에 새순을 식용하며 아름드리로 자라고
질 좋은 목재를 생산한다. 잡귀의 침입을 막기 위하여
가시투성이 가지를 문설주 위에 걸쳐두기도 했다.

## 음나무? 엄나무?

경기도 지방에서는 '음나무'라 부르지만, 황해도·강원도·경상도 지방에서는 부르기 쉽게 '엄나무'라고 부른다. '음'자가 '엄'자보다 발음하는 데 더 힘들기 때문이다. 사전을 보면 음나무는 "겨울에는 잎이 떨어지고 높은 나무로 되며 가지에는 굵고 억센 가시가 나 있다. 잎자루는 길고 잎은 손바닥처럼 생겨 크다. 잎의 직경이 10~30cm에 이르고 가지 끝에 모여서 난다"라고 되어 있다.

서울 등 큰 도시의 화원에는 팔손이나무가 많이 진열되어 있는데, 얼핏 보기에 음나무 잎은 팔손이나무와 비슷하다. 사실 팔손이나무와 음나무는 함께 드릅나무과에 속해 가까운 친척 사이이다.

엄나무嚴木란 이름은 가시가 무섭게 나 있어 엄하게 보인다고 해서 얻은 것으로 생각된다. 그 생김새로부터 얻은 알맞은 이름, 임나무가 왜 음나무로 되었는지 알 수 없다. 서울말이 표준이라고 해서 음나무라고 부르지만, 나의 생각으로는 엄나무 쪽이 훨씬 합리적이고 발음하기도 좋다.

이 나무의 한자명은 해동목海東木 또는 자동刺桐으로, 잎이 크고 나무의 웅장한 맛이 오동나무와 닮아 이렇게 불리는 것 같다. 또한 나무의 결이 곱고 비교적 가벼운 맛이 또한 오동나무와 닮아 '오동나무 동桐'자를 따와 가지에 가시가 있기 때문에 '가시 자刺'를 함께해서 자동刺桐으로도 불린다.

엄嚴나무라 하면 떳떳하고 자주성이 있는 이름이지만, 자동刺桐이라 하면 이 나무의 지위가 떨어진다. 왜 오동나무와 연관지어 이름을 짓느냐 하는 것이다. 가시 달린 오동나무로 불린다는 것은 오동나무만 못하다는 뜻이 은근히 들어 있기 때문이다. 일본 사람들은 음나무를 '가시오동나무'로 부르고 있다.

한편 러시아에서는 음나무를 '숲속의 장미'로 부르고 있는데, 그 뜻은 아름다운 장미에 가시가 있듯이 음나무가 가시를 가지고 있기 때문에 아름다운 나무, 다시 말해서 숲속에 자라고 있는 장미라는 것이다. 러시아의 학자들도 '숲속의 장미'라는 표현은 다소 역설적이라는 데 반대하지 않는다. "장미는 아름답다. 장미는 가시를 가지고 있다. 그러니 가시를 가지고 있는 것은 모두 장미처럼 아름다운 것이다"라는 논리의 전개에는 무리가 있기 때문이다. 그러나 음나무를 아름다운 나무로 추켜올리는 것이 못마땅할 이유가 없다면, 이러한 이름으로 음나무를 격려하는 데 인색할 필요는 없을 것 같다.

## 특징 및 용도

지난날에는 오동나무로 나막신을 만들어 신었다. 가볍고 신 안에 습기가 잘 차지 않으며 마찰에 저항력이 있어서 오래 신을 수 있기 때문이다. 이와 비슷하게 음나무도 나막신을 만드는 재료로 이용되었었다.

음나무는 우리나라 어디에서나 볼 수 있지만 이 나무가 없는 동네도 많다. 이 나무는 말하자면 낙하산 부대 비슷하다고 할까? 엉뚱한 데 나서 그 위풍을 자랑한다. 한 나무가 서 있으면 그 주변에 여러 나무가 있을 것 같지만, 그렇지 않다. 갑자기 나타나는 귀한 존재라 할까?

음나무의 열매는 가을에 콩알처럼 검게 익는데, 이것을 새들이 즐겨 먹는다. 열매의 살은 새의 위장 속을 지나는 동안 소화되고, 그 안에 있는 단단한 씨는 반은 소화되다가 간신히 목숨만 살아남은 채 새의 배설물 속에 섞여서 땅에 떨어진다. 이것은 이 나무의 열매로 보아서는 다행한 일이다. 뜨겁고 지독한 소화력, 다시 말해서 부식시키는 힘을 가진 새들의 창자 속을 지나온 까닭에 씨의 껍질이 얇아지고 땅에 떨어진 순간부터 물을 쉽게 빨아들여 싹을 틔우게 되기 때문이다. 그렇지 못하고 그대로 땅에 떨어졌다가는 싹트지 못하고 끝내 땅속에서 생명을 잃고 마는 일이 많다.

산새들이 이 나무의 열매를 좋아하기 때문에 음나무 위에서 산새들이 노래를 쉴 새 없이 불러댄다. 동물은 배가 부르면 노래를 하기 마련이다. 먹을 것이 즐비한 음나무 가지에는 산새들은 항상 잔치하는 기분이다. 이왕 나무로 태어날 바에야 배부르게 하고 노래하게 하고 또 꿈을 실을 수 있는 나무로, 말하자면 음나무처럼 되는 것이 소원일 것이다.

## 무시무시한 가시

음나무는 우리나라, 중국, 그리고 러시아 동부 지방과 일본에만 있고 유럽이나

| 음나무 가시

| 일산 밤가시 초가의 문설주에 걸쳐진 가시 달린 음나무 가지

미국 등지에는 없다. 특히 우리나라에 많다. 그래서 구미 각국의 사람들이 우리나라에 와서 이 나무를 보고서는 그 잎의 생김새와 무시무시한 가시에 놀라곤 한다.

이 나무는 늙고 오래되면 가시가 거의 없어진다. 혈기왕성한 어린 시절에는 가시를 달아 그 위엄을 뽐내지만, 수십 년을 지나 풍상을 겪고 어느 수준을 넘어서면 그때부터는 원만한 기품으로 당당한 모습을 자랑한다.

무서운 가시로 몸을 무장하고 방어하고 있다는 것은 역설적으로 아직은 약하다는 것을 말하는 것이다. 이제 그를 얕잡아볼 나무들이 주변에 없는 바에야 구태여 가시를 달고 있을 필요가 없다. 큰 음나무는 이제 자신을 가지게 된 것이다.

그런데 나는 이 나무의 가시를 미소라든가 애교로 보고 싶다. 온몸에 가시를 달고 야단법석하고 있는 것은 어떤 의미에선 아름다운 웃음과 같다. 어린 아기들은 잘 웃는다. 이유 없이 웃는다. 그래서 아기를 미워하는 사람은 없다. 아기들의 웃음은 그들이 한없이 약하기 때문에 적을 만들지 않기 위한 것이 아닐까? 초봄에 돋아나는 음나무의 새싹은 맛이 있기 때문에, 몸을 가시로 보호하지 않으면 온갖 산짐승들의 밥이 되고 만다. 어린 아기의 웃음, 그것이 곧 음나무의 가시인 것이다. 그래서 나는 이 음나무의 가시를 어린 아기의 미소로 보는 것이다. 이 나무는 그 때문에 어릴 때부터 아름답다.

## 귀신이 무서워하는 나무

예전에 우리나라 사람들은 음나무가 가시를 가지고 있기 때문에 귀신들이 이 나무를 무서워한 것으로 생각했다. 그래서 가시 돋친 음나무 가지를 잘라서 안방 문 위쪽에 걸어두곤 했다. 잡귀신이 안방에 들어가는 것을 막기 위한 것이었다. 그런데 사랑방에는 잘 걸어두지 않았다. 잡귀신들은 사랑방보다는 안방을 더 탐냈기 때문이며, 안방이 음나무와 더 깊은 관련이 있다. 잡귀신을 음나무 방망이로 쳐서 가마솥에 넣어 무거운 솥뚜껑으로 꾹 눌러 놓고 서리서리 삶아댄다는 무당굿풀이에 음나무가 들어가는 것도 볼 수 있다.

지난날 강원도 월정사로 가는 길섶에는 음나무의 어린 것들이 많이 나 있었다. 우리나라 군데군데 큰 음나무를 세워서 동양적인 이 나무의 위풍을 남겨두었으면 한다. 정말 웅장한 나무다.

두릅나무, 오갈피나무 등은 음나무의 일가친척이다. 음나무는 빨리 자라고 오래 살며 몸집이 크게 되는 나무이기 때문에 동네에 심어 정자나무로 삼고 싶다. 아름다운 나무, 야생적인 나무, 든든한 나무이다.

| 음나무의 잎과 열매

# 잎갈나무

소나무과, *Larix olgensis var. koreana*

(落葉松, Dahurian larch)

바늘잎나무이면서 잎갈이를 하므로 '이깔나무'라고도 부른다. 우리 주변의 잎갈나무는 거의 대부분 일본에서 가져다 심은 일본잎갈나무로서 낙엽송落葉松이라고 부르기도 한다.

나는 해방되기 전 함경도 개마고원에서 잎갈나무 숲을 보았다. 그러한 숲을 본 사람은 우리나라에서는 그리 많지 않을 것이다. 그것은 숲이 아니라 잎갈나무의 바다였다. 막막히 처져서 하늘가에 이어지는 잎갈나무의 바다, 수해樹海.

초봄의 그 푸르름은 말문을 턱 막히게 한다. 신록이 좋다 하지만 그것은 잎갈나무의 신록을 말하는 것이지, 다른 나무의 신록이 어찌 잎갈나무의 그것에 비할 수 있겠는가? 그것은 꿈의 물결이고 가장 깨끗한 태양광선의 파장을 가려낸 것이라고 할 수 있다. 모든 색깔은 햇빛 안에 숨어 있다는데, 햇빛의 조화가 그렇게도 황홀할 수가 있을까?

잎갈나무는 한 그루가 외따로 서 있어서는 잘 안 된다. 모여 있어야 하고, 그것도 수가 많을수록 좋다. 한 나무로는 영웅도 아니요, 천재도 아니요, 절세의 미인도 아니다. 그들은 모일 때 그 위대함이 여지없이 발휘된다. 단결의 힘을 과시하고 어느 나무 집단에도 뒤지지 않는 뭉쳐진 아름다움을 보여준다.

잎갈나무 숲에는 철학이 있고, 깊은 사색이 있고, 야생적이지만 고요가 있다. 찬바람 부는 높은 산에 즐겨 자리 잡은 그들의 뜻이 여기에 있다. 그들은 뛰어난 족속이기 때문에 황량한 환경의 고독을 즐긴다. 고독은 강한 것들의 귀중한 재산이라고 할 수 있다. 우리는 현재 잎갈나무를 잘 볼 수 없다.

잎갈나무는 일본에도 있는데 그것을 낙엽송落葉松(일본잎갈나무)이라 한다. 낙엽송과 잎갈나무는 구별이 거의 안 되며, 우리는 이 낙엽송을 주로 심고 있다.

잎갈나무는 주로 북쪽에서 자라는 나무이다. 강원도 북부 지방에서 볼 수 있지만 흔하지 않다. 잎갈나무는 말하자면 우리 것이고 낙엽송은 일본 것이지만, 아무튼 서로 많이 닮아 있다. 우리 것은 추운 것을 좋아하고, 일본 것은 더 따뜻한 곳을 좋아한다. 그래서 지금 우리는 낙엽송을 많이 심고 있다.

## 일본인의 시정詩情

일본 사람들은 잎갈나무 숲에서 시정詩情을 많이 느끼고 있는 반면, 우리나라 문인들이 잎갈나무를 대상으로 한 작품은 거의 없다. 매화, 난초, 대나무, 소나무, 국화, 배롱나무, 오동나무 등 집 안에 심는 것, 그것도 한 그루로도 능히 그 아름다움을 맛볼 수 있는 그러한 나무에 대한 감상이 많다.

일본 사람들의 느낌을 추켜세우는 것은 아니지만, 잎갈나무 숲은 시이자 예술인 것에 틀림없다. 그것도 기가 막히는 걸작에 해당한다.

내가 좋아하는 일본 시 중에 시마자키 도손島崎藤村의 「지쿠마강 여정가千曲川旅情の歌」와 기타하라 하쿠슈北原白秋」의 「잎갈나무의 노래」가 있다. 그중 「잎갈나무의 노래」를 우리말로 옮겨 그 시감을 감상해본다.

잎갈나무 숲을 지나노라면
나는 보았네 잎갈나무를
쓸쓸히 지내는 잎갈을 보았네
나는 쓸쓸한 나그네였네

지나온 잎갈 앞에는
새로운 숲이 또 있었네
그 잎갈의 숲속에는
좁고 긴 오솔길이 있었네

| 낙엽송(일본잎갈나무) 숲의 가을

신록의 잎갈나무 숲은 말할 것도 없지만, 노란 단풍이 든 가을의 숲은 더욱 아름답다. 해가 산을 넘으려 하는 저녁이면 이 숲의 스카이라인이며 그 색채는 인간의 마음을 미라로 만들 것만 같다.

## 백두산 폭발과 잎갈나무

백두산이 마지막 숨을 쉬고 하늘을 뚫는 불기둥을 솟아 올릴 때 거센 바람이 몽고 지방으로부터 불어와 동해 바다로 빠져 나갔다. 이는 믿을 수 있는 이야기로, 화산이 폭발할 때 나온 재가 동남쪽으로 퍼져서 수백 리 면적 위에 쌓였지만 다른 방향에서는 그것을 발견할 수 없었기 때문이다.

| 잎갈나무 구과(毬果)

이와 같이 불비가 내릴 때 그곳의 원시림은 불바다가 되었다. 원시림의 주인공인 전나무, 가문비나무, 잣나무가 모두 타버린 것이다. 타고 난 자리에 들어와 그곳을 점령한 것이 바로 잎갈나무이다. 자작나무도 이곳에 들어왔다. 이러한 나무를 우리는 선구수종先驅樹種이라고 부른다. 불로 인해 강력한 나무들이 타버리고 그 자리에 잎갈나무가 들어서게 된 것이다.

그 뒤 세월이 지나면서 전나무와 잣나무는 서서히 잎갈나무를 쫓아내고 다시 그 자리를 되찾는다. 일종의 생활 터전의 쟁탈이라고 할 수 있다. 잎갈나무가 야성적이고 강인한 것은 사실이지만, 이러한 주장은 억지스러움이 있다. 그들은 결국 황량하고 춥고 건조한 극단적인 환경으로 밀려난 것이다.

## 양수의 후손 만들기

낙엽송과 잎갈나무는 사람이 심어 주고 도와주지 않으면 스스로는 그들의 사회를 만들기 어렵다. 나무란 것은 커서 성숙하게 되면 열매를 맺고 씨가 떨어지고 싹이 터서 후손들을 키우고, 늙게 되면 세상에서 사라져 간다. 다른 나무들은 씨를 내려서 번성하는 자손을 볼 수 있는데, 낙엽송은 그늘에서 살 수 없는 양수陽樹이기 때문에 낙엽송 숲 아래에서는 어린 나무들이 생겨나기 어렵다. 따라서 우리는 그 묘목을 길러서 산에 심어주는 것이다.

그러나 다른 나무가 살기 싫어서 포기한 버림받은 그러한 땅을 이 나무들은 잘 찾아간다. 이것은 슬픈 사연이 아닐 수 없지만, 타고난 운명이기 때문에 어쩔 수 없다.

전나무와 잣나무는 쓸모가 있어서 사람이 큰 나무를 솎아내는데, 이와 같은 일이 있으면 잎갈나무는 그곳을 넘겨다보고 들어간다. 사람이 조금만 도와주면 잎갈나무는 힘을 펴볼 수 있다. 이러한 현상은 백두산 지대에서 잘 관찰할 수 있다.

학자들은 북쪽 지방의 잎갈나무가 자연 상태로 어디까지 남하南下할 수 있는지에 대해 흥미를 갖고 있다. 어떤 사람은 그곳이 강원도 오대산에 있는 월정사月精寺라고 한다. 그곳에 잎갈나무가 있는데, 그것이 최남단에 자리 잡은 자연생이라는 것이다. 하지만 어떤 사람은 이것은 사람이 심은 것이라고 한다. 이에 대해 알 도리가 없고, 다만 잎갈나무는 북방의 나무임에는 틀림없다.

### 러시아의 낙엽송

1979년 여름, 나는 러시아 동부 지방의 원시림을 볼 기회가 있었다. 그곳에는 다후리까 낙엽송이 있었다. 이는 시베리아 지방 흑룡강 유역 원시림의 주인공으로, 그 나라의 주요 삼림 자원이었다. 묘목을 양성해서 심고 있었는데, 바다처럼 넘실거리고 퍼지는 다후리까 낙엽송의 원시림은 정말 장관이었다. 그곳에서는 곰과 시베리아 호랑이의 포효도 있으리라.

낙엽송의 목재는 질기고 단단해서 쓸모가 많다. 모스크바 올림픽이 열렸던 자전거 속도 경기장 바닥은 다후리까 낙엽송으로 만든 판자로 깔았다고 한다. 이와 같이 하면 더 속도를 낼 수 있고, 따라서 좋은 기록을 남길 수 있기 때문이다. 낙엽송이 없는 시베리아는 생각할 수 없으며, 이와 같이 낙엽송은 소중했다.

한편 낙엽송의 목재는 너무 강하고 결이 세기 때문에 잘 갈라지고, 대패

질이 어려우며, 못을 잘 받지 않아 좋은 것으로 생각되지 않았다. 그러나 80년, 100년이 지난 낙엽송의 목재는 그렇지 않다. 즉 오래 기르면 귀중한 목재로 이용할 수 있다.

줄기가 굽는 일이 없고 시원시원하게 자라나는 낙엽송이 좋아서 모두 이 나무를 심는다. 낙엽송은 빽빽하게 들어선 숲을 만들지 못한다. 그곳 숲 땅은 햇볕을 많이 받는다. 그래서 낙엽송 숲은 봄과 가을, 그리고 겨울이 좋다. 그러한 때 그곳 오솔길을 지나볼 만하다.

| 초가을의 낙엽송(일본잎갈나무) 숲

# 자귀나무

콩과, *Albizia julibrissin*
(夜合樹, Persian silk tree, Pink silk tree)

---

화장 붓 모양의 꽃이 아름답고 화려하여 정원수로 잘 심는다.
자잘한 잎들이 해가 지면 서로 닫히는 수면 운동을 한다.
안고 잠자는 남녀의 모습이므로 한자로는 야합수夜合樹,
합환수合歡木, 합혼수合昏樹라고 한다.

## 여러 명칭

'자귀나무', 이상한 이름이다. 이 나무는 잠도 잘 자고 깨기도 잘 하기에 잠자는 게 귀신 같다고 해서 자귀나무란 이름을 얻은 것일까? 무언가 이유가 있어서 그러한 이름을 얻었을 것이다. 그래서 나는 내 나름대로 자귀나무라는 이름을 공연히 쪼개보고 그 근거를 붙여서 그것을 합리화해보고 싶다. 이름의 유래를 알아보는 것이 살아나가는 데 꼭 필요한 것은 아니지만, 항상 필요한 것만 생각하면서 살아갈 필요는 없지 않을까 하는 생각에서이다.

나뭇가지를 태우고 나면 노란색의 재가 남는다고 해서 노린재나무, 가지를 꺾으면 댕강댕강 잘 부러진다고 해서 댕강나무, 가지를 물에 꽂으면 물색이 푸르게 된다고 해서 물푸레나무, 화살矢의 깃털 같은 것을 가지에 달고 있기에 화살나무, 베개를 닮았으나 색깔이 검어서 가마귀베개나무, 대궁幹이 쓸모 있고 이상해서 대나무, 열매를 따먹고 방귀를 뽕뽕 뀌기에 뽕나무, 가지를 태우면 검은 재가 남기에 검은재나무, 겨우겨우 간신히 살아간다고 해서 겨우살이, 가지 속에 국수가 들어 있어서 국수나무, 흰 꽃이 나무를 덮을 때 흰 쌀밥 같다고 해서 이팝나무, 꽃이 조알과 같이 잘다고 해서 조팝나무, 뽕나무는 아니지만 뽕나무와 같이 쓰임새가 있다고 굳이 말하기에 꾸지뽕나무, 열매를 까치가 잘 먹기에 까치밥나무, 며느리가 밉고 줄기에 가시가 있기에 며느리밑씻개, 열매가 옷에 잘 붙기에 도둑놈바늘, 이정표로서 5리 길마다 길가에 심었다 해서 오리나무, 백팔 염주를 만들기에 염주나무, 껍질이 소중해서 피皮나무, 열매가 쥐똥 같아서 쥐똥나무, 꽃이 병 모양이라서 병꽃나무, 줄기가 철사줄처럼 강해서 철선, 줄기에서 노란색의 물이 나온다고 해서 황칠나무 등등, 그 예를 모두 옮기기 불가능할 정도로 많다.

## 금실이 좋은 나무

잠자는게 귀신 같다고 해서 자귀나무…, 생각해볼 만한 풀이가 아닐까? 사실 자귀나무는 밤이 되면 잠을 잔다. 잠을 잔다는 것은 마주 붙어 있던 잎이 서로 모여서 접합하는 것을 말한다. 떨어져 있던 것이 서로 부둥켜안는 현상을 잠자는 것으로 표현한 것은 이것이 밤에만 나타나기 때문이다. 부부가 밤이 되어 잠을 자는 모습을 자귀나무에 갖다 붙여 야합수夜合樹란 이름을 얻었다. 이러한 현상은 미모사Mimosa라는 풀에서 잘 볼 수 있다. 미모사는 손을 대기만 해도 수면 운동을 일으켜 잎들이 서로 모이고 겹치고 닫히게 된다.

과학자들은 수면 운동에 대하여 흥미를 가져 여러 가지 억측을 내리기도 했다. 미모사의 잎자루 아래쪽 세포는 많은 물을 간직하고 있어서 이 때문에 잎이 수평으로 꼿꼿이 지탱될 수 있다. 그러나 이것이 자극을 받으면 그 순간 이들 세포가 물을 잃어버리게 되어 잎이 아래로 처지게 된다.

### 나무의 한자명과 그 이야기

자귀나무는 황해도·경기도 이남의 따뜻한 지역에 자라는 콩과 수목으로, 한자명은 합환목合歡木·합혼수合婚樹·야합수夜合樹·유정수有情樹 등 여러 가지가 있지만 모두 비슷한 뜻을 가지고 있다. 합쳐서 기쁘다든가, 서로 궁합이 맞아 혼인을 하는 나무라든가, 밤에는 서로 접촉하는 나무라든가, 정이 있다든가 하는 뜻이다. 따라서 예전에는 부부의 금실을 위해서 이 나무를 집에 흔히 심었다.

| 한밤의 자귀나무 잎

그 잎은 아까시나무 잎을 축소시킨 것 같은데, 자귀나무 잎은 더 규칙적이고 도형적이며 더 섬세한 느낌으로 구석구석 도안한 듯한 생김새를 가지고 있다. 아까시나무는 한 대에 붙어 있는 잎을 세어 보면 홀수이지만, 자귀나무는 끝 쪽이 잎이 없어서 짝수로 되어 있는 것이 또한 다르다. 이 점은 자귀나무의 묘한 잠자는 성질과 관계있다. 마주나 있는 두 장의 잎이 밤이면 서로 모여서 잠을 자야 하는데, 만일 홀수의 잎을 달고 있다면 한 장의 잎이 남기 때문이다. 이러한 잎이 하나라도 있다면 자귀나무는 야합수夜合樹라는 이름을 버려야 될 판이다.

홀수 개의 잎을 가지고 있는 아까시나무, 산초나무, 등나무, 찔레나무, 해당화 등을 자귀나무는 몹시 못마땅하게 생각하는 것 같다. 부부가 화목해야 가정이 평화로운 것처럼, 나무 역시 마찬가지라는 것이 자귀나무의 철학이다.

### 황홀한 꽃

자귀나무 꽃은 처음 보는 사람은 우선 그 모양에 놀라고, 다음으로 그 향기에 놀란다. 수백 개의 명주실이 연분홍으로 물들어가는 수꽃의 불꽃놀이는 사람들의 예술을 깔보고 있는 듯하다. 어떤 유명한 조각가나 화가도 자귀나무 꽃의 구도 앞에선 끌과 송곳을 버려야 하고 또 물감과 붓을 팽개쳐야 할 판이다. 연분홍의 꽃들이 진녹색 잎으로 펼쳐진 구름 위에 수놓여 하늘을 쳐다보는 듯한 배열은 창조주의 계획적인 작품으로밖에 생각되지 않는다.

이 나무의 줄기는 굽거나 약간 눕거나 멋없는 가지를 그저 몇 개 성큼성큼 달 뿐이다. 봄이 오고 여름이 와서 이 가지에 잎이 달리게 되면 자귀나무는 완전한 공간적 조화를 찾고, 색깔은 그 영화의 절정을 묘사하게 된다.

잎이 떨어지면 겨울을 스산하게 맞이하고 찬바람에 온몸을 맡기고 만다. 콩깍지 같은 긴 열매를 달아 겨울바람에 내내 달각거리는 소리를 내는 것은 그 뜻을 짐작하기 어렵지만 새들을 불러 그 열매를 대접하기 위한 초대의 말이 아닐까?

사람들은 이 나무가 시끄럽다고 해서 여설목女舌木으로 표현하기도 했다.

| 자귀나무 꽃

여자의 입이 얼마나 시끄러우면 자귀나무의 열매에 비교했을까? 그러나 눈이 오고 찬바람이 불면 자귀나무 열매의 꼬투리는 서로 부딪쳐서 깨어지고 씨앗이 땅으로 떨어지게 된다.

자귀나무는 많이 모여서 집단생활을 하는 일은 거의 없다. 극히 야생적인 나무로서 조금은 비사교적인 맛이 있지만, 그것이 이 나무의 풍류라고 보아야 한다. 자귀나무는 다른 어떤 나무도 자기보다 더 아름다운 꽃을 가지지 않았다고 믿고 있다. 그래서 우리는 이 나무를 보통 야생적이고 자연적이며 소박하고 온유한 분위기가 감도는 곳에 심는다.

하와이 등 열대 지방에 레인트리Rain tree라는 나무가 있는데, 웅장한 몸집을 가지고 있고 그 잎과 꽃은 자귀나무와 구별이 잘 안 될 정도로 닮아 있다. 이 나무는 자귀나무속에 속하며, 학명은 *Albizia saman*이다. 줄기가 부채 모양으로 옆으로 퍼져 넓은 그늘을 만드는 것이 특징이다. 레인트리는 밤이 되면 비를 오게 한다고 해서 이러한 이름을 얻었는데, 잎이 서로 오므라들면 가지 사이에 공간이 생겨 가랑비가 아래로 내려오기 마련이다. 한때 그곳 사람들은 이를 밤에 누는 매미 오줌으로 생각하기도 했다. 오후 다섯 시가 되면 잎이 모여서 잠을 자기 때문에 '다섯 시 나무'라는 별명도 얻었다. 강렬한 색깔의 무지개가 레인트리의 가지와 잎에 걸려서 그 영광을 하늘에 채색할 때면, 우리나라의 자귀나무에도 무지개가 발을 놓아 산기슭에서 서로 그 아름다움을 나누는 것이다.

| 자귀나무 열매

동양에만 난다는 이 자귀나무를 누가 소중하게 생각하지 않을 것인가? 자귀나무로 아름다운 조각품을 만들 수 있어 우리에게는 더욱 친밀하다. 자귀나무는 항상 나의 마음속에 살고 있다.

| 부채처럼 수관이 옆으로 퍼지는 열대 자귀나무(미국 하와이)

# 자작나무

자작나무과, *Betula platyphylla* var. *japonica*
(樺·華, East Asian white birch, Japanese white birch)

---

한대 지방을 대표하는 나무로 새하얀 껍질이 수십 겹으로 겹쳐 있다. 여기에는 기름기가 많아 잘 썩지 않을 뿐만 아니라 불을 붙이면 잘 붙고 오래 간다. 흰 껍질은 매끄럽고 잘 벗겨지므로 종이를 대신하여 불경을 새기거나 그림을 그리는 데 쓰였다.

자작나무는 줄기 껍질이 종이처럼 흰 까닭에 사람들이 그 이름을 잘 기억한다. 이 나무는 높은 산에 많이 자라며, 기후가 따뜻한 낮은 곳에서는 거의 볼 수 없다. 냉기가 도는 산기운 속에서 그 흰 줄기는 천만 년의 고요함과 원시 속에서 숨 쉬고 있는 것같이 보인다. 산속에서 자작나무를 만나면 걸음을 멈추고 그 모습을 자세히 보고 싶어진다. 온갖 잡된 나무들 사이에서 홀로 순수함과 정결을 잊지 않고 품위를 지켜나간다.

외국 시인들은 자작나무를 소재로 하여 많은 감미로운 시를 쓰고 있는 반면, 우리나라에선 그런 것 같지 않다. 이는 시인들이 자작나무가 있는 산속에 가본 적이 별로 없고, 접할 기회도 별로 없었기 때문일 것이다. 어떤 시인은 이 나무를 일컬어 "숲속에서 가장 아름다운 것, 숲의 가인佳人이여"라고 노래했다.

## 백두산 통나무집과 자작나무

나는 해방 직전 영림서營林署 직원으로 백두산 부근의 원시림 속에서 지냈었다. 길주에서 혜산진으로 가려면 그 중간 지점에 백암이란 정거장이 있다. 백암에서 기차를 갈아타고 무산으로 가는데, 역시 그 중간 지점에 유평이란 곳이 있다. 이 유평 작업장이 나의 직장이었으며, 다시 이곳에서 거의 백 리나 되는 산속에 들어가 있었다.

처음에는 누구나 원하는 성진영림서 본서에 있었는데, 나는 너무 배가 고파서 감자라도 많이 먹어보자는 생각에 자청해서 산속으로 갔다. 그때 영림서장은 나를 보고 기특한 청년이라고 칭찬해 주었다. 그때는 전쟁 중이라서 식량이 부족했고, 영림서 청사 처마 밑에서 바라본 미군 폭격기 B29의 반짝이는 은빛이 어수선한 세상을 예고하는 것 같아 산골을 택했다.

나는 산속 통나무집에서 지냈다. 부엌 하나에 방 하나만 있고 화장실은 없는 집이었다. 날마다 새벽이 되면 적당한 곳을 화장실로 이용해야 했고, 따라서 화장실은 항상 새로운 곳이었다. 나는 여기서 자작나무와 친해졌다.

그곳 사람들은 사람은 보티나무(자작나무를 이렇게 부름)에 나서, 보티나무에 살고, 보티나무에 죽는다고 했다. 지붕을 자작나무 껍질로 덮었기에 자작나무 껍질 아래에서 태어난다는 것이고, 밥을 지을 때 자작나무 껍질을 불쏘시개로 쓰고, 어둠을 비출 때도 기름기가 많은 자작나무 껍질을 사용하며, 사람이 죽으면 관을 쓰는 것이 아니라 자작나무 껍질에 싸서 땅속에 묻기에 이와 같은 말이 있게 된 것이다.

나도 그때 백두산 원시림에 통나무집을 만들었는데, 지붕에는 자작나무 껍질을 덮고 그 위에 굵은 돌을 가득 얹어 바람에 날리지 않고 비가 와도 새지 않게 했다. 자작나무 껍질은 거의 모두가 기름이기 때문에 썩는 일이 거의 없었다. 이웃집에서 놀다가 밤이 깊으면 자작나무 껍질에 불을 붙여 길을 찾아서 집으로 돌아오곤 했다. 참으로 고마운 자작나무였다.

산길을 갈 때 자작나무 토막을 밟아서는 안 된다는 말이 있다. 그것은 나무줄기 속은 모조리 썩어서 없어져도 기름으로 된 껍질은 항상 새 나무처럼 보이기 때문에, 잘못해서 이것을 밟으면 넘어지거나 깊은 곳으로 떨어져서 위험하기 때문이다.

## 나무의 특성

자작나무는 박달나무와 인연이 깊은 나무이다. 생김새가 비슷하다. 다만 박달나무는 껍질에 흰 빛이 부족하고, 또 자작나무 열매(꼬투리)는 아래로 늘어지지만 박달나무 열매는 하늘을 쳐다보고 선다는 점이 다르다. 자작나무 껍질은 종잇조각처럼 옆으로 잘 벗겨져 어떤 사람은 이 껍질로 명함을 만들기도 한다. 나도 예전에 자작나무 껍질로 명함을 만든 적이 있다.

자작나무는 종자로 번식시키지만 종자에 생활력이 없는 것이 많다. 이 종자는 가을에 따서 겨울 동안 보관했다가 봄에 뿌리는데, 저장을 잘못 하면 싹트는 힘이 줄어든다. 건조하고 찬 곳에 두어야 한다. 봄에 종자를 뿌리면 모래로 얇게 덮는데, 종자가 너무 가늘고 가볍기 때문에 비가 오면 씨 뿌린 곳이 패여서 못 쓰게 될 수 있다. 땅에 어느 정도의 습기만 있으면 곧 싹이 트게 된다.

자작나무는 어디까지나 깊은 산을 연상시키는 나무이므로 도시에는 잘 맞지 않는다. 오염된 공기에 매우 약하기 때문이다. 밤과 낮의 기온차가 큰 곳이

| 자작나무 줄기, 잎과 꽃

알맞다. 그리고 뿌리목 쪽에 개미가 달려들어 해를 주는 일이 많고, 심고 난 뒤 10년쯤 되면 하늘소가 줄기를 파먹게 된다.

이 나무는 뿌리가 땅속 깊게 들어가지 않으므로 바람이 강한 곳은 적당하지 않으며, 가지를 잘라주는 것을 매우 싫어해 유지 관리가 까다롭다. 아름다운 경치를 만들고자 한다면 몇 그루의 나무를 모아서 심어야 한다. 도시 공원에는 심을 수 있지만, 가로수 또는 좁은 개인 집 뜰에는 적당하지 않다. 도심에 심을 때는 심은 뒤 15년 정도 되면 나무가 약해지기 시작하고, 20년쯤 되면 공해로 인해 대개는 죽게 된다. 그래서 이 나무는 되도록이면 산에 자연 상태로 두는 것이 좋다.

자작나무 목재는 단단하고 치밀하여 조각재나 특수용재로 쓰인다. 스웨덴, 핀란드, 러시아 등에서는 자작나무가 임산자원으로서 주요한 위치를 차지하며, 그 목재도 값비싸게 매매되고 있다.

| 강원도 인제 원대리의 '속삭이는 자작나무 숲'

핀란드는 사우나sauna의 본고장인데, 흥미롭게도 잎이 달려 있는 자작나무 가지를 다발로 묶어서 사우나탕 안에서 팔과 다리, 그리고 어깨를 두드린다. 혈액 순환을 좋게 한다는 것이다. 나도 사우나를 할 때 항상 자작나무 가지 다발을 사용한다.

자작나무는 가장 추운 환경에서도 잘 견디는 나무이다. 북극에 가까워지면 난쟁이 자작나무가 얼어붙은 땅을 담요처럼 덮고 있다. 키가 커봐야 30~40cm를 넘지 못한다. 가장 극단적인 생활 조건을 이겨내는 것이 자작나무와 버들이다. 기름기 많은 껍질이 이 나무의 몸을 보호하는 것 같다.

## 화촉을 밝히는 나무

자작나무는 줄기 껍질이 아름답고 목재가 쓸모가 많아 '나무의 여왕'으로 불린다. 또한 자작나무 줄기에서 나오는 물을 마시면 모든 병이 물러가고 오래 살 수 있다고 한다.

영국에서는 자작나무를 '숲의 숙녀'라고 부르고 있으며, 유럽의 난쟁이 자작나무는 예전에 이 나무로 예수를 매질했기 때문에 나무가 높이 크지 못하고 줄기도 바로 설 수 없다는 전설이 있다.

한편 러시아 농민들은 자작나무류 나무를 건강의 상징으로 믿고 있으며, 이들 나무로 만든 막대기로 몸을 두들겨 땀을 내는 습속이 있다고 한다. 이것을 한욕汗浴, sweat bath이라 부르고 있다.

자작나무는 한자로는 '華' 또는 '樺'로 쓴다. 결혼식을 화촉華燭이라고 흔히 말하는데, 예전에는 촛불이 없어서 자작나무 껍질에 불을 붙여 촛불 대용으로 사용했고, 따라서 화촉을 밝힌다고 하면 결혼식을 말하는 것이 되었다. 내용인즉, 자작나무 껍질의 불로 어둠을 밝혀서 행복을 부른다는 것이다.

자작나무 껍질의 불은 가장 화려하고 행복한 결혼식을 뜻한다. 결혼식에는 촛불이 특히 필요했던 것 같다. 마태복음 25장 첫머리에 "그때에 천국은 마치 등을 들고 신랑을 맞으러 나간 열 처녀와 같다 하리니… 신랑이 오므로 등불을 예비하였던 자들은 함께 혼인 잔치에 들어가고… 등불 준비에 미련한 자들은 들어가지 못하였다"라는 대목이 있다.

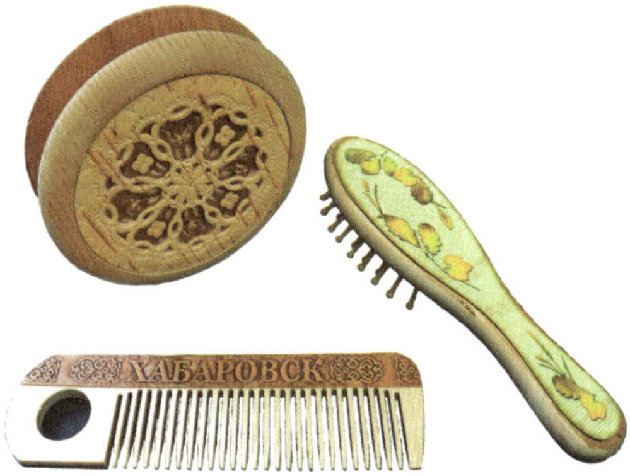

| 러시아 하발로브스크의 자작나무 공예품

"화촉을 밝히고" 할 때의 화촉은 색깔을 넣은 밀초라는 설명도 있으나, 우리나라 구식 혼례식에서도 촛대는 필요한 것이었다. 한낮 마당에 차려놓은 예식상에 불은 켜지 않아도 두 개의 촛대는 올려놓곤 했다. 자작나무류가 많은 지방에서는 이 나무에서 기름을 얻을 수 있었는데, 이들 나무는 곧 밝음과 빛의 상징이었다. 그러나 화촉華燭은 반드시 결혼식만 관련된 것은 아니었고, 어떤 사건이 발생했을 때에도 자작나무 껍질을 사용해 불을 밝혔다.

소식蘇軾의 시에 "그대(손님)를 보내는 숲 안에서 화촉(자작나무 껍질의 불)을 밝히고 있는데 타는 불꽃 향기 아름답구나送客林中華燭香"라는 대목이 있다. 이때 그대가 친구이든 애인이든 상관할 것 없다. 고요히 숲속에서 이별의 인사를 나누는데 화촉의 불을 밝혔다는 것이 정감적이다. 불을 밝히면서 우리 서로 갈라서자는 것일까?

또한 백거이白居易의 시에 "풍촉화연향風燭樺煙香"이란 대목이 있는데, 바람 앞에서 불안하게 타고 있는 촛불(화촉)에서 그윽한 향기를 맛본다는 것은 훌륭한 시인이 아니고서는 얻을 수 없는 경지이다. 우리도 바람 앞 촛불처럼 위태로운 상황에서도 좋은 향기를 잃지 말자.

# 잣나무

소나무과, *Pinus koraiensis*

(紅松·栢子木·果松, Korean pine)

우리나라 중북부에서 만주 동부를 거쳐 아무르강 유역에 걸쳐 자란다.
잣은 식용하며 목재는 붉은빛을 띠어 '홍송紅松'이라 하는데,
재질이 좋아 기둥이나 고급 상자의 재료로 쓰인다.

## 나무의 기백

잣나무는 북쪽 고산 지대에 많이 분포하며, 만주 동쪽과 시베리아에도 나고 있다. 일본의 임학자인 무라야마村山 박사가 만주의 삼림식물대를 조사한 바에 의하면, 잣나무의 분포 면적이 매우 넓게 나타나고 있다.

잣나무는 줄기가 굽는 일이 거의 없고 곁가지를 고루 사방으로 뻗어 단아하고 안정된 느낌을 준다. 잎이 빽빽하게 달려서 기품을 높이고 색깔이 진해서 평범을 벗어난다. 또한 이 나무는 정제整齊의 아름다움으로 우리를 당혹하게 만든다. 그 푸른 상록은 불요不撓의 상징이고 굳은 절개를 의미한다. 줄기가 굽지 않는다는 것은 높은 가치를 향해서 변함없이 자라간다는 것을 뜻한다. 약삭빠른 변절이 없고 눈치 보는 타협이 없다는 것이 잣나무의 위대함이다. 송백松柏 같은 절개를 우리 조상들은 값진 것으로 여겼는데, 잣나무를 보면 누구라도 그러한 생각에 빠지게 된다.

자연의 힘은 위대한 것이다. 자연을 보존하고 그 자연에 접함으로써 지혜로우면서도 고결한 인성人性을 함양해야 한다. 이러한 생각은 물질문명의 병폐에 대한 인류의 성스러운 도전이라고 할 수 있다. 잣나무의 기품을 우리의 스승으로 삼아 보는 것도 괜찮은 일이다. 인류의 가치관에 군데군데 상처가 생겨나고 있을 때, 그것을 치유할 명약의 하나로 푸른 자연의 힘을 믿고 싶다.

나무의 지조志操를 통념通念화할 수 있고 또 찬양할 수 있다는 것은 그것으로부터 감화를 받을 수 있다는 것을 뜻한다. "나의 심성과 나의 사랑은 우거진 숲, 깊은 계곡에 머문다愛止丘壑"라는 이율곡의 철학은 자연에서 배울 것이 지대하다는 것을 뜻한다. 또한 신라의 화랑들이 심산유곡深山幽谷을 찾아 마음과 몸을 단련하고 소나무를 심어 자연을 가꾸었다는 것은 이들이 높은 기개를 함양하는 데 필요했음을 말해준다.

## 한자명

잣나무는 우리나라 자연 경관을 만드는 데 중요한 역할을 한다. 시인 김삿갓이 금강산을 유람하며 읊었다는 시구詩句 중에서 "소나무와 소나무, 잣나무와 잣나무, 바위와 바위를 돌고 도니"라는 뜻의 "송송백백암암회松松柏柏岩岩廻"의 송松은 소나무일 것이고 백柏은 잣나무 또는 측백나무를 뜻하는 글자로 해석할 수 있다.

지난날 시와 문학을 다룬 우리나라 선비들은 외관이 비슷한 나무를 모아서 하나의 명칭으로 표현한 것 같다. 반면 중국에서는 일반적으로 편백扁柏 종류, 측백側柏 종류, 향나무柏槇, 團柏, 檜柏 종류에 따라 '백柏'자를 넣고 있다. 가문비나무 종류와 전나무 종류는 일반적으로 '삼杉'자를 쓰고 있고, 잣나무는 홍송紅松, 해송海松, 과송果松, 유송油松, 오수송五鬚松, 백자목柏子木, 오엽송五葉松, 신라송新羅松으로 써 '백柏'자는 적용되지 않고 있다.

잣나무를 신라송新羅松으로 부르게 된 유래는 다음과 같다. 신라시대 사신들이 중국으로 건너갈 때 잣松子을 많이 가지고 가서 팔았는데, 그때 중국 사람들은 이것을 신라송자新羅松子라 불렀고 따라서 '신라송'이란 이름이 얻어졌다고 한다. 잣을 옥각향玉角香 또는 용아자龍牙子라고도 불렀는데, 중국에서는 그때 잣이 매우 귀중한 식품으로 여겨져 선물용으로 이용되었다는 것이다. 이와 같이 보면 잣은 우리나라 임산물로서 최초로 수출된 것이 아닌가 한다. 그 이전에 다른 임산물이 상품으로서 외국에 나간 일이 있다는 기록을 찾지 못하는 이상 이를 받아들일 수 있을 것이다. 미국이 개국해서 최초로 수출한 임산물은 스트로브잣나무 목재라 하는데, 잣나무라는 점에 있어서 서로 통하고 있는 것은 우연이라고 할까?

『논어論語』에 나오는 송백松柏은 공자가 뜰 앞에 서 있는 향나무를 보고 말한 것이라 한다. '松'과 '柏'이 서로 다른 것이 아니고 하나로 뭉쳐서 향나무를 뜻한다고 한다. 이태백이 노자묘老子廟를 찾았을 때 시 한 구절에 "홀로 상심하노라 천년千載 뒤까지 쓸쓸히 남아 있을 송백松柏의 숲"이란 구절이 나오는데, 이때의 송백도 묘 옆에 우거져 있는 향나무를 말하는 것이라 한다. 명부冥府의 영혼과 세월을 함께할 향나무는 쓸쓸할 수밖에 없다.

한편 정약용은 '백자柏子'라 제목을 붙이고 다음과 같이 설명하였다.

| 잣나무 숲

백자는 측백側柏이라. 이아爾雅에 말하기를 백柏에는 몇 가지 종류가 있다. 그 잎이 편평한 것은 측백 또는 측엽側葉이고 그 인仁을 백자柏子라 한다. 해송海松(잣나무를 말함)은 유송油松, 과송果松, 오수송五鬚松을 말하는데, 때로는 오립송五粒松이라고도 하며 그 인仁을 해송자海松子라고 한다. 지금 세상 사람들은 잣나무古松를 백柏으로 부르고 있는데 이것은 잘못이다. 과송판果松板을 백자판柏子板으로 혼동하고 있는 것도 잘못이다.

정약용의 서술을 살펴보면 그때의 사람들은 잣나무를 백柏으로 이해하고 있었고, 따라서 문객文客들도 소나무와 잣나무 등속을 송백松柏으로 묶어서 표현한 것으로 짐작된다. 송백 같은 우리 민족의 절개가 세월 따라 휘엉청 하고 있는 것이 아닌가? 잣나무 숲이 줄어들었기에 절개도 희석되어 가고 있단 말인가?

### 한시 속의 잣나무

잣나무는 우리나라에 집중 분포해 있고 만주와 시베리아, 우수리강 부근, 그리고 일본에도 약간 분포하고 있다. 만주 동부 지방을 제외한 중국 본토에는 없으므로 중국의 옛 시문詩文에 나타나는 송백에는 잣나무가 끼어들지 못하고 있다.

두보의 시에 "취백은 짙게 색깔을 간직하고, 붉은 능금이 멀리 서리를 얻었더라翠柏深留景 紅梨迥得霜"라는 것이 있다. 이때의 취백이 어떠한 나무를 말하는지 나로서는 짐작하기 어렵다. 역시 두보 시에서 "금속퇴 앞에 우거진 송백의 그늘을 당신은 보았는가君不見金粟堆前松柏裏. 영광을 등에 올려놓고 뛰던 그때의 준마는 이제 보이지 않고 다만 바람을 마시는 새들만 보이는 것이…"라고 한 곳에서 금속퇴金粟堆는 왕릉王陵으로, 이때의 송백도 묘 옆이라 향나무로 볼 만한 것이 아닐까 한다.

| | |
|---|---|
| 松柏瞻虛殿 | 송백 우거진 곳에 비어 있는 궁궐을 보고 |
| 塵沙立暝途 | 모래 먼지 일고 있는 저녁 길에 섰노라 |

| 잣나무 잎과 열매

위 두보 시의 송백은 향나무로 보기 어렵고 소나무 종류나 가문비나무, 전나무 등으로 보는 것이 좋지 않을까? 그것이 이곳 풍광에 더 어울리는 것 같다.

한편 소식의 글에 "돌아갈거나, 돌아가. 가난하여도 내 집으로 돌아갈거나. 어찌 추창惆悵하게 홀로 슬퍼할 건가. 고향 집 앞 길은 거칠었지만 송국松菊은 아직 남았노라"라는 대목이 있다. 이는 무엇일까? 따지는 것이 이상하겠지만 높고 푸른 나무로 생각하면 족할 것이다.

## 잣나무의 진가

1944년 가을 백두산 부근 밀림 지대에서 겨울을 날 때 경험한 것으로, 그곳 화전민火田民들은 가을 감자 수확과 감자 녹말내기 일이 끝나면 잣나무 숲을 찾아갔다. 잣송이를 모을 대로 모아 잣알로 방 하나를 가득 채우고 겨울 내내 온 식구가 모여 앉아 잣을 깨어 먹는다. 그들은 몇 길의 눈이 쌓여 있어도 잣알의 기름기로 백두산의 추위를 견뎌내곤 했다. 우리 민족은 위대하다고들 하는데, 그것은 우리가 잣나무를 가지고 있기 때문이 아닐까?

사람들은 이 세상에서 가장 아름다운 나무로 히말라야시더 또는 레바논시더를 한결같이 꼽는데, 모양이나 색깔이 잣나무와 비슷하다. 아니 잣나무가 더 아름답다. 씩씩하고 웅장하며, 거기에 부드러움이 있다. 그래서 잣나무를 코리언시더Korean cedar라 해도 좋지 않을까? 외국 사람들은 코리언 파인Korean pine으로 부르고 있는데, 이 역시 받아들일 만한 이름이다.

잣나무는 5개의 잎이 모여서 한 다발을 만들고 있지만, 소나무 종류는 수종에 따라 한 다발에 나는 솔잎의 개수에 차이가 많다. 『격물총론格物總論』에서는 잎이 3개씩 나는 것을 '괄자송栝子松'이라고 하고, 5개씩 나는 것을 '송자송松子松'이라 한다고 기록하고 있다. 이시진의 『본초本草』에도 이와 비슷한 설명이 있는 것으로 보아 중국에서도 잎이 한 다발에 3개씩 나는 것에 주목을 하고 있었음을 알 수 있다.

조선시대에 중국은 우리나라의 잣을 탐내어 많은 양을 공물貢物로 요구해 왔고, 우리나라는 그것을 수집해서 바치느라 고생을 많이 했다. 잣 하면 지난날의 중국이 몹시 미워진다. 물론 우리나라 조정에서도 잣송이 등 많은 임산물을 공물로 거두어들였고, 잣송이는 한 송이, 두 송이 등 송이所應伊로 계산하고 있었다. 대전大殿에 공상供上하는 임산물 중 일부를 지적하면 신백자新柏子(햇잣), 생송이, 산포도, 은행, 개암榛子, 배, 홍시, 석류, 유자, 모과, 호두 등이 있고, 그 밖에 선혜청宣惠廳, 장흥고長興庫 풍저창豐儲倉, 혜민서惠民署 등에서 요구한 공물로는 괴화槐花, 매실, 전죽箭竹, 저주지楮注紙, 옻漆, 송지松脂, 대추, 산사, 구기자, 연교連翹(개나리), 치자, 갈화葛花(칡꽃), 오배자, 오갈피, 복분자, 목통木通(으름덩굴) 등 그 내용이 다양했다. 잣송이를 따다 공물로 바치는 데에는 민중의 큰 고생이 뒤따랐을 것이다.

**선혜청(宣惠廳)**
조선시대 대동법(大同法)에 따라 대동미(大同米), 대동목(大同木)을 관장하던 관청

**장흥고(長興庫)**
돗자리, 유지 등을 관장하던 관청

**풍저창(豐儲倉)**
미곡을 맡아보던 관청

**혜민서(惠民署)**
의약과 치료를 맡아보던 관청

# 전나무

소나무과, *Abies holophylla*
(樅, Manchurian fir, Needle fir)

개마고원 등 북쪽의 추운 지방에서 원시림을 이루어 자라는 늘푸른바늘잎나무이다. 월정사, 내소사 등 남한의 절 주변에서도 잘 자란다. 나무가 좀 약하지만 곧바르고 옹이가 적어 큰 건물의 기둥으로도 쓰인다.

전나무는 추운 지방에 많은 나무이다. 우리나라에 원래부터 있었던 전나무는 주로 북한의 고산 지대와 고원 지대에 자라고 있다. 남쪽 지방에는 주로 일본 전나무가 심어졌는데, 그 자람이 볼 만하다. 일본에서 건너온 전나무는 따뜻한 곳을 더 좋아하기 때문이다. 거의 같은 이름이고 또 서로 닮은 전나무이면서도 하나는 한대성寒帶性이고 다른 하나는 온대성溫帶性인 데 그 차이가 있다.

우리나라 전나무와 일본의 전나무는 그 구별이 어렵지 않다. 우리나라의 전나무는 잎의 끝 쪽이 송곳 끝처럼 생겼지만, 일본의 전나무는 끝이 두 갈래로 갈라져 있다.

전나무는 잎이 바늘같이 생긴 상록수로, 줄기가 밋밋하고 가지의 든든함과 빽빽하게 달린 잎이라든가 수관樹冠의 정제整齊함이 모두 모여 이 나무의 장엄한 기품을 보여 준다. 어떤 사람들은 전나무가 20~30년까지는 그 모양이 매우 아름답지만 그 뒤에는 흐트러져 볼품이 없어진다고 말하지만, 그 말은 옳지 않다. 물론 젊음의 아름다움은 그 나름대로 인정할 수 있지만, 나이를 먹어가면서 풍겨내는 이 나무의 당당한 위풍에 어떤 위압감마저 느끼게 된다.

## 사찰의 전나무

전나무는 사찰 부근에서 흔히 볼 수 있다. 내가 우리나라의 전나무를 가장 먼저 본 곳은 명봉사鳴鳳寺라는 절 입구의 길가에서였다. 명봉사는 경북 예천군 북쪽에 있는 절로 아름다운 산천에 둘러싸여 있다. 이 절로 향하는 양 길가에 있는 장엄한 모습의 전나무들을 보고서 사람들은 더욱더 종교적 감정에 빠지게 된다.

무엇에 사로잡히는 느낌, 조심스럽고 긴장되는 느낌, 자신이 보잘것없는 존재라는 발견 등등, 이러한 감정에 빠지게 되는 것은 신앙으로 들어서는 예비 작업이라 할 수 있다. 말문이 닫히고 세속적 잡념이 세척되어 양심이라든가 본심으로 표현할 만한 순수성이 몸 안에 남고 담겨질 때 절간의 신비는 더욱 빛을 내게 되는 것이다. 절간의 단청이, 황금빛의 불상이, 총 천연색의 불화佛畫가 전나무와 어울리지 않고서는 신앙의 분위기가 조성되기 어렵다. 전나무라는 대자

| 강원도 월정사의 전나무

연의 위압감과 대웅전의 신비감이 하나로 뭉칠 때 종교의 힘이 발산하게 된다.

참새처럼 파닥거리는 약한 가슴을 안고서 이 전나무 행렬 사이를 지날 때, 그 나무의 높음과 위풍에 나는 스스로가 하루살이처럼 약한 미물로 생각되었다. 전나무는 나에게는 위대한 종교였고 스승이었으며, 인간성 개조의 큰 힘이었다. 그것은 그들이 위대한 자연이었기 때문이리라.

전나무 숲으로 가장 유명한 곳은 강원도 월정사 입구의 전나무 숲일 것이다. 나는 월정사의 그 역사도 귀중하지만, 이 전나무 숲은 그에 못지않은 가치를 가지고 있다고 본다. 이 숲의 나무들을 베어서 그 목재를 이용할 수도 있겠지만, 우리가 그것을 그대로 남겨두고 보는 데에는 이 숲이 우리 인간에게 주는 정신적인 영향이 더 소중하고 값지기 때문일 것이다. 누구라도 이 숲의 나무들을 베어서 이용하자는 데에는 단번에 거절할 것이다. 이 숲을 남겨둠으로써 보다 더 큰 가치가 있기 때문이다. 여기서 자연의 존재적 가치가 크게 인정됨을 알 수 있다.

## 곧게 자라는 나무

중국 진·한 시대의 사전인 『이아爾雅』에 「송엽백신왈종松葉栢身曰樅」이라는 글이 있다. 종樅이란 전나무를 뜻하는 것으로 잎은 소나무와 닮았고 줄기는 잣나무와 닮은 것이 전나무라는 표현인데, 사실은 솔잎과 전나무의 잎은 서로 많이 다르다. 그러나 늘 푸르다든가 잎이 바늘 모양이라든가 하는 점에서 공통점이 있긴 하다. 전나무, 가문비나무 등을 합쳐서 옛적부터 우리는 삼송杉松이라 했고, 잣나무를 홍송紅松이라 불러왔다. 잣나무 줄기의 내부가 붉은색을 띠고 있어 이러한 이름이 붙게 된 것이다.

이 나무는 오래되면 줄기 아랫부분의 굵은 곁가지가 거의 없어져 밋밋하게 되고 줄기가 굽는 일이 없기 때문에, 예전에는 궁궐이나 사찰, 관아 등의 건물 또는 큰 서원을 짓는 데 기둥이나 대들보로 이용했다. 예전에는 목재를 다듬는 기구가 발달하지 않아 힘이 들었기 때문에, 전나무처럼 생긴 줄기는 큰 건물을 만드는 데 안성맞춤이었을 것이다.

| 광릉 국립수목원의 전나무 숲

| 미국 전나무 솔방울

월정사로 들어가는 길가에 월정천月精川이 흐르고 그 양쪽 산허리에 드문드문 전나무가 있고, 나무 아래에는 온갖 이름 없는 잡목들이 잔뜩 자라고 있다. 그 사이사이에 우뚝 솟아 있는 전나무의 모양은 군계일학群鷄一鶴이란 표현이 적당할 것이다. 사람 손을 타지 않으면 전나무 종자가 떨어져 어린 새싹으로 다시 태어날 수 있다. 그런데 이 전나무는 그늘에서 잘 견디는 음수陰樹이기 때문에, 어린 싹들은 잡목 아래에서 더 잘 태어나고 더 잘 자라날 수 있어 자연의 묘한 질서를 알 수 있다. 어린 전나무는 유연한 가지를 달고 있어 쉽게 잡목 사이를 비집고 올라와서 위로 솟아오르게 된다.

이렇게 해서 전나무 수가 불어나면 그 아래에 짙은 그늘을 만들고, 그곳에 있었던 잡목들은 햇볕이 부족해서 죽게 된다. 이런 면에서 전나무는 배은망덕한 나무로 생각될 수도 있다. 어릴 때 보호해 주던 잡목을 나중에 가서 힘이 생겼을 때 그것을 해치기 때문이다. 그러나 자연에는 항상 치열한 경쟁이 있기 때문에 이것을 자연의 질서로 해석할 수밖에 없다.

전나무는 북한 고원 지대 밀림의 주인공으로 우점종優占種의 위치에 있다. 백두산 화산 활동의 역사와 함께 전나무 숲은 온갖 풍파를 겪으면서 살고 있다. 몇 그루가 모여 있는 전나무는 안정되고 격조 있으며 강인한, 그러나 한량없이 평화스러운 정취를 보여 주기 때문에 사람들은 이 나무를 심고 좋아하는 것 같다.

# 주목

주목과, *Taxus cuspidata*
(朱木, Japanese yew, Rigid-branch yew)

'살아 천년 죽어 천년'이라는 말 그대로 오래 살며 죽어서도 금방 썩지 않은 좋은 나무다. 붉은빛이 나는 목재는 왕들의 나무 관으로 애용되었고, 고급 활을 만들기도 했다.

## 특징

주목은 추운 곳을 좋아하는 아한대성 수종이라 할 수 있다. 따라서 인간들이 모여 사는 마을로부터 멀리 떨어져 있어서 인간과 가까운 관계를 가지지 못하는 안타까움이 있다.

주목은 일본, 시베리아 동부, 우수리강 부근, 오호츠크, 사할린, 만주에 분포한다. 우리나라에서는 수평적 분포로는 제주도 한라산(높은 곳, 아한대성의 기후로 취급되는 곳)으로부터 북쪽 국경에까지 이르고, 울릉도에도 있으며, 특히 강원도에 많은 편이다. 우리나라 중부와 북부에서는 해발고도 700m 이상 되는 곳에서 볼 수 있다. 즉 주목은 온대의 상부에서부터 아한대에 걸쳐 분포한다.

이 나무는 수피樹皮가 붉은색이며 그 심재心材가 유달리 붉어 '붉을 주朱', '나무 목木'자를 써 주목이란 이름을 가졌다. 향나무도 붉은 편이나 주목이 더 붉다. 잎은 개비자나무나 솔송나무와 닮았다고 할까? 좁고 길지만 부드럽다. 색깔은 진한 녹색인데, 나무치고 이 나무의 잎보다 더 진한 녹색을 가진 것은 없을 것 같다.

진한 녹색을 가진 데에는 이유가 있다. 이 나무는 어릴 때 자람이 매우 느리다. 대기만성大器晩成, 바로 그것을 신조로 하는 나무다. 다른 나무의 그늘 아래에서 세월없이 커간다. 십 년이고 수십 년이고 백 년이고, 큰 나무 밑에 억눌려 살아도 만족하는 나무다. 쨍 하고 볕들 날이 있다지만, 주목으로 말하면 볕 보기 어렵다. 그래도 살아가야 하기 때문에 잎의 색깔을 진한 녹색으로 했다. 어두운 숲속에서 지내면서 희미하게나마 흘러들어오는 빛을 모조리 잡아보겠다고 그런 잎 색을 택한 것이다.

목재의 질이 좋고 잎이 깨끗하고 신선하게 보이며 품위가 있어서 일본 사람들은 이것을 '이치이一位'(제일이라는 뜻)라고 한다. 나무 중에서는 최상급이란 말인데, 나무가 연하지만 단단하고 색깔이 좋아 그 이름에 부끄럽지 않다.

## 종자의 생김새

주목은 침엽수에 속하지만 열매가 독특하게 생겨서 엉뚱한 데가 있다. 종자의 구조를 보면 바깥쪽에 육질의 종의種衣(씨를 덮고 있는 특별한 외피)가 두텁게 발달해 있다. 이는 배주胚珠가 자라가면서 배병胚柄이 이상적으로 발달해 단단한 조직의 종피種皮 둘레를 감싸게 된다. 종의를 흔히 가종피假種皮라고 하는데, 가종피의 끝 쪽은 열려 있어 익었을 때 그 안에 있는 검은 갈색의 종피를 볼 수 있다.

가종피는 가을이 되어 성숙하면 아름다운 분홍색을 띠어서 아름답게 보인다. 앵두보다 훨씬 더 아름답고, 어린 소녀의 입술을 연상시키는 색깔이다. 알맞은 두툼한 살을 가지고 있어 탄력적이며, 손을 대면 금방 터질 듯한 팽만감이 있다. 그 색깔은 인간의 지혜와 능력으로서는 연출해 낼 수 없을 정도로 아름답다. 살아 있는 색깔이요, 충만해 있는 색깔이요, 떨림이라 할까 미동을 하고 있는 색깔이요, 늙음이 없는 어린 색깔이다. 우리가 주목을 좋아하는 이유 중 하나가 이 종자의 모양과 색깔의 화려함에 있다. 주목은 암나무 수나무가 구별되어 있는데, 이 가종피의 탄력에 찬 색깔과 신이 설계한 종자의 구도를 보려면 암나무를 심어야 한다.

가종피는 먹을 수도 있다. 새들도 이것을 즐겨 먹는다. 먹고 나면 새의 뱃속에서 가종피는 소화가 되는 반면, 단단한 종피는 소화가 될 수 없어 배설물로서 몸 밖으로 배출된다. 생물학적으로는 이를 주목의 자손을 전파하는 수단으로 해석할 수 있다. 먹거리를 주고 그 대신 새의 비상력으로 멀리까지 종자를 전파시켜 영토를 넓혀 나간다는 것이다.

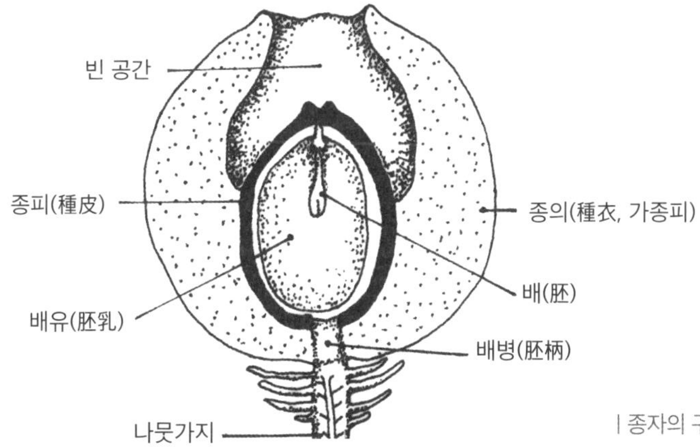


| 종자의 구조

주목은 초봄에 꽃이 피고 가을에 종자가 성숙한다. 성숙한 종자는 새들이 먹지 않는 한 겨울철에도 그냥 달려 있다.

가종피는 색깔이 아름답고 보기에도 먹음직스럽지만, 배유胚乳와 배胚(어린 눈)에는 유독 성분이 있어 조심해야 한다. 주목의 종자를 씹어 먹으면 병원에 갈 사이도 없이 사망할 수 있다. 대체로 아름다운 것은 독을 가지고 있는 경우가 많다. 이는 가종피만 먹고 그 안에 있는 종자는 먹지 말고 이곳저곳에 뿌려달라는 뜻이 아닌가 한다.

## 나무의 용도

주목은 조경수로서의 가치가 높게 인정되고 있다. 그 진한 푸름의 변함없는 모습이 우리 눈에 소중하게 비춰지기 때문이다. 이 나무는 상록의 잎이 빽빽하게 나서 나무 안쪽을 들여다보기 어려운데, 이것이 주목의 조경적 가치를 높게 만들어주고 있다. 주목은 극단의 음수陰樹이기 때문에 광선이 부족한 듯해도 나뭇잎이 살아서 생리작용을 하게 된다.

또한 주목은 가지의 맹아력이 강해서 나뭇가지를 잘라 주었을 때 빨리 움가지를 내어 빈자리를 금방 보충해준다. 따라서 주목은 각종 동물의 형상 또는 도형적 규격을 만들어 구도의 미를 창출해 내는 데 적격이다. 소위 토피어리 topiary라는 것이다. 프랑스 베르사유 궁전 정원의 기하학적인 미를 창출하는 데이 주목이 사용되고 있다.

주목은 목재로서도 한몫하고 있다. 이 나무는 심재心材와 변재邊材의 구별이 선명한데, 변재는 흰색이고 심재는 선명하게 아름다운 홍갈색이다. 그런데 시일이 지나면서 목재의 면이 검은색을 더해간다. 예전에 왕이 입던 곤룡포袞龍袍의 붉은색을 이 주목에서 얻었다고 한다.

주목은 자람이 느린 까닭에 나이테의 폭이 매우 좁고 또 고르다. 춘재春材부터 하재夏材로의 추이가 매우 완만하고 목리木理가 곧다. 목재의 구성 요소는 가도관과 방사조직만으로 되어 있어 가장 단순한 편이다. 즉 가도관이 목재의 97% 정도를 차지하고 있다. 목재는 탄력성이 있고 재질이 부드러우며 결이 곱

| 프랑스 베르사유 궁전의 원뿔형 토피아리 형태 주목

고 색깔이 아름다워 공예에서 많은 용도로 사용되고 있으며, 조각재로도 그만이다. 연필재로는 이것을 능가할 것이 없다.

유럽과 미국에도 주목이 있는데 동양산과 유사하다. 일본의 아이누족과 유럽에서는 주목을 큰 활을 만드는 재료로 사용했다고 한다. 주목으로 만든 큰 활은 길이가 2m에 이르는 것이 있는데, 주목 활의 출현은 당시 경이적인 것으로 지금으로 말하면 핵무기 발명만큼이나 무서운 것이었다고 한다. 사정거리가 길어서 주목 활을 가진 쪽이 항상 승리를 차지했다고 전해진다.

앞서 말했듯이 일본에서 주목은 첫째가는 귀한 나무라 해서 '이치이一位'로 불렸고, 또한 옛적부터 이것으로 홀笏을 만들었다. 홀은 합죽선을 접은 것처럼 생겼는데, 신하가 왕을 뵐 때 조복에 갖추어 손에 잡는 판자로, 때로 신사神社에서 신을 모시는 신관神官이 손에 잡는 나무판자도 홀이라 하였다. 여간 좋은 나무가 아니고서는 홀이 될 수 없으며, 일본에서는 전적으로 이 나무로 홀을 만들었다고 한다. 우리나라에서는 속리산 소나무에 임금이 정이품의 벼슬을 주었다고 하는데, 일본에서는 주목에 정일위正一位의 위계를 준 바 있다.

## 눈주목(갸라)

주목의 변종으로서 눈주목伽羅(갸라)이라는 것이 있다. 이 나무는 주목과 유사하나, 줄기가 바로 서지 못하고 옆으로 누우며 곁가지가 넓게 퍼진다. 키는 1~2m 정도로 정원에 흔히 심고 있다. 한자로는 가라목伽羅木으로 쓴다. 1712년 출판된 일본의 『화한삼재도회和漢三才圖會』를 보면 주목 설명은 없고 갸라를 설명하고 있을 뿐이다. 그 일부를 소개한다.

> 크게 번무繁茂해서 가지가 잎 안에 숨어 밖에서는 볼 수 없고 둥글고 푸른 종자를 맺는다. 가을이 되면 홍색으로 익어 흡사 앵두처럼 보인다. 먹으면 맛이 달다. 속칭 가라목이라 한다.

그러나 그림을 보면 줄기가 곧게 서고 있어서 갸라답지 못하고 오히려 주목을 더 닮았다. 우리는 이것을 눈주목이라 부르고 한자로는 역시 가라목伽羅木으로 쓴다. 해발고도 700m 이상의 고지에 나고, 수평적으로는 설악산에서도 볼 수 있다. 옆으로 뻗는 곁가지는 뿌리를 내려 옆으로 퍼져나간다.

정태현 박사는 이것을 독립된 종으로 취급하고 있는데, 주목이 풍충지風衝地(바람맞이 입지)에 적응하면서 유전자의 도태를 받아가며 유전적으로 고정된 집단일 것으로 생각된다. 그 특성은 풍충지가 아닌 곳에서도 그대로 발휘되는 것으로 알려져 있다.

## 소백산의 주목 군락

소백산의 주목 군락은 세계적으로 학술적 가치를 인정받은 것으로 알려져 있다. 충북 단양군 가곡면 어의곡리에 있는 이 군락은 천연기념물 제244호로 지정되어 있다. 군락의 면적이 148,760m$^2$의 광대한 규모에 이르고 약 천 그루의 주목이 있는데, 수령은 200~500년으로 추정된다.

이곳에 어떻게 해서 주목이 순림 모양으로 넓은 숲을 형성했는지 일종의 신비라고 할 수 있다. 소백산 능선 서쪽 완만한 경사면에 모여 있고 분포 중앙

지점에 샘물이 솟아나서 계류의 시원지가 되고 있다. 이것으로 본다면 이곳 토양은 수분이 많은 편으로 다습한 상태라고 할 수 있다. 바람을 많이 맞은 까닭에 나무들의 키는 7m쯤으로 그리 크지 않으며, 그래서인지 곁가지가 많이 나 있는 편이다.

1992년 8월 초 소백산 식생조사단이 이곳 주목 숲을 답사할 때, 나도 그 일원으로 참가하여 그곳 주목 군락을 관찰 조사할 기회가 있었다. 주목 숲을 안내하는 간판이 있었는데 다음과 같은 기록을 읽을 수 있었다.

> 1960년대 후반까지만 해도 국망봉과 연화봉에 이르는 능선을 따라 3만여 그루가 자라고 있었다 한다. 지금은 이곳을 제외하고서는 거의 찾아보기 힘들다. 이곳의 주목은 강한 바람으로 대부분 줄기가 휘어져 그 모습이 기묘한 것이 특징이다.

주목을 찾아보기 힘든 것은 바람뿐만 아니라 겨울의 눈도 영향을 끼쳤을 것으로 보인다. 두텁게 쌓이는 눈으로 가지는 아래로 휘어지고, 봄 늦게까지 계속되어 줄기는 다시 위로 올라갈 수 없어 그러한 모양을 만들게 되었다. 이렇게 마디가 많고 꼬인 형태를 반굴수형盤屈樹型, gnarled tree form이라 하는데, 소백산 주목은 예외 없이 모두 이러한 모습을 하고 있다. 주목은 원래 원줄기에 의한 주축主軸 성장을 하는데, 계속되는 설압雪壓에 저항력을 상실하게 된 것이다.

이러한 예는 소백산의 다른 수종에서도 관찰할 수 있다. 물푸레나무 가지는 유연성과 탄력성이 있어 설압으로 가지가 꺾어지지는 않고 처져 있다. 원상을 회복하지 못한 경우라 할 수 있다. 주목 잎은 겨울에도 빽빽하게 달려 있어 더욱 많은 눈이 얹어지고, 그 가지가 또한 탄력적이어서 그와 같이 되고 만다. 물푸레나무는 겨울에 잎이 떨어져 없어지기 때문에 반굴수형이 심하지 않지만, 주목은 빽빽한 엽량 때문에 그 경향이 두드러질 수밖에 없다. 일본에서는 나한백이 눈 때문에 유사한 현상을 보이는 것으로 알려져 있다.

소백산의 주목 군락은 과거 도굴꾼들에 의해서 많이 손실되어 그 수가 줄

| 눈에 덮인 태백산의 주목(태백시청 제공)

어들었다. 주목이 돈이 된다 해서 사람들이 몰래 들어와 어지간한 크기의 나무는 캐간 것이다. 세계에 자랑할 수 있는 이 군락은 잘 보호되어야 한다. 주변에 철책을 쳐 놓고는 있지만 더 엄한 단속이 필요하다.

### 태백산의 주목 군락

1997년 10월 낙엽송의 황금빛 단풍이 유난히도 눈부시게 빛나던 때, 나는 신비의 산 태백산에 올랐다. 무언가 전설과 신화에 가득 찬 듯한 예감이 들었는데, 그것을 찾으려는 마음으로 발걸음을 옮겼다. 가다 보니 신갈나무의 늙은 가지가 나름대로 예술성을 가지고 굴곡과 공간 배치를 보여 주고 있었다. 신갈나무는 한랭한 기온을 선호하는 까닭에 주목 출현을 미리 알려주는 전조수종前兆樹種임에 틀림없다. 등산로를 심술궂게 가로막은 신갈나무 곁가지의 빗장을 아무런 저항 없이 허리를 낮추어 지나갔다. 가다 보면 비탈면에 산죽山竹이 융단처럼 깔려 있다. 산죽은 빽빽한 지하경地下莖(땅속줄기)의 발달로서 영토를 강점强占하는 힘이 있다.

어린 쪽빵나무가 큰 나무 그늘 아래에서 하늘을 보고자 애쓰고 있다. 꽤 키 큰 분비나무도 여기저기 보인다. 이들은 모두 주목의 동반종同伴種이다. 비로소 우리를 놀라게 하는 주목의 노거목이 길 한가운데에 서서 수문장처럼 내려다보고 있다. 마음속으로 태백산 탐방의 뜻을 전하고 통과한다. 그때부터 여기저기 흩어져 자라는 주목의 노거목이 보인다. 늙은 나무는 그 끝 쪽이 잔혹한 환경과 수없이 경험한 벼락으로 죽음을 당하고도 용케 살아남은 줄기 껍질을 통해서 측면잔명側面殘命을 보이고 있다. 그래서 나무에 따라서는 수형이 한쪽으로 기운 것이 흔하다. 천 년의 수명을 오가는 노령목들로서 무언가 일반성을 초탈하고 있는 상황이다.

하늘과 땅 사이를 오고가는 신은 하늘에서 이곳 태백산으로 하강할 때 먼저 주목의 노거목에 내려앉아 휴식을 취하며 모양새를 다듬고 때를 맞춰 제천당으로 옮겨갔을 것이다. 태백산 꼭대기에 있는 주목의 노거목들은 신들이 거처하는 거룩한 공간이었을 것이다.

태백산에 자라고 있는 주목들은 노쇠 현상을 보이는 것들이 많았다. 줄기 중심부가 썩거나 수피의 부분 부분이 죽어 있고 주축이 고사되는 등 늙음을 읽을 수 있었다. 그 아래에 주목의 유생幼生도 있었겠으나, 도둑이 많이 들어 집단으로서의 개체 간 유대가 약해져서 인공적으로 사이사이에 묘목을 끼워 심고 있었다.

태백산은 신의 숭앙이라는 분위기가 주목의 줄기에 칭칭 감겨 있는 듯했다. 우리는 해 지는 줄 모르고 서서 산 저쪽 먼 곳을 바라보았다. 태백산의 주목도 높은 곳에 서 있는지라 눈의 힘에 못 이겨 수형이 삐뚤어진 것이 있는 소백산 주목과 통하는 점이 있었다. 하지만 태백산의 주목은 소백산의 그것보다는 주간성主幹性(원줄기를 유지하는 성질)이 강하고 키도 더 높아 나무로서의 위엄 같은 것을 더 느낄 수 있었다.

## 덕유산의 주목

덕유산 꼭대기 부분에도 주목이 군락을 만들고 있다. 학술적으로도 가치가 있는 것으로 알려져 있다. 지난날 기후가 한랭했을 때는 더 아래까지 분포해 있었겠지만, 기후가 따뜻해지자 주목들은 추운 곳을 찾아서 산 위로 올라갔다. 덕유산 꼭대기가 살기 좋아서 그곳에 머문 것이 아니라, 더 이상 갈 곳이 없어서 그곳에 머물고 있는 것이다. 이러한 식물들은 생태적으로 매우 취약한 상태에 있다. 이러한 식생에는 사람의 간섭이 없어야 한다. 약하다 보니 조금만 손을 대어도 허물어질 판이다.

나는 1995년 2월 23일 덕유산의 주목에 이상이 있단 말이 있어서 일단 무주로 갔다. 그곳에서 새로 스키장을 개설하고 있는 덕유산으로 향했다. 인간의 힘은 대단해서 상전창해桑田滄海도 시간 문제라고 생각되었다. 덕유산은 그 모양을 바꾸고 있었다. 산꼭대기에 있던 주목의 노거목이 이리저리로 옮겨 심겨지고 있었는데, 현재 잘 살아남아 있는지 궁금하다. 덕유산의 주목은 뚜렷한 주간성을 가지고 있었다. 구상나무와 함께 자라고 있었는데, 비슷한 운명을 담고 서로 비슷한 미래를 바라보고 있었다. 인간은 이처럼 자연을 파헤쳐야 더

| 강원도 정선군 두위봉의 주목(천연기념물 제433호). 나이는 약 1,400년으로 측정됨.

행복해질 수 있는 것일까? 씁쓸한 상념에 잠기면서 덕유산 주목 군락을 내려다보았다.

참다가 참다가 자연은 홀연 무섭게 인간에 대들지도 모른다. 지구를 감싼 대기의 온도가 점점 높아져 가고 있다는데, 이곳 주목과 구상나무는 어디로 가야 할 것인가? 이제는 더 올라갈 곳이 없다.

### 송백松柏과 주목

주목은 소나무松보다 또 측백나무柏보다 더 추위에 잘 견디고, 또 더 추운 곳에 자라는 나무인데도 『논어論語』에 "추운 때를 당한 뒤라야 소나무와 측백나무의 변하지 않는 푸름을 알 수 있다歲寒然後知松柏之後彫也"라는 대목을 보면 알 수 있듯이 주목이 뒤로 처지고 있는 느낌이다.

『시경詩經』「소아小雅」에도 "송백처럼 무성하다如松柏之茂"란 대목이 있어 송백은 함께 대우를 받고 있고, 『본초강목本草綱目』에도 "송백은 모든 나무의 어른이다松柏爲百木之長"라고 되어 있어 송백이 모두 귀한 대접을 받고 있음을 알 수 있다.

| 주목 열매. 다른 나자식물에서 발견할 수 없는 과육은 붉은색으로 가종피(종의)에 해당하며 새들이 즐겨 먹는다.

송松은 소나무류로 보면 되지만 백柏은 측백나무, 편백나무, 잣나무, 전나무, 향나무 등으로 해석되고 있어 특히 이 나무라고 정해진 것이 아니다. 다만 상록수종이라는 데에는 이의가 없다. 그래서 송백이라 하면 상록성의 침엽수종을 총칭하는 것쯤으로 보는 것이 좋을 것 같다. 특히 과학적 근거에 초점을 두지 않는 시 문장에 있어서는 부드럽게 해석해 두는 것이 좋다. 상록성 활엽수(柏에 있어서)로 보지 않는 것은 그 지역에는 눈이 내리는 엄동설한이 거의 없기 때문이다.

주목은 눈서리가 무섭지 않은데도 "송백지자 경상유무松柏之姿 經霜猶茂(소나무와 잣나무의 자태는 서리를 지나면서 오히려 무성해진다)"라는 데 끼어들지 못하는 억울함이 있다. 그래서 송백은 주목, 향나무, 가문비나무류, 전나무류, 측백나무, 편백나무류 등과 함께하는 상록침엽수종으로 묶어 볼 수도 있다.

중국에서는 묘지 주변에 소나무와 측백나무를 심는 묘속墓俗이 있어서 송백이 묶여지기도 했다. 고대 그리스에서 주목의 상징은 죽음, 슬픔, 저세상 등이어서 묘지 주변에 심었다고 한다. 무언가 통하는 점이 있는 듯하다. 우리나라에 주목이 있다는 것은 자랑이 아닐 수 없다.

# 진달래

진달래과, *Rhododendron mucronulatum*

(杜鵑花, Korean rhododendron)

이른 봄날이면 양지 바른 산 어디에서나 만날 수 있는 아름다운 봄꽃이다. 꽃잎으로 술을 담거나 찹쌀 부침개에 얹어 꽃전花煎을 부쳐 먹기도 한다. '두견화杜鵑花'라고도 부른다.

## 내 고향의 진달래

우리는 모두 진달래꽃 피는 마을에 살고 있다. 화려한 꽃대궐 안에서 살림을 하는 민족이라 그리들 착한 것인지. 우리의 착하다 못해 멍청할 정도의 기질은 이러한 꽃에서 길러진 것일까? 이러나저러나 자랑스럽다.

두견과 뻐꾸기는 서로 비슷한 새인데 이들이 온밤 울어대고 피를 토해서 진달래꽃이 붉게 물들었다면 그 원통함으로 해서 진달래꽃을 바로 볼 수 없지만, 우선 그런 것은 잊어버리고 더 좋아하는 분홍의 부드러움에 매료되어 본다.

배꼽이 훤하게 보이는 바지저고리 입고 진달래꽃 꺾어 꽃방망이 만들어 산마루를 노루처럼 달릴 때, 한쪽 짚신은 잔솔가지에 걸려 벗어지기도 한 어릴 때의 고향이 꽃 때문에 자꾸자꾸 생각난다. 누군들 꽃피는 고향을 잊을 수 있겠는가?

아직은 찬바람이 소매 끝에서 겨드랑 쪽으로 파고드는데, 젊은 어머니와 누나 그리고 동생들은 밀가루, 찹쌀가루, 솥뚜껑을 이고 지고 진달래 꽃밭 산으로 올라갔었다. 남정네들은 물을 지고 산으로 올라와서는 바로 내려갔고, 결국 부녀자들과 아이들의 꽃잔치가 되었다.

우리 마을에서 이러한 화전놀이가 열리는 장소는 해마다 거의 정해져 있었는데, 그것은 진달래 꽃밭이 자랑할 만한 데에도 있었고, 멀리 구비쳐 내려가는 큰 시냇물도, 또 닷새 만에 한 번씩 장이 서는 읍내도 멀리 바라볼 수 있었기 때문이었다.

진달래를 두견杜鵑 또는 두견화杜鵑花로 부르는 것은 두견의 피 때문이지만, 어떤 사람은 진달래꽃이 두견새 입속 색깔과 닮았기 때문이라고도 한다.

진달래꽃으로 두견주杜鵑酒를 담그기도 하는데, 이를 백일주百日酒라 해서 술을 담은 지 백 날 만에 마시면 좋다고 한다. 두견주의 색깔은 진달래 꽃잎 색깔과 비슷하며, 맛은 약간 씁쌀한 편이다. 한번에 많이 마실 것은 못 되고 조금씩 마시는 것이 몸에 좋다고 한다. 다소 독성이 있는지 너무 마시면 안 된다는 것이다.

두견주는 다른 것을 섞지 않고 진달래 꽃잎만으로 담근다. 독에 담아 넣은

| 진달래꽃

뒤 밀봉해서 물이 흐르는 개울가 땅속에 묻어두고 꼭 백 날 되는 날에 꺼내서 맛을 본다고 한다. 찬 기운 속에서 술이 익어가야 하는 것일까?

진달래는 겨울에 잎이 떨어지는 관목으로 봄 잎이 피기 전에 꽃을 단다. 꽃 조각의 아랫부분은 서로 붙어 있는데 이것을 합생合生 혹은 통꽃이라고 한다.

## 산성 토양의 진달래

진달래는 우리나라 어디에서나 볼 수 있고 꽃밭을 만드는 경우가 많다. 서울 남산 북쪽 사면에는 봄이 오면 진달래가 피어서 장관을 이룬다. 키 낮은 소나무가 드문드문 나 있는 산허리라면 어디에나 거의 예외 없이 진달래가 밭을 이룬다.

우리나라에서는 낙엽활엽수림으로 된 원래의 식생이 파괴되면 그 뒤 소나무 숲이 들어서고, 다시 소나무 숲이 상처를 받게 되면 그 뒤에는 진달래밭으로 변한다. 진달래는 숲이 상당히 황폐한 징조라고 해석하는 것이다. 사실 진달래가 많이 나 있는 곳은 임업적으로 생산성 또는 경제성이 낮다.

진달래는 대표적인 호산성好酸性 식물로, 진달래가 잘 자란다는 것은 그만큼 땅이 산성으로 기울어져 있다는 것을 뜻한다. 높은 산에 나는 들쭉나무도 진달래과에 속하는데, 이것도 강한 산성 땅에서 무성한 자람을 보인다. 대체로 진달래과 나무들은 모두 그 특성으로서 산성 땅을 즐기고 있다.

진달래의 뿌리를 보면 털과 같은 잔뿌리가 있는데, 땅속 깊게는 들어가지 않는다. 그래서 진달래는 땅이 얕아도 살아가는 데 지장이 거의 없고, 오히려 그러한 조건에서 다른 나무를 이겨내고 살아갈 수 있다. 이러한 이유 때문에 진달래는 건조에 약하다. 양지쪽을 좋아한다지만 산의 북쪽 또는 동쪽 비탈에 많이 나는 것은 그곳 땅에 습기가 더 있기 때문이다.

## 헌화가獻花歌

우리나라에 나는 진달래는 꽃 색에 있어서나 화량化量에 있어서나 세계적으로 자랑할 만하고, 품종 개량을 하지 않아도 매우 아름답기 때문에 그대로 심을 만하다.

신라 33대 성덕왕 때(8세기) 미인 수로水路 부인이 남편 순정공純貞公을 따라 강원도 강릉 태수로 부임해 가던 중 잠시 수레를 멈추고 쉬었는데, 그곳에는 진달래꽃이 만발해 있었다고 한다. 꽃을 좋아한 수로 부인이 꽃을 한 송이 따오라고 했지만 산이 워낙 험해서 사람들이 망설이고 있는 차에, 암소 한 마리를 몰고 오던 노인牽牛老人이 진달래꽃을 따서 수로 부인에게 헌화獻花했다는 이야기가 있다. 진달래의 아름다움에 매혹된 가장 오래된 이야기 중 하나가 아닌가 한다. 이것이 바로 헌화가獻花歌로, 『삼국유사』에 나오는 원문은 다음과 같다.

| | |
|---|---|
| 紫布岩乎邊希 | 보라색 바윗가에 |
| 執音乎手母牛放教遣 | 잡아온 암소 놓으시고 |
| 吾肹不喩慚肹伊賜等 | 나를 아니 부끄러워 하신다면 |
| 花肹折叱可獻乎理音如 | 꽃을 꺾어 바치오리다 |

이 밖에도 진달래를 소재로 하여 읊은 시와 노래는 너무나 많다. 김소월의 「진달래꽃」 중 헌화가에 해당하는 부분을 소개해본다. 떠나가는 사람에게 꽃길을 밟게 해주는 고운 마음과 높은 감성을 보여준다.

나보기가 역겨워 가실 때에는
말없이 고이 보내 드리오리다
영변에 약산 진달래꽃
아름따다 가실 길에 뿌리오리다

당나라 때 유정지劉庭芝의 시에 "연연세세화상사 세세연연인부동年年歲歲花相似 歲歲年年人不同"이라고 하여 "해가 가고 또 가도 꽃은 옛 모습인데 사람만은 그렇지 않더라" 하는 대목이 있다. 또한 위씨 형제들의 우애花樹之樂를 노래한 잠삼岑參의 시 「위원외가화수가韋員外家花樹歌」도 음미해볼 만하다.

今年花似去年好　　올해의 꽃은 지난해와 닮아 고우나
去年人到今年老　　지난해의 사람은 올해 들어 늙었구나
始知人老不如花　　비로소 알겠다 사람은 늙어가서 꽃만 못한 것을
可惜落花君莫掃　　애석하다 떨어진 꽃일망정 그대 쓸어버리지 말게나

## 진달래의 한자명과 두견새

진달래의 한자명은 두견杜鵑 또는 두견화杜鵑花로, 진달래를 두견화로 부르는 것은 다음과 같은 전설 때문인 것으로 보인다.

두견은 자규子規, 불여귀不如歸, 두백杜魄, 촉조蜀鳥, 촉백蜀魄, 시조時鳥 등으로도 불린다. 두견새가 한 맺힌 울음으로 피를 토해서 그 피로 진달래꽃이 붉게 물들었다고 하는데, 이렇게 하여 진달래가 생겨났다면 이 꽃은 슬픔에 뿌리박고 있다는 것이다. 두견새가 피를 토한 자리에서 진달래가 나타났다는 이야기도 있는데, 이 역시 진달래가 어떤 슬픔을 몸속에 담고 있음을 알려준다.

이러한 사연은 오랜 세월 동안 우리 마음에 깊게 자리 잡고 있으며 시와 문장에도 등장하여 심금을 울리기도 한다.

| 여수 영취산의 진달래(여수시청 제공)

| 진달래 꽃과 잎

진달래를 '두견화'라고도 하는데, 이에 얽힌 이야기는 우리에게 흥미로움보다는 어떤 실감實感을 가지고 다가온다. 중국 촉나라의 임금 두우杜宇의 호는 망제望帝였는데, 그는 왕의 자리를 별령鼈靈에게 넘겨주었다고 한다. 망제는 그 뒤 세상을 피하고望帝自逃 다시 왕의 자리에 오르기를 원하였지만 뜻대로 되지 못했고後欲復位不得, 그래서 그는 죽어서 두견새로 화했다死化爲鵑고 한다. 해마다 봄이 되면 밤낮 슬피 울어每春月間晝夜悲鳴, 촉나라 사람들이 그 소리를 듣고 우리 망제의 혼이다我望帝魂也라고 했다고 한다.

"두견새가 와서 울제 봄은 적막하구나蜀魂啼來春寂寞" 하는 두견의 노래는 슬픔을 자아내게 한다. 밤낮 울고 울다 보면 목이 터져서 피를 토했을 것이고, 그것이 그곳의 진달래꽃을 물들였다는 것이다. "두견새 천년을 두고 아직껏 누구를 원망하는고蜀魄千年尙怨誰, 울음 울음마다 피를 토해서 그 피가 꽃가지 위에 떨어진다聲聲啼血開花枝"라는 당대 말기의 나업羅鄴의 시가 그것을 말해준다.

두견은 왜 우는가? 두견은 망제의 넋이 화해서 된 새이므로 그 울음은 인간에 호소하고 파고드는 그 무엇으로 보아야 한다. 두견새의 울음 하나하나가 모두 우리 인간에게 무엇인가를 고하고 있는蜀魄聲聲似告人 느낌이라는 시 구절은 우리를 감동의 세계로 몰아간다.

백거이白居易의 「비파행琵琶行」에도 두견새가 등장한다. 백거이가 나루터에서 배 안의 어떤 여인의 비파 타는 소리를 듣고 크게 감동하여 시를 지어 그 여자에게 보답했다는 것이다.

杜鵑啼血猿哀鳴　　두견새는 피를 토하면서 울고 원숭이 또한 슬피 운다
春江花朝秋月夜　　봄 강물에 이웃해서 꽃피는 아침과 달 뜨는 가을밤
往往取酒還獨傾　　때로 술을 들고 다시 술잔을 홀로 기울이노라
豈無山歌與村笛　　어찌 산에 노래가 없고 마을에 피리 소리가 없겠는가만
嘔啞嘲哳難爲聽　　조잡하고 시끄러워 들을 만한 것이 못 된다

| | |
|---|---|
| 今夜聞君琵琶語 | 오늘밤 그대의 비파 노래를 들은즉 |
| 如聽仙樂耳暫明 | 선악을 듣는 듯 귀가 잠시 밝아진다 |
| 莫辭更坐彈一曲 | 사양 말라 다시 앉아 한 곡조 들려주면 |
| 爲君飜作琵琶行 | 그대를 위해서 나는 비파행의 노래를 지으리라 |

한편 '단종의 두견새의 시端宗御製 子規樓詩'는 너무나도 유명하다. 강원도 영월 청령포 숲속으로 몰려난 단종이 궁궐을 회상하면서 소쩍새 울 때면 함께 울어 피를 토했을 것이다. 단종은 초봄 두견새 울고 진달래 피어날 때 함께 피를 토하면서 눈물을 흘렸던 심정을 다음과 같이 묘사하고 있다.

| | |
|---|---|
| 一自寃禽出帝宮 | 한 마리 원통한 새가 궁궐을 나와 |
| 孤身隻影碧山中 | 외롭게 푸른 산속에 갇혔다 |
| 假眠夜夜眠無假 | 밤이면 밤마다 잠 못 이루고 |
| 窮恨年年恨不窮 | 한은 해마다 쌓여만 간다 |
| 聲斷曉岑殘月白 | 두견새 울음 다하고 남은 달은 희다 |
| 血流春谷落花紅 | 피 흘린 골짜기 붉고 꽃잎 지고 |
| 天聾商未聞哀訴 | 하늘은 아직 이 호소를 듣지 못했는가 |
| 何奈愁人耳獨聽 | 어쩌다 수심에 잠긴 나만 귀가 밝은가 |

## 만병초

진달래 종류에 들어가는 것으로 만병초萬病草가 있다. 만병초는 잎이 길고 크며 가죽처럼 두텁고, 표면은 진한 녹색으로 광택이 있으며, 뒷면에는 갈색 털이 빽빽하게 나 있다. 우리나라 높은 산에 나는데 겨울에도 잎이 떨어지지 않는다. 줄기가 한 자 두 자 깊이의 눈에 묻혀 있어도 줄기에 달린 잎은 겨울 동안에도 파아랗고 강한 힘을 보여준다. 이러한 것이 신기한 인상을 주었는지 사람들은 이 나뭇잎을 달여 마시면 모든 병을 고칠 수 있는 것으로 믿었다. 가슴앓이, 배앓이, 신경통 등에 효과가 있다는 이야기도 전해지고 있다. 만병초는 돌이 많은 남쪽 비탈에 난다고 해서 석남石南으로도 불리고 있다.

내가 무성한 만병초 군락을 본 곳은 울릉도의 높은 산꼭대기였다. 줄기와 가지가 엉키고 설켜서 만병초 밭을 빠져나가기 어려울 정도였다. 열대 지방 해안가에 나는 맹그로브Mangrove의 복잡한 뿌리地上根를 생각나게 하는 만병초 밭이었다. 만병초의 줄기로 지팡이를 만들면 무병장수한다는 말이 있는데 믿을 만한 말은 아니다.

만병초는 여름에 피며 꽃색이 희다. 그러나 노랑꽃을 다는 노랑만병초, 분홍꽃을 다는 홍만병초도 있다. 이러한 만병초들은 모두 깊은 산속에 나며, 낮은 곳에 옮겨 심으면 대개 죽고 만다.

노랑만병초를 향수香樹라 하는데, 줄기는 곧게 서고 여러 개가 모여서 나며 장백산에 가장 많다. 향기가 있기 때문에 제사 때 향불 피우는 데 쓴다. 돌 언덕에 나는 것은 마디가 생기는 까닭에 죽절향竹節香이라고도 한다. 노랑만병초는 만병초와는 달리 줄기에 인편鱗片이 붙어 있는 것이 특징이고, 역시 높은 산에 난다. 만주 사람들은 이 나무의 수지樹脂에서 일종의 말향抹香을 만들어 제사 때 사용하였다고 한다. 우리나라 사람들은 예전에 노랑만병초의 잎을 만병엽萬病葉이라 해서 약으로 썼다.

| 태백산의 만병초 꽃(위)과 진달래 단풍(아래, 임경빈 촬영)

# 차나무

차나무과, *Camellia sinensis*
(茶, Tea camellia, Tea tree)

중국 남서부가 원산지로 신라 말 우리나라에 들어왔다. 차 마시기는 스님들로부터 시작되었으나 차츰 일반에게 널리 퍼졌다. 일상적으로 흔한 일이란 뜻의 '다반사茶飯事', 간략한 제사를 말하는 차례茶禮 등은 차와 관련된 우리말이다.

## 나무의 특성과 유래

차나무는 경남·전남 등 남쪽 따뜻한 곳에서 자라는 상록수로, 옛날 중국에서 건너온 것이라 한다. 『삼국사기三國史記』 의하면 차나무는 신라시대 선덕여왕 때 우리나라에 들어왔다고 한다. 한편 흥덕왕 3년(828) 당나라에 간 김대렴金大廉이 차나무 열매를 가져왔고, 흥덕왕이 이것을 지리산 남쪽에 심게 하였는데 지금의 화개동花開洞이 바로 이곳이라고 한다. 이러한 내용은 정약용의 서술에도 나타나고 있다. 전남 구례에 있는 화엄사 부근에 처음 심어졌으리라는 견해도 있지만, 화개동이 그 시발점이라는 정약용의 주장이 많이 받아들여지고 있다.

차나무는 한자로 '茶'로 쓰는데, 내 나름대로 이 글자의 구성을 살펴보면, '茶'자는 풀 초草, 사람 인人, 그리고 나무 목木자가 합쳐서 만들어진 것으로, 풀과 사람과 나무가 한 덩이가 되어서 차나무를 뜻하며, 이는 이 나무의 신가가 매우 뛰어남을 의미한다고 할 수 있다. '풀 초草'자는 풀, 다시 말해서 나무의 잎을 뜻할 수 있으며, 이렇게 생각을 펼쳐나가 보면 사람이 나무 위에 올라가서, 또는 나무 곁에 서서 그 나무의 잎을 따 모으는 상형문자象形文字가 되고 만다. '나무 목木'자를 넣어 만들어진 한자는 무척 많지만, 나무 위에 사람을 올려놓은 글자는 이것뿐이다. 나는 그래서 이 글자를 매우 좋아하며 또 소중하게 생각하고 있다.

차나무는 키가 크지는 않으며 아래부터 가지가 많이 난다. 일본, 중국, 스리랑카 등이 차의 산지로서 유명하다. 기록에 의하면 중국 북부에 차가 음료로 이용된 것은 약 2,500년 전의 일이고, 그때는 일부 사람들만 이것을 마셨다고 한다. 그러나 당나라 때에는 음료로서 넓게 이용 및 보급되었다고 한다.

일본에는 불승佛僧인 최징最澄이 805년에 차나무 열매를 가져가 재배하기 시작했고, 그 규모가 커진 것은 역시 불승인 영서榮西가 1191년에 중국에서 가져간 이후부터라고 한다. 현재 일본의 차는 일반 대중의 일상의 음료가 되어 있다.

## 차나무 품종

차나무는 중국 쓰촨성四川省과 티베트 경계에 해당하는 고지대가 원산이라 한다. 차나무에도 종류가 많은데 이것을 크게 네 가지 종류(즉 네 가지 변종)로 묶어서 살펴볼 수 있다. 첫째, 보헤아var. *bohea*는 중국 소엽종小葉種이라고도 하고 녹차 생산의 기본이 되며 중국·일본에서 재배되고 있다. 둘째, 마크로필라var. *macrophylla*는 중국 대엽종大葉種으로 중국의 쓰촨, 윈난雲南 등지에 재배되고 있다. 셋째, 아사미카var. *assamica*는 인도 대엽종으로 인도·스리랑카·인도네시아 등에서 홍차 제조용으로 재배되고 있다. 넷째, 샨var. *shan*은 인도 소엽종으로 미얀마 북부의 샨 지방, 태국, 인도반도 등에서 재배되며 홍차 제조의 원료가 되고 있다.

이와 같이 중국 계통의 것은 녹차 생산용으로, 또 인도 계통의 차나무는 홍차 제조용으로 쓰여지고 있다.

| 전북 고창 선운사의 차밭

## 산차

정약용의 『아언각비雅言覺非』에는 산차山茶에 대한 다음과 같은 설명이 있다.

> 산차는 남쪽 지방에 자라는 아름다운 나무이다. 『유양잡조酉陽雜俎』에는 "산차는 높이가 6자에 이르고, 꽃의 크기는 한 치나 되며, 꽃 색은 붉고 12월에 핀다"라고 되어 있다. 『본초本草』에는 "산차는 남쪽에 나며, 잎은 차나무와 닮아서 두텁고, 한겨울에 꽃이 핀다"라고 되어 있다. 또한 소식蘇軾의 시에 "불꽃같이 붉은 꽃이 눈 속에서 핀다爛紅如火雪中開"라는 것이 있다.
>
> 봄에 피는 것을 '춘백春柏'이라 하는데 대둔사에 이 꽃이 많다. 진씨陳氏의 화경花鏡에 일명 만다화曼陀花라고 하는 것이 있는데, 이것은 틀림없이 동백을 말하는 것이다. 한청寒淸의 책에는 이것을 '강오岡梧'라고 하고 있다.

정약용이 유배된 강진의 산중에는 많은 산차가 있었다고 한다. 그 꽃은 크지는 않지만 잎은 겨울에도 푸르고 꽃도 겨울에 피었다. 그 열매에서 기름을 얻어 머리에 칠하곤 하여 부인들이 좋아했는데, 산차를 그들은 '동백冬栢'이라 불렀다. 산차는 한자로 '만다라曼茶羅'라고도 쓰지만, 오늘날 우리가 동백으로 부르는 남쪽 지방에 많은 상록수를 말한다.

중국 문헌 『군방보(群芳譜)』에는 "산차는 별명이 만다라이고 … 잎으로 차를 만들어 마실 수 있으며 … 꽃은 10월에 피고 꽃 색은 피와 같이 붉고 잎으로 차를 만들어 마실 수 있다"라고 쓰여 있다.

차나무와 동백나무는 같은 속에 해당하는 것으로 학술적으로는 모두 카멜리아*Camellia*이다.

## 작설차

봄이 되어 찻잎이 돋아나기 시작할 때 그 모양이 새의 혓바닥처럼 생겼기에 이때 딴 찻잎으로 만든 차를 작설차雀舌茶라고 부르고 있다. 이 차는 가장 상품에 속한다.

『동의보감東醫寶鑑』에 작설차에 관한 다음과 같은 내용이 보이는데, 차는 사람에게 매우 이로운 것으로 되어 있다.

'작설차'라 해서 성질이 약간 차고 냉하며, 맛은 달고 쓰며, 독이 없고 기氣를 내리게 하고 소화를 도우며, 머리와 눈을 맑게 하고 소변을 잘 통하게 하며, 소갈증을 없애고 잠을 적게 자도록 한다.

나무는 작고 겨울에도 잎이 달려 있다. 봄 일찍이 딴 잎을 차茶라 하고, 늦은 시절에 딴 것을 명茗이라 한다. 그 이름이 다섯 가지가 있는데, 차茶, 가檟, 설蔎, 명茗, 천荈이 그것이다. 어린잎을 따서 만든 차를 작설雀舌이라 하는데 납차臘次가 이것이다. 어린잎을 따서 이것을 절구에 넣고 찧어 떡을 만들기도 한다. 이것을 불에 구워서 음료수로 만들어 마시는데, 명茗 또는 천荈으로 부르는 것이 이것이다. 즉 성숙한 잎을 재료로 한 것이다本草.

우리나라의 차는 원래 '사찰차寺刹茶'로서 절, 승려들과 관계가 깊다. 불교 특히 선禪과 떨어져서는 차를 생각할 수 없고, 지금도 남쪽 지방에서 발견되는 자생차自生茶는 거의 사찰 부근에 있다.

이에 관련해서 재미있는 이야기가 있다. 절간의 스님들은 원래 살생을 하지 않는 법이므로 작설차雀舌茶를 마시기 꺼려했다는 것이다. 차의 어린잎이 아직은 피어나지 못하고 새의 혀 모양일 때 따서 마련하였기에 얻은 이름 '작설'은 '새

| 차나무 잎과 꽃, 열매

의 혀'를 뜻하는 것이고 보면, 작설차를 마신다는 것은 곧 고깃국물을 마신다는 것인데, 살생을 금하는 승려들로서는 이 이름이 견디기 어려웠을 것이다.

## 나의 다도茶道

나는 녹차綠茶를 즐기는 편이다. 큰 잔으로 한 잔 마시는 것보다는 작은 잔으로 두 잔 마시는 것을 좋아한다. 차를 마실 때 나는 분위기에 퍽 신경을 쓴다. 무엇보다도 고요함이 요구된다.

찻물의 빛을 감상하기 위해서 나는 흰색의 찻종을 더 쓴다. 찻잎 속에 숨어 있는 푸른 태양의 파장이 물속에 녹아날 때 말로 표현할 수 없는 채색을 볼 수 있다. 그 색깔이 벌써 나의 마음을 공허하게 만들고 선禪의 상태로 이끌어 간다. 선禪이란 마음의 수양을 말하는 것으로, 행동하고 거처하고 앉고 서고 눕고 걸어가고 말하고 입을 다물고 움직이고 고요하게 하는 등등, 모든 인간의 상황을 침착하고 고요한 가운데 두자는 것이다. 사물을 이와 같이 정관靜觀할 수 있다는 것은 나의 기氣를 키우는 것이고, 이것이 다도茶道에서 얻고자 하는 소득이 아닌가 생각한다. 한 모금의 찻물을 입에 넣어 입안이라는 작은 우주 속에 그 희한한 맛을 돌릴 때, 나 자신이 우주 바깥 공간으로 나가보는 호연浩然을 느끼며, 마시기 이전 찻물 색깔에서는 우주의 무한한 공간을 내다보는 힘을 찾는다.

나는 찻종, 차관, 탕관 등을 올려놓는 찻상茶床(또는 茶臺)을 하나 가지고 있다. 울릉도에 갔을 때 산 것으로 향나무 상이다. 상의 높이는 한 자 정도, 상판의 두께는 2cm를 넘지 않지만, 갈라지는 일도 없고 튀어지지도 않고 삐뚤어지는 일도 없다. 만들기 전에 나무판자를 워낙 잘 건조시킨 모양이다. 우주를 투시할 수 있는 찻물의 은은한 빛깔에 어울리는 색을 이 향나무 차탁은 지니고 있는 것이다. 차탁의 표면에 자연스럽게 구멍이 몇 개 뚫려 있는데 그것이 오히려 나에게 더한 아취雅趣를 주고 있는 것이다.

나는 차를 마실 때 나의 몸 안에 남아 있는 마음의 때와 쓰레기를 씻어버리는 그러한 심경이 되어본다. 그렇기 때문에 나는 새벽에 차를 잘 마신다. 아직 바깥은 칠흑의 어두움이요 모든 것이 휴식의 상태에 있을 때, 나는 차를 준비하며 일종의 희열을 느끼게 된다. 찻물을 탕관에 끓일 때나 찻종을 씻고 행주질할 때나, 나는 다른 사람의 힘을 빌리지 않는다. 모든 것을 나의 손으로 시작하고 나의 일로 끝내는 것이다.

### 차의 종류, 녹차와 홍차

녹차green tea는 전차煎茶라고도 하는데, 차의 생잎을 찐 뒤 손이나 기계로 비벼가면서 건조기 안에서 건조시킨 것으로, 건조 과정이 급하므로 엽록소가 그대로 남아 녹색을 띠게 된다. 녹차의 다른 종류로 번차番茶와 옥로玉露가 있다. 번차는 단단한 가는 줄기의 일부분도 섞어 얼핏 보기에 조잡하게 보이고 색깔도 노란색을 띠며 맛이 담백하다. 옥로는 봄 새싹이 트기 약 2주 전에 해가림 시설을 하고 질소 비료를 더 주어 새잎을 더 연약하게 만들고 잎의 색깔도 더 짙은 녹색으로 만든 것으로 고급 차에 속한다. 한편 연차碾茶는 해가림해서 딴 생잎을 비비지 않고 편 그대로 건조시킨 고급 차로, 이것을 맷돌로 갈아 가루로 만든 것이 말차抹茶인데 거품을 내어 마신다. 연차라 하면 이 말차를 뜻하는데, 일본과 중국에서는 흔히 이 말차를 마신다.

홍차紅茶, black tea는 차를 제조할 때 열기를 주지 않고 발효시켜 만든 것으로 찻물의 색깔이 붉은빛을 띠게 된다. 세계적으로 볼 때 녹차보다 그 소비량이 더 많다.

찻잎에는 카페인, 타닌, 비타민, 효소 그리고 질소 화합물이 들어 있다. 카페인은 어린잎일수록 많이 들어 있는데 함유량이 2~5% 정도이다. 타닌은 15% 또는 그 이상이 함유되어 있고 차의 맛을 좌우하는 요소이다. 녹차의 경우 질소 화합물이 많을수록 품질이 좋고, 홍차의 경우는 그 반대라고 한다. 녹차에는 비타민 C가 들어 있으나, 홍차는 제조 과정에서 파괴되고 옥로와 같은 고급 차에는 그 함유량이 낮다.

옛 책에 사람의 오장은 서로 다른 맛을 좋아하기 때문에 맛이 다른, 즉 오미五味를 고루 섭취해야 건강에 이롭다고 했다. 폐는 매운맛을 좋아하고, 간장은 신맛을 좋아하며, 비장은 단맛을, 신장은 짠맛을, 심장은 쓴맛을 좋아한다고 했다. 그런데 사람들은 심장의 건강에 필요한 쓴맛을 싫어한다. 그래서 차의 쓴맛을 즐기는 것이 몸에 이롭다는 것이다. 이것은 음식을 취할 때 편식하지 말고 고루 먹고 마시라는 말과 같은 이치이다. 사실 우리는 녹차의 씁쓸한 그 맛을 좋아하기 때문에 마시는 것이다.

### 다성茶聖

우리나라에서 다성茶聖이라 하면 초의선사草衣禪師를 들 수 있다. 19세기 초 대흥사大興寺의 차승茶僧으로 차선일체茶禪一體 또는 차시일체茶時一體를 몸소 실행한 분이라 한다. 그는 『다신전茶神傳』에서 채차採茶, 조차造茶, 변차辨茶, 장차藏茶, 포법泡法, 투차投茶, 음차飮茶, 색色, 미味, 품천品泉, 저수貯水, 차구茶具 등에 관해서 세밀하게 설명하고 있다.

예를 들어 채차採茶에서는 어느 때 찻잎을 따느냐 하는 것이 문제가 된다. 너무 일찍 따면 향기가 온전하기 못하고 신묘神妙한 맛이 없어진다고 한다. 곡우절 닷새 앞날에 따는 것이 가장 좋고, 곡우 지나서 닷새가 그다음이며, 다시 5일이 지나면 그다음이고, 늦을수록 좋지 못하다고 한다. 보라색이 도는 잎紫葉이 가장 좋고, 광택이 있는 조엽條葉이 가장 나쁘며, 밤새 구름이 끼지 않고 이슬이 내린 때 딴 것이 가장 좋고, 낮에 딴 것은 그다음이요, 가랑비가 내릴 때 딴 것은 좋지 못하다고 한다. 산의 곡간谷間에 자라는 차나무에서 잎을 딴 것이 상품이고, 대나무밭에 나는 차나무는 그다음이고, 돌자갈밭에 나는 것은 또 그다음이요, 무른 모래땅에 자라는 차나무잎은 또 그다음이라고 했다. 이와 같이 찻잎을 따 모으는 데에도 철과 날씨와 나는 곳이 중요하다는 것을 설명하고 있다.

정약용, 추사 김정희, 초의선사 등 우리나라의 차의 명인들은 차도를 많이 연구하고 차를 좋아했다. 차는 군자君子의 성품을 가져서 사邪가 없기 때문에 이와 같이 기품 있는 사람들로부터 사랑을 받아왔다.

| 경남 밀양 혜산서원의 차나무

# 참나무

참나무과, *Quercus* spp.
(橡·櫟·槲·杍·柞·栖, Oaks)

참나무는 진짜 '참'의 나무란 뜻으로 한자명은 진목眞木이다. 도토리는 흉년의 대용식으로 이용되고 목재는 단단하며 잘 썩지 않는 좋은 나무이다. '참나무'는 수종을 따로 구분하지 않고 집합적으로 말할 때 부르는 이름이다.

## 내 고향의 꿀밤나무

나의 고향 마을에는 꿀밤나무('상수리나무'의 방언)가 있었다. 가을이 되면 꿀밤('도토리'의 방언)을 모아 꿀밤묵을 만들어 먹었지만, 그 양은 별로 많지 않았다. 사람들이 땔감으로 참나무 줄기를 잘라가고 그 뒤 움가지가 크게 자랄 사이가 없어 꿀밤을 달 만한 나무가 되지 못했기 때문이다.

가을이 되면 몇 알의 꿀밤이 떨어지는데, 우리 또래는 몇 알의 꿀밤을 주워 주머니에 넣고 다니다가 서넛이 모이면 서로의 꿀밤을 비교하고 그 생김새를 감상했다. 이처럼 우리는 어릴 때 꿀밤이라는 자연을 관찰하고 그것과 친숙하게 지내면서 자라난 자연의 아이들이었다.

아래로 처지는 참나무 수꽃은 창조주의 절묘한 예술적 설계라고 경탄하지 않을 수 없다. 소리 없이 떨어져 낙엽 위에 놓인 도토리의 광택은 자연의 크나큰 자랑이라 할 수 있다. 아름다움이란 것은 나뭇잎 한 장에서도 찾아볼 수 있다.

아름다움은 우리 주변에 얼마든지 있다. 다만 그것을 감상하는 인간의 자세와 여유가 문제이다. "유연悠然히 남산을 바라보노라" 하는 심정의 경지를 누구나 가질 수는 없지만, 그것이 우리에게서 먼 것도 아니다. 참나무류의 나무는 대체로 강직하고 투박하며, 어느 면에서는 어설픈 질서의 미를 갖추고 있지만, 그 안에서 유연하고 잔잔한 물결과 같은 여성적 미도 얼마든지 찾아볼 수 있다. 이 지구상에는 아름다운 예술적 작품으로 충만해 있다. 그 예술적 미를 어느 수준까지 올려놓을 수 있을까 하는 것은 그 사람의 품성에 달려 있다.

## 참나무의 종류

참나무라는 이름을 가진 구체적인 나무는 없다. 우리 고향에서는 상수리나무를 꿀밤나무 또는 참나무로 불렀으나, 이는 사투리이고 정식 명칭은 아니다. 상수리나무, 굴참나무, 떡갈나무, 졸참나무, 신갈나무, 물참나무, 갈참나무 등등을 모아서 참나무라고 총칭한다. 총칭의 보기로는 대나무 또는 포플러 같은 것이 있다. 대나무라 하면 왕대, 맹종죽, 이대, 오죽, 솜대 등을 통틀어 말하는 명칭이며, 포플러에는 양버들, 미루나무 등 여러 종류의 나무가 그 안에 딸려 있다.

| 졸참나무 낙엽과 도토리

우리나라에는 참나무속屬의 많은 종이 분포하고 있다. 참나무를 영어로는 오크Oak라고 하는데, 미국·캐나다에도 많은 종의 오크가 있다. 오크, 즉 참나무속 나무는 크게 상록성인 것과 낙엽성인 것 둘로 나누어진다. 제주도나 남쪽 해안가에 자라는 상록성 참나무류는 '가시나무'라 칭하는데, 여기서는 논의 대상에서 제외하고 우리나라 대부분에 분포하고 있는 낙엽성 종만 살펴보기로 한다. 우리나라 산야에는 참나무류 수종이 매우 많고 왕성한 숲을 만들어내기 때문에 참나무를 우리나라 숲의 상징으로 내세우고 있다.

낙엽성 참나무는 도토리의 성숙에 1년이 필요한지, 아니면 2년이 필요한지에 따라 구분된다. 상수리나무와 굴참나무의 열매는 성숙에 2년을 필요로 한다. 즉 봄에 꽃이 피고 다음해 가을에 열매가 익어 떨어진다. 이들 나무는 줄기 색깔이 검기 때문에 흑색계 참나무Black oaks라고 한다. 상수리나무와 굴참나무는 서로 교배가 쉽게 되어 잡종을 잘 만들며, 중간 형질을 가진 개체도 종종 나타난다. 굴참나무는 상수리나무보다 내한성이 강해서 상수리보다 더 높은 산지에 나타난다.

| 신갈나무 잎

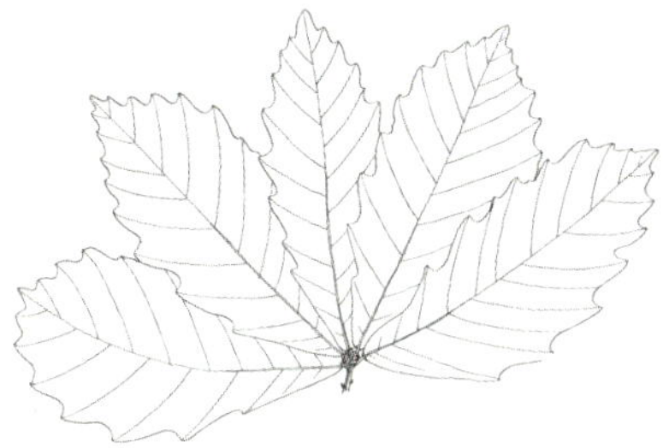

| 갈참 + 신갈 잡종 참나무 잎

다음은 떡갈나무, 졸참나무, 신갈나무, 갈참나무 등 꽃 핀 그해 가을에 열매가 성숙하는 무리인데, 줄기 색깔이 그다지 검지 않아 백색계 참나무White oaks라 한다. 백색계 참나무도 종 사이에 잡종이 잘 만들어지므로 중간 형질을 보이는 개체가 많아 식별이 어렵다.

신갈나무는 북쪽 지방이 고향으로, 점차 남쪽으로 이동하던 중 남쪽의 졸참나무와 교배해 튀기를 만들면서 물참나무를 만들게 되었다는 가설이 있다. 남한의 높은 산꼭대기에 있는 신갈나무는 졸참나무와 접할 기회가 없어 신갈나무로서의 순수성이 유지되고 있는 것으로 추정되고 있다.

현재 남산에는 신갈나무 미림美林이 비교적 넓은 면적을 차지하고 있다. 남산의 신갈나무 숲은 조경적 가치가 뛰어나고, 남산의 진주라고 할 수 있을 정도로 귀중한 존재이며, 학술적 가치도 높다. 서울 시내 종묘나 궁궐 등 낮은 평지에 갈참나무 등의 노거목이 있는 것을 보면, 서울에도 한때 참나무류가 번성했던 시기가 있었던 것으로 추정된다.

## 참나무와 혼다 교수의 조선삼림대론

혼다本多靜六 교수는 일본 동경제국대학에 1893년 9월 조림학 강좌가 설치된 이래 1927년까지 약 33년간 조림학 강의를 담당한, 말하자면 일본 임학의 창설자라고도 할 수 있다. 내가 혼다 교수의 강연을 들은 것은 1938년 중학교 2학년 때 당시 대구역에 있는 공회당의 붉은 벽돌건물 안에서였다. 의자에 앉아서 정력적으로 강연했는데 그때의 분위기가 아직 그대로 내 머릿속에 남아 있다. 혼다 교수의 저서 『조림학전론』(1912) 내에서 96쪽에 걸쳐 조선삼림대론이 상세하게 서술되고 있는데, 아마도 우리나라 삼림대에 관한 첫 번째 보고가 아닌가 싶다. 혼다 교수의 논의가 참고가 될 것으로 생각하여 참나무류, 특히 낙엽성 참나무류를 중심으로 온대림(낙엽활엽수림)에 초점을 맞추어 소개해 본다.

### 삼림대의 구별과 명칭

한반도 삼림의 모습을 살펴볼 때, 원래의 삼림이 많이 파괴되어 남아 있는 것은 북부 대동강, 압록강 상류 지방과 몇몇 높은 산 위쪽에서 발견할 수 있다. 이때 높은 산이라 하면 낭림산, 금강산, 지리산 등을 들 수 있다. 그중 온대림에 해당하는 곳의 임상은 거의 남아 있지 않지만, 남아 있는 식생을 조사하고 식생 천이의 과정을 볼 때 일본의 그것과 유사한 점이 많아 일본 명칭을 옮겨다 사용해도 별 모순이 없을 것이다. 다만 일본에는 너도밤나무가 있고 한국에는 없는데, 이것 때문에 다른 명칭을 고려할 필요는 없을 것 같다. 즉 한국의 삼림대는 일본처럼 난대림, 온대림, 한대림 세 가지로 나눌 수 있다.

### 한국의 온대림

한국의 온대림에는 너도밤나무가 없고 일본에는 많다. 그래서 흔히 온대림을 너도밤나무대로 말하고 있다. 일본 너도밤나무대의 구성 수종이 한국 온대림의 구성 수종과 유사하고, 또 온대림의 양쪽 끝이 난대림과 한대림에 인접하고 있다. 한반도의 온대림 영역은 약 85%의 넓은 면적을 차지하고 있다.

그간 온대림은 사람들의 간섭을 받아 고유의 임상이 크게 파괴되어 그 구성 수종을 결정하기 쉽지 않다. 현재의 수종을 가지고 말할 것 같으면, 한반도 온대림 남쪽의 수종은 졸참나무, 물참나무, 때죽나무가 특징적이고, 온대림 북부의 수종은 떡갈나무와 신갈나무로 보는 것이 타당할 것으로 생각된다. 한국 온대림의 주림목은 반음수인 서어나무와 개서어나무로서 일본의 너도밤나무를 대체하는 것으로 볼 만하다.

대체로 한반도의 온대림에서는 현재 개서어나무와 서어나무 따위는 계곡 또는 산의 북쪽 면 등 비교적 그늘진 곳에 나고 있지만, 그 수는 결코 많지 않다. 온대림 남부 지역은 사람들이 나무를 벌채해서 서어나무류의 수는 극히 적다. 그러나 한라산의 천연온대림에서는 서어나무류가 60%를 점유하고 있다. 이런 것을 종합해 볼 때, 한반도의 주림목은 서어나무류라고 할 수 있다.

서어나무류가 현재 졸참나무 등 양수陽樹 수종과 섞여 있는 것은 인위적으로 울폐가 깨어진 뒤 침입한 것들이라고 해석해야 한다. 졸참나무나 떡갈나무 아래에서 서어나무류가 쉽게 임상을 회복하지 못하고 있는 것은 그 내음성耐陰性(음지에서도 살아남을 수 있는 성질)이 비교적 약한 데 있다고 보인다. 서어나무와 개서어나무는 평지에서는 보기 힘들고 임상이 보호되고 있는 곳, 예를 들어 한라산, 지리산, 금강산, 낭림산 등 높은 산에서 볼 수 있을 뿐이다. 서어나무류는 너도밤나무에 비하면 북쪽으로 나아가는 힘이 더 약하다. 따라서 온대림의 위쪽에 이르면 서어나무류는 점차로 신갈나무에 양보하는 경향을 보이고 있다.

또한 한반도에서는 한대림과 서어나무류를 주림목으로 하는 온대림은 서로 직접 이어지기 어려우며, 이 두 삼림대를 연결해 주는 것은 전나무라고 생각된다. 일본에서도 이러한 역할을 해주는 것이 솔송나무이다. 한반도에서 전나무의 분포를 보면, 소위 온대림 북부부터 한대림 남쪽(아래쪽)에 걸쳐서 신갈나무(혼다 교수는 물참나무mizunara로 표현함) 숲을 흔히 볼 수 있는 것은 산불과 화전 등으로 인위적으로 전나무가 제거되고 그 뒤 신갈나무가 들어온 것으로 해석하고자 한다. 그러나 신갈나무는 내화성耐火性이 강한 편이고 또한 내한성耐寒性이 강해서 한반도에서는 비교적 음성에 기울어진 성질을 보여주고 있다. 그래서 한번 신갈나무가 숲 땅을 점유하게 되면 그 임상을 비교적 잘 유지해 나가고 있다.

한국의 온대림은 그 면적이 넓어 다시 이를 둘로 나누어 살펴볼 수 있다. 즉 남반부는 밤나무, 졸참나무, 때죽나무 등이 자생하는 곳이고, 북

| 갈참나무 새잎과 수꽃

반부는 신갈나무, 떡갈나무 등이 자생할 수 있는 구역이다. 앞의 것을 온대 남부라 하고, 뒤의 것을 온대 북부라고 한다. 혼다 교수는 온대림 남부와 북부의 경계를 설명하였는데, 이는 대체로 현재 우리가 인식하고 있는 온대림 남부와 중부를 합쳐서 남부로 보고 온대림 북부를 북부로 간주하고 있는 듯하다. 그렇다면 경기도와 대동강 하류 지방, 강원도와 함경남도 접경 지대는 온대림 남부의 북방 지역으로 볼 수 있다.

### 온대림 임상의 변화: 식생 천이

한반도의 온대림에는 일본의 온대림 대표 수종인 너도밤나무가 없고, 그 고유 임상은 서어나무와 개서어나무 등으로서 이들 숲이 산불 또는 개간 등으로 침해를 받게 될 때에는 양성이며 종자 전파가 잘 될 수 있는 붉나무, 개옻나무, 청미래덩굴, 찔레꽃, 버드나무, 산초나무류, 개암나무류 등이 나타난다. 이들 수종이 숲을 이루면 점차 다시 서어나무류와 같은 반음성의 나무가 들어오고, 끝내는 온대림 고유의 수종으로 회복하게 된다. 그러나 벌채 또는 산불 등의 영향으로 내화성이 있는 온대 수종, 즉 상수리나무, 굴참나무, 떡갈나무, 신갈나무 등으로 제2기 종말의 숲을 형성하게 된다. 제1기는 고유 수종으로 형성된 서어나무 따위를 말하며, 제2기의 숲이 계속 간섭을 받으면 소나무의 침입을 받게 되는데 이것이 제3기의 숲이라고 할 수 있다.

한대림의 고유 수종은 분비나무, 전나무, 주목, 잣나무 등인데, 이것이 파괴되면 신갈나무, 박달나무, 사시나무, 황철나무, 떡갈나무 등이 들어오게 된다. 그리고 난대림의 경우도 그 고유 수종은 가시나무류, 잣밤나무류, 후박나무 등 상록활엽수종이지만, 이러한 숲이 산불 또는 개간 등으로 파괴되면 양성을 띠고 종자 전파력이 있는 예덕나무, 비목나무, 굴피나무, 그리고 온대 수종인 서어나무류가 들어오게 된다. 이 숲이 잘 보호되면 다시 숲 안에 난대 고유의 수종이 들어오지만, 반면에 숲이 계속 파괴되면 내화성이 강한 온대 수종인 굴참나무, 상수리나무, 졸참나무가 침입하게 된다. 이것이 다시 파괴를 거듭하면 소나무와 노간주나무가 들어서게 된다.

## 천연기념물 참나무

각 나라는 그 나라가 가지고 있는 노거목을 천연기념물로 지정하여 보호하고 있다. 천연기념물이란 용어는 1800년 독일의 훔볼트A.V. Humboldt란 사람이 처음 사용했다. 그는 남미의 적도 부근을 여행하다가 열대성 자귀나무 거목을 발견하여 이를 천연기념물Naturdenkmal이라고 표현했으며, 그 보호의 중요성을 강조했다. 자연보호 운동의 효시라고 할 수 있다.

우리나라에서도 노거수를 선택해 천연기념물로 지정하고, 1962년 공포된 문화재 보호법으로써 보호하고 있다. 문화재 보호법 제1조를 보면, "이 법은 문화재를 보호하여 이를 활용함으로써 국민의 문화적 향상을 도모하는 동시에 인류문화의 발전에 기여함을 목적으로 한다"라고 되어 있다. 노거수는 인류의 문화 향상에 도움을 준다는 것이고, 그러한 까닭에 우리는 막대한 돈을 들여가면서 보호하는 것이다.

안동 용계에 있는 은행나무를 살리기 위해 10억 원이 넘는 재정을 투입하였고, 속리산의 정이품송 나무를 보존하기 위해 역시 수억의 돈을 쓴 것으로 알고 있다. 우리가 이러한 행위를 하는 데에는 그만한 이유가 있다. 우리나라의 노거목을 살펴보면, 대개 사람들이 그 나무에 영성靈性을 부여하고 서낭당나무

| 경북 안동 대곡리의 굴참나무(천연기념물 제288호)

또는 신목神木·당산목堂山木으로 일컬으면서 숭앙하며, 나아가 민속신앙으로까지 발전시켜온 것들이 많다.

수백 년 또는 천 년을 살아온 나무들은 우리 선조들과 함께 살아오면서 귀중한 역사성을 갖게 되었고, 후대 사람들은 이 나무들로부터 소중한 교훈을 얻을 수 있게 되었다. 이러한 나무들을 자랑거리로 내세우게 된 것이다.

우리나라에서 천연기념물로 지정한 나무들을 보면 은행나무, 소나무, 향나무, 느티나무, 해송, 이팝나무, 회화나무, 왕버들, 후박나무 등 장수하는 나무가 많고, 참나무류로는 굴참나무가 4건, 갈참나무가 1건이다. 그러나 상수리나무, 신갈나무, 떡갈나무 등이 참여하지 못하고 있는 아쉬움이 있다.

### 야생의 숲, 그 아름다움

숲의 아름다움에 대한 서술은 흔히 발견할 수 있다. 묘하게 솟아오른 산봉우리를 덮고 있는 원시의 숲은 아름다움의 절정이다. 나는 오대산 비로봉 위 오대산맥 능선마루에 펼쳐진 신갈나무의 늙은 자연림을 보았다. 한 나무 한 나무가 독특한 개성을 지니고 있기는 했지만, 집단으로 모여 나타내는 종합의 미美가 나를 사로잡기에 충분했다. 그 숲은 장엄하고 당당하고 황홀하며 고요하고 깨끗하며 질서를 가지고 무언가 이 세상의 이치를 말해주는 함축이 있었다. 수량으로 셈할 수 없고 인간의 부족한 언어로는 표현할 수 없는 분위기였다.

인간은 미를 추구하고 그것을 이해할 줄 아는 존재이다. 같은 원시림 속에 있다 하더라도 사람의 미의식의 수준과 교양 그리고 평소의 사색 내용에 따라 뽑아낼 수 있는 미의 값은 크게 서로 다를 수 있다. 한번 접촉한 자연의 미가 마음속에 오래도록 남아 그 효과가 오래오래 지속되는 사람도 있고, 잠시의 영상으로 비췄다 어디론가 쉽게 사라져 그 효과가 상실되고 마

| 왼쪽부터 떡갈나무, 신갈나무, 졸참나무, 갈참나무의 잎

| 참나무 숲

는 사람도 있다. 아름다움이 주는 망연자실, 황홀, 그리고 전신에 퍼져 들어오는 자극 등이 있을 때 인간의 미적 활동이 이루어지게 되는데, 이러한 것이 오랜 여유를 가지고 무언가 나를 변화시켜주는 힘을 가질 때 우리는 만족할 수 있다. 같은 대상을 두고 그것으로부터 얻는 미적 감각은 사람에 따라 다르다고 했지만, 그 안에는 일치성도 있다.

참나무는 집단을 만들어야 아름다움을 완성시킬 수 있다. 참나무 숲의 오솔길을 명상하며 걸어보자. 천천히 걸어보자. 마음을 비우고 혼자서 걸어보자.

## 유럽의 참나무

어느 해엔가 학술회의가 끝나고 나를 포함한 참석자들은 숲 탐방 여행에 참가해서 유명한 스웨덴의 식물학자 린네Carl von Linné의 집을 방문하였다. 린네가 어린 시절을 보낸 곳으로 나지막한 집이었다. 린네의 집 부근에 큰 참나무 *Quercus robur*가 있었는데, 이 나무가 바로 영국참나무English oak로 높이가 30m에 이르며 유용한 목재를 생산하는 경제수종이라고 한다. 우리가 본 이 참나무는 스웨덴에서 가장 굵은 줄기를 가지고 있는 노거목이었다. 줄기에 터널처럼 크게 구멍이 나 있어 여름에도 그 안이 시원해서 음식물을 보관하는, 말하자면 냉장고 역할을 하고 있었다. 이 구멍을 지나가면 행운이 오고 건강할 수 있다는 말이 있어서 사람들은 이 구멍을 지나가곤 했다.

어느 나라를 막론하고 이러한 종류의 습속은 있게 마련이다. 믿어지지 않는 것을 믿어본다는 인간들의 사고는 나쁠 것 없다. 다른 수종으로도 스웨덴에서 이보다 더 큰 줄기를 가진 나무는 없지 않을까 한다.

내가 독일을 여행한 것은 서너 번을 넘는다. 그때마다 내 마음을 즐겁게 해주는 것으로 독일 동전이 있었다. 그중 참나무 묘목을 심는 소녀의 상이 있다. 독일인들은 참나무의 굳셈, 깨끗함, 건강, 장수, 씩씩함, 그리고 유용한 쓰임새를 좋게 평가하여 그들의 상징으로 내세우고 있다. 소녀의 한량없는 유연함과 이 나무의 강건함이 좋은 대조가 된다. 어린 나무와 소녀가 창창한 미래를 안고 있는 점도 조화를 이룬다. 이 한 나무가 자라서 독일을 지켜준다는 그 신념으로 소녀는 한 그루의 참나무 묘목을 심고 있는 것이다.

| 독일 동전(50페니히)의 유럽참나무(왼쪽)와 참나무 다식판(오른쪽)

# 참죽나무

멀구슬나무과, *Cedrela sinensis*

(香椿·椿·眞僧木, Chinese mahogany, Chinese cedrela)

아름을 넘겨 자랄 수 있는 큰 나무이다.
새싹은 향긋한 봄 향기로 미각을 돋우므로 '향춘香椿'이라고도 한다.
목재는 붉은 빛깔에 단단하고 무늬가 좋아 고급 가구로 쓰인다.

## 참죽나무와 가죽나무

시원하게 하늘을 쳐다보고 쭉 뻗어 올라간 참죽나무 줄기는 다른 나무에서는 찾아볼 수 없는 모습이다. 대개 줄기 끝에 가지가 나고 잎이 달릴 뿐, 줄기 중간이나 아랫부분에는 가지가 적고 밋밋하다.

참죽나무는 가죽나무와 많이 닮았다. 그러나 소엽小葉 아랫부분에 발달한 톱니가 없고 사마귀도 없어 가죽나무와 쉽게 구별할 수 있다. 참죽나무와 가죽나무는 모두 중국산으로 동양적인 나무라 할 수 있다.

참죽나무의 어린잎은 먹을 수 있어 두릅과 함께 초봄의 맛을 풍성하게 해준다. 봄이 되면 쉽게 구할 수 있다.

참죽나무의 한자명은 향춘香椿이라고도 하고 춘椿이라고도 한다. 춘椿은 동백나무를 뜻하기도 하지만 대개는 참죽나무를 말하는 것이다. 『장자莊子』에 보면 예전에 큰 참죽나무大椿가 있어서 8천 년을 봄으로 하고 또 8천 년을 가을로 했다고 한다. 이는 참죽나무가 오래 살 수 있다는 것을 과장해 표현한 것이다.

어릴 때부터 자람이 매우 왕성하고 곧은 까닭에, 예전 사람들은 이 나무가 어느 정도로 높게 크는지 짐작도 할 수 없어 '구름을 깨는 나무' 또는 '하늘을 모르는 나무' 등으로 표현했다.

한편 가죽나무가 좋지 못한 나무를 뜻하고, 참죽나무는 이와 반대로 좋은 나무를 뜻하는 일이 많다. 이 두 나무는 서로 닮아 이름도 서로 붙어 다니곤 하며, '춘저椿樗'라 해서 참죽나무와 가죽나무를 함께 표현하기도 한다. '춘저'라 하면 뜻이 옮겨져서 옥석혼효玉石混淆, 즉 좋은 것과 나쁜 것이 섞여져 있다는 뜻도 된다.

| 참죽나무 새순

『본초강목本草綱目』에도 보면 '춘저椿樗'라는 나무 이름을 내세우고, 향기로운 것을 참죽이라 하고 냄새 나는 것을 가죽나무라 한다고 했다. 약으로 쓸 때에는 이 두 수종을 구별하지 않는다. 목재도 참죽나무는 가죽나무보다 뛰어난데, 담홍색을 띠고 광택이 있다. 책장이나 책상 등 가구를 만들면 뒤틀리지 않아 높게 평가되고 있다.

| 강릉 정동진리의 참죽나무

## 뇌전목

참죽나무는 따뜻한 곳을 좋아해 우리나라에서는 중부 지방에 주로 식재되고 있다. 이 나무는 종자로 번식이 될 수 있고, 또 뿌리에 나오는 움돋이를 잘라내어 묘목으로 할 수도 있다. 햇볕을 좋아하는 나무이므로 양지쪽에 심으면 좋다. 조원造園수목으로도 좋으며, 줄기의 아름다움과 새봄의 신록이 기가 막히다. 곳에 따라서는 가로수로도 좋다.

참죽나무를 뇌전목雷電木이라고도 하는데, 벼락을 피할 수 있는 나무라는 의미에서 붙은 이름이다. 키가 커서 하늘을 지나가는 벼락을 모조리 불러 맞아서 그 부근에 사는 사람들에게 피해를 주지 않는다는 것으로, 말하자면 피뢰침 역할을 한다는 것이다. 그러나 그 진위는 알 수 없다. 나무는 사실 오래 살아가는 동안에 여러 번 벼락을 맞게 된다. 키 큰 참죽나무가 벼락을 많이 맞고 살아왔다는 것은 얼마든지 짐작할 수 있다.

# 철쭉

진달래과, *Rhododendron schlippenbachii*
(躑躅, Royal azalea)

철쭉의 원래 이름은 양척촉羊躑躅이었다.
양이 철쭉을 먹으면 비틀거리다가 죽어버린다는 뜻이 들어 있다.
차츰 '양'이 떨어진 척촉이라 했으며, 우리 이름으로 철쭉이 되었다.
실제로 유독 성분이 들어 있어서 양이 먹지 않는다.

내가 살던 고향에서는 진달래를 참꽃이라 했고, 철쭉은 진달래로 불렀다. 지역 사투리이다. 그래서 철쭉이란 말은 그다지 들어보지 못했다.

진달래나 철쭉은 모두 진달래과에 속한 나무이고, 또 함께 철쭉속에 들어간다. 진달래과를 학술적으로는 에리카시이Ericaceae라 하고, 철쭉속(또는 진달래속)을 로도덴드론*Rhododendron*속이라 한다. 이때 로돈rhodon이란 그리스어로서 붉다는 뜻이고, 덴드론dendron은 나무를 뜻한다. 그래서 '로도덴드론' 하면 붉은 꽃을 다는 나무란 뜻이다. 이 외에 흰 꽃, 노란 꽃 등이 있으나 대부분은 붉은 꽃을 단다.

## 철쭉과 진달래

철쭉과 진달래, 서로 비슷한 키 작은 나무이다. 진달래는 초봄에 우리나라의 산을 붉게 물들이는 아름다운 꽃으로 유명하다. 잎이 피기 전에 꽃을 피우기 때문에 눈이 녹기 시작하는 초봄에 산을 단장한다.

반면 철쭉은 꽃이 필 때 잎도 나 있으므로 꽃 피는 때가 진달래보다 한 달 또는 한 달 반쯤 늦어진다. 우리나라의 산은 한 해 동안 두 번 불탄다. 봄철에는 진달래와 철쭉 때문에 타고, 가을에는 붉은 단풍으로 또 한 번 탄다. 그래서 우리의 산천을 금수강산이라고 한다.

두보의 시에 다음과 같이 꽃이 불탄다는 표현이 있다. 이때 산을 불타게 할 꽃은 진달래나 철쭉밖에 없지 않을까? 불꽃과 같은 꽃을 달리 찾기는 어렵다.

| | |
|---|---|
| 江碧鳥逾白 | 강물이 푸르니 새는 더욱더 희고 |
| 山青花欲燃 | 산이 푸르니 꽃은 불타오르려 한다 |
| 今春看又過 | 이번 봄도 그럭저럭 가 버리고 |
| 何日是歸年 | 고향으로 갈 날은 어느 때쯤인가 |

초봄에 꽃피는 진달래는 잎이 비교적 좁은 긴 타원형이고 가지에 어긋나게 붙는다. 이에 비해 철쭉은 잎이 넓고 둥근 편이며 난형卵形처럼 보인다. 잎이

역시 어긋나지만 잎들이 가지 끝에 모여서 윤생輪生(수레바퀴처럼 돌려 나는 모습)하는 듯이 보인다. 이러한 잎의 모양과 착생 양식 그리고 꽃피는 시기로 진달래와 철쭉은 서로 구별될 수 있다. 철쭉보다는 진달래가 초봄을 장식하기 때문에 우리에게 더 친근하고 따라서 감미로운 시도 많다. 말하자면 철쭉은 진달래에 선수를 빼앗긴 셈이지만, 철쭉 꽃밭의 장관은 말로 표현하기 어려울 정도로 아름답다.

### 소백산의 철쭉 밭

1980년대 초 어느 늦은 봄날에 나는 소백산에 올랐다. 소백산 최고봉인 비로봉 해발 1,439m 정상 가까운 곳에 완만한 경사의 철쭉 밭이 전개되는데, 꽃을 달게 될 때 장관을 이룬다. 군데군데 에델바이스가 꽃핀 벌판에 앉아 그 평원을 내다보는 기분은 무언가 광활한 것이 가슴을 열어 주는 듯하다. 저 아래쪽 산골짜기에서 한 덩어리의 구름이 상승 기류를 타고 빠른 걸음으로 올라온다. 어느 사이엔가 이 구름은 나를 에워싸고 계속 높은 곳으로 올라가는데, 이때 그것은 구름이 아니고 짙은 안개이다. 잠시 후 이 안개 덩어리는 나를 떠나 비로봉으로 올라간다. 이러한 안개, 아니 구름이 어디에서 생겨났는지 이어서 올라오고 있다. 축축한 기운이 철쭉 밭을 쓰다듬다가 또 하늘로 날아간다. 바다가 보내온 선물인 수증기가 이곳을 찾아와 온갖 꽃들과 나무들을 자라게 해준 것이다.

인간이 이곳을 찾기 이전 수백만 년보다 더 먼 지난날에도 이러한 광경은 있었지 않았을까 생각된다. 호랑이가 자주 지나다니던 이 산 능선에 지금 내가 와 있다. 그때 나는 다음과 같이 글을 엮었다.

「소백산의 진달래」

쏟아져 무더기로
무더기로 쏟아져

별이 쏟아져
진달래 밭 소백산
흘러흘러 강물처럼
세월이 흘러
언덕은 햇볕에 바래고
신화는 강물에 잃어버리고
원시는 바다로 갔다

| 철쭉 재털이

끓어올라 피어올라
바다의 마음
흘러흘러 안개로
안개로 흘러흘러
무지개 타고 찾아온
내 고향 진달래 밭
피고 지고 피고 지고
수만 년 피고 지고
아스라아스라
내 고향 진달래 밭
귀촉도 험한 길
뻐꾸기 오는 길
꽃이 피는 길

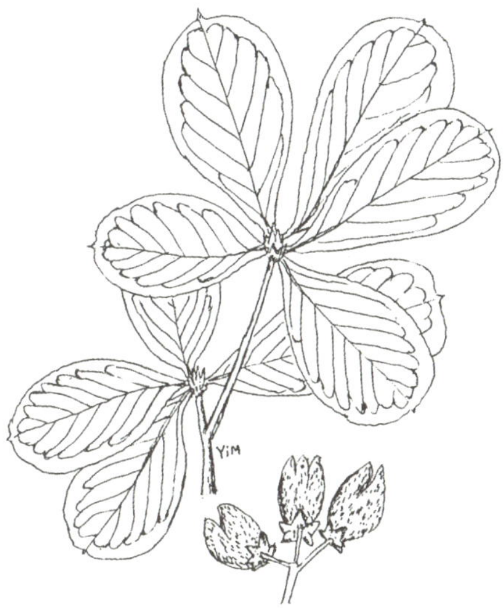
| 철쭉 잎과 열매

그때 철쭉 밭으로 표현해야 더 옳았지만, 어감이 더 좋을 것 같아서 진달래로 해 두었다. 사실 소백산 주변 사람들은 철쭉을 진달래로 흔히 부른다. 소백산의 철쭉 밭은 아름다움의 극치라고 해도 좋다. 6월쯤 철쭉이 필 때 이곳에서 철쭉제가 치러지는데, 이런 행사는 산보다는 근처 학교 운동장쯤에서 열리는 것이 자연보호를 위해 더 좋다. 수많은 사람이 산으로 몰려들다 보면 산의

| 철쭉이 만개한 울산의 가지산

풀과 나무가 상하기 쉽다.

이와 같이 소백산의 철쭉은 명품이다. 한라산의 철쭉 밭, 설악산의 철쭉 밭 또한 좋다.

## 철쭉은 척촉躑躅에서

철쭉을 한자로는 '척촉躑躅'이라 하는데, 척촉은 중국에서 옛적부터 써온 나무 이름으로 『본초강목本草綱目』에서는 관목灌木류나 화목花木류에 넣지 않고 초류草類 중 독초에 넣어 설명하고 있는 것이 색다르다.

'척躑'자나 '촉躅'자나 모두 머뭇거린다는 뜻을 가지고 있어 오도 가도 못하고 어찌 할 바를 몰라서 당황하는 상황을 나타낸다. '척촉'은 "발로 땅을 치는 모습以足擊地也"을 뜻하기도 하지만, 왔다 갔다 하는 망설임도 나타낸다. 또한 나무 이름으로 철쭉을 뜻하기도 하는데 철쭉 꽃에는 독이 있다고 했다.

『본초강목』에서는 '양척촉羊躑躅'이란 제목 아래 "꽃에는 강한 독이 있는데 양이 그 잎을 먹으면 발로 땅을 치면서 죽는다羊食其葉 躑躅而死"라고 했고, 그래서 철쭉은 양불식초羊不食草(양이 먹지 않는 풀)라는 별명을 얻고 있다. 양이 철쭉을 보면 뛰어 달아나는데躑躅放散 그래서 양척촉이란 이름을 붙인다고 설명하고 있다. 또 부록으로 산척촉山躑躅(산철쭉)을 설명하고 있는데, 이것은 꽃에 독이 없고 맛은 시다고 했다. 산척촉의 꽃은 응달을 즐기고, 비옥한 땅을 싫어하며, 나무 그늘 아래에 잘 자라고, 꽃 색에는 변이가 있다고 했다.

이와 같이 철쭉의 원래 한자명은 양척촉이었으나, 현재 우리는 '양羊'자는 빼고 척촉 두 자만 사용하고 있다. 그러나 정태현 박사의 도감에는 산철쭉山躑躅을 설명하면서 한자명으로 양척촉羊躑躅이라고도 한다고 했으며, 이것을 우리말로는 양羊척촉 또는 산철쭉으로 말한다는 기록을 찾아볼 수 있다. 철쭉이라든가 척촉이란 명칭은 여러 종류를 포함시켜 말하는 총명總名적인 성격도 있다는 기록이 있다.

우리나라에서는 옛날 척촉을 바탕으로 해서 철쭉이란 명칭을 만들었고, 이 철쭉이란 말이 일본으로 건너간 것으로 보고 있다. 일본으로 건너갈 때 척촉躑躅이란 한자명은 함께 따라가지는 못하고 우리말 철쭉이 먼저 건너가서 일본 명칭 '쓰쓰지'로 되고, 그 뒤 척촉躑躅이란 한자명이 일본으로 건너가 사후에 '쓰쓰지'에 연결된 것이라고 한다.

## 영산홍

영산홍映山紅은 일본에서 들어온 철쭉의 일종으로, 이 꽃이 산에 필 때에는 온 산을 붉게 물들인다고 해서 얻은 이름이라고 한다. 홍철쭉紅躑躅이라고도 하는데, 일본 사람들은 이것을 '기리시마'로 읽는다. 기리시마는 철쭉속의 한 종으로, 일본에는 산에 이 꽃이 많이 피어나면 그해에는 풍년이 든다는 속설이 있다.

중국의 『본초강목』에서는 진달래와 영산홍을 같은 것으로 취급하지만, 일본의 『삼재도회三才圖會』에서는 서로 다른 것으로 설명하고 있다. 즉 영산홍의 잎은 좁고 길지 않으며 더 둥근 편이라 했다. 기리시마에 대한 설명을 보면, 잎은 상록성이고 추운 지방에서는 반낙엽성이며 꽃이 5월에 핀다고 했다. 진달래보다는 꽃철이 늦은 것을 알 수 있다.

우리나라에서도 『양화소록養花小錄』에 영산홍에 대한 다음과 같은 언급이 있다. 여기서 말하는 철쭉은 영산홍으로 해석된다.

> 세종 23년(1441) 봄에 일본에서 철쭉 두어 분을 공물로 보내왔다. 주상主上께서는 이것을 대궐 안에 심도록 명령을 내렸는데, 그 꽃이 무척 아름다웠다고 한다.

이수광의 『지봉유설芝峯類說』에는 "영산홍은 나무의 이름이다. 꽃이 피기는 두견보다는 뒤지고 철쭉보다는 이르다. 나무는 철쭉보다 높고 크다. 지금 남쪽 지방에 많이 있다. 두견화(진달래)를 가지고 영산홍이라 한 것은 잘못이다"라고 했다. 이 서술을 보면 영산홍은 추위에 견디는 힘이 약한 것으로 짐작된다. 또한 홍만선의 『산림경제山林經濟』에도 왜철쭉倭躑躅에 대한 설명이 나오고 있다.

# 청미래덩굴

백합과, *Smilax china*
(土茯苓·山歸來, East Asian green brier, Chinaroot)

남부 지방의 숲 가장자리에 자라는 잎 지는 덩굴나무다.
덩굴은 마디가 굽어지면서 이리저리 구불구불 뻗어나가며,
마디마다 갈고리 같은 단단한 가시를 갖고 있다.
'망개, 명감'이라고도 하며, 붉은 열매가 늦가을에 달린다.

## 조엽림

나는 어릴 때 청미래덩굴을 고향 뒷산에서 보았는데 아무리 보아도 이상해 보였다. 동네 사람들은 이것을 '망개'라고 불렀다. 1~2m 정도로 뻗어나가는 덩굴식물로 둥글고 강인해 보이는 잎이 인상적이었는데, 잎의 색깔은 진한 푸름을 띠었고 유달리도 번쩍였다. 광택이 있다는 말이다.

남쪽 지방에 나는 동백나무, 가시나무, 녹나무 등의 잎도 이와 같이 윤이 난다. 작열하는 남쪽의 햇볕에 견디어 나가자면 번쩍일 수밖에 없다. 내리쬐는 태양 광선을 되도록이면 반사하여 체온의 상승을 막아야 살아나갈 수 있기 때문이다.

이러한 나무로 된 숲을 조엽림照葉林이라 한다. 충만한 에너지 속에서 땀을 흘리면서 휴식을 모르는 생生을 영위하는 생태계를 만든다. 조엽림 안에 있는 모든 생물은 항상 왕성한 활동을 보이는 것 같다. 청미래덩굴은 조엽림의 하나로 있을 만한데도 추운 겨울을 보내야 하는 온대 지방에까지 올라오고 있는 이유를 알 수 없다. 옛적에는 온대 지방도 이글이글 햇볕이 끓어대는 곳이었고 보면 남아 있을 만도 하다.

## 단자엽식물

청미래덩굴은 원시적인 식물로서 떡잎이 하나밖에 없는 단자엽單子葉식물이다. 우리나라 산에 있는 대부분의 나무들은 모두 2개 이상의 떡잎을 가지고 있는데, 청미래덩굴만은 대나무처럼 하나의 떡잎을 가지고 있다.

단자엽식물은 풀草들이 대부분이고 화석化石으로 볼 수 있는 것이 적지만, 백합과의 청미래덩굴은 줄기가 나무의 성질을 띠고 있고 화석으로 잘 나타나고 있다. 1억 년 이전 백악기 때부터 살아온 것으로서 지구의 변화와 함께해 왔다. 둥근 잎을 보면 그간 원만히 살아왔음을 짐작할 수 있는데, 줄기와 가지는 철사를 연상시킬 정도로 강하다. 1억 년 이상 살아온 굳은 의지를 가지와 줄기 속에 힘줄로 간직하고 있는 것 같다.

잎을 보면 아래쪽에서 맥脈이 방사상으로 갈라져 잎 끝으로 나가고 있다.

잎자루 밑에서 나는 수염이 길어서 무엇이든지 감고 올라갈 수 있다. 이는 오랜 세월을 거치면서 기진맥진해진 탓이 아닐까? 덩굴손이라는 지팡이로 몸을 지탱한다는 것은 역사적으로 늙어가고 있다는 뜻이 아닐까? 그래도 줄기와 가지에 가시를 달고 있다. 가지가 지그재그로 자라는 것도 무언가 감고 올라갈 물건을 찾는 데에는 도움이 된다.

## 망개 열매

청미래덩굴은 암나무와 수나무가 다른 포기로 되어 있다. 자웅일가雌雄一家가 아니라 자웅이가雌雄二家이다. 가을이 되면 굵은 콩알 만한 열매가 열리는데, 열매의 색깔은 너무나도 아름다운 붉은색을 띠고 있다. 이 열매는 먹을 수 있다.

나는 따스한 가을 햇볕을 받으면서 고향 뒷산 길을 지날 때 이 열매를 따 먹곤 했다. 약간은 새큼한 맛이 있지만 열매 속살이 적어서 항상 안타까웠다. 그러나 둥그런 열매가 혀 속을 지나는 매끄러운 감촉은 잊을 수 없다. 그때의 망개 열매가 아직 내 입속에서 돌고 있는 것 같다.

청미래덩굴의 잎과 열매는 나에게 인상적인 기억으로 남아 있다. 동네 어른들이 산에서 해오는 땔감 나뭇짐에는 으레 청미래덩굴이 섞여 있었다. 붉은 열매는 푸른 가을 하늘과 멋있게 조화를 이루었다.

| 청미래덩굴 열매

## 한자명과 고전 속의 청미래덩굴

청미래덩굴의 한자명은 토복령土茯苓 또는 산귀래山歸來이다. '복령'이라 하면 소나무 뿌리에 기생하는 균이 혹 모양으로 된 것으로 약으로 쓰인다. 껍질에는 흑갈색의 주름이 많으며, 속은 담홍색을 띠고 약간 물렁물렁하지만 마르면 딱딱해진다.

토복령은 청미래덩굴의 뿌리가 혹처럼 된 것을 말한다. 청미래덩굴은 뿌리가 오래 살아 있는 숙근성宿根性 식물이다. 토복령은 위장을 튼튼하게 하고 매독梅毒을 치료한다고 한다.

『본초강목』에서는 "요사이 … 매독 같은 성병이 많이 유행하고 있는데, 약을 좀 써도 다시 이 병이 재발하여 고질화된다. 이때 토복령이 치료제로 쓰인다"고 했다. 또한 강장제强壯劑로도 쓰여 식량이 부족할 때에는 이것을 가지고 허기를 면할 수 있었는데, 이것을 우여량禹餘糧이라고 했다고 한다. 옛날 우禹씨가 먹을 것을 구하려고 산에서 청미래덩굴의 뿌리를 캤는데, 식량을 하고도 남아 남은 것을 버렸다고 해서 우여량禹餘糧(우 씨의 남은 양식이라는 뜻)이란 이름을 얻었다는 것이다. 이 외에 신선神仙이 남겨놓은 양식이라고 해서 선유량仙遺糧이라고도 한다.

또한 청미래덩굴은 산귀래山歸來라고도 한다. 귀거래사歸去來辭를 연상시키는 이름이다. 귀거래사는 도연명陶淵明이 관인官印을 돌려주고歸 관직을 떠나去 집으로 왔다來는 의미이다. 청미래덩굴은 산으로 돌아왔다는 것일까? 청미래덩굴을 볼 때마다 도연명의 귀거래사가 생각난다.

청미래덩굴의 일본 이름은 '사루도리이바라'로 원숭이를 잡는 가시덤불이란 뜻이다. 가시가 있어 이러한 이름을 얻은 것 같다. 일본 사람들은 청미래덩굴의 잎(망개 잎)으로 밥을 싸서 먹는다. 1960~1970년대 우리나라는 일본으로 망개 잎을 대량 수출했다.

## 청미래덩굴과 나의 슬픈 추억

나는 청미래덩굴 하면 슬픈 추억이 떠오른다. 내가 스물한 살 되던 해 여름 방학이었던 것으로 기억한다.

"네 여동생이 몹시 아프다는데" 하고 어머니가 말씀하셨다.

"가서 데리고 올까, 그러면?" 나는 걱정이 되어 대답했다.

"맏며느리 노릇 하느라고 여간 아프지 않고서는 눕지도 못할 거야. 그 애 남편도 학교에 가고 집에 있지 않으니 더 걱정이야."

총각 오빠를 두고 동생은 먼저 시집을 갔다. 아니 시집을 보낸 것이 맞다.

나는 산길을 올랐다. 데리고 와야겠기에 산길을 올랐다. 너무나도 많은 청미래덩굴이 길을 막고 있었다. 시집 갈 때 여동생은 이 길을 지났다. 여동생의 붉은 인조 치마가 틀림없이 이 망개나무 가시에 걸려서 찢어졌을 것이다. 내 동생의 인조 치마는 너무나도 값싼 것이었기에 후줄근했다. 가난한 사람들이 입었던 치마를 입고 시집을 갔다.

나는 산길을 오르면서 새삼스레 걱정이 되었다. 동생의 새 고무신이 벗겨지지나 않았을까, 잔솔밭에서 날아가는 꿩 때문에 동생이 크게 놀라지는 않았을까….

돌아오는 산길에서 여동생은 땀을 많이 흘렸다. 종이보다 더 흰 얼굴빛이 한여름 햇볕 아래에서 더 불쌍하게 보였다.

"오빠, 이 밭이 우리 시집 거고…."

"넓고 좋구나."

"오빠, 이 산이 우리 시집 거고…."

"나무가 제일 좋구나."

"오빠, 나 혼자서 이젠 못 걷겠어."

어깨동무로 산길을 걸었다. 몇 번인가 고무신이 벗어지고 치맛자락이 청미래덩굴 가시에 걸렸다. 가시를 떼주는 나는 한없이 행복하였다. 이 산을 넘어 집에 가면 여동생이 건강해질 것으로 믿었기 때문이다.

여름 방학이 끝나고 수원으로 온 나는 기숙사에서 슬픈 전보를 받았다. 비가 주룩주룩 내리는 캄캄한 여름밤이었다. 눈물도 나오지 않았고 슬픈 줄도 몰랐다. 책상에 앉아서 뜬눈으로 새벽을 맞았다. 빗소리만 들으면서.

그다음 해 여름 방학에 나는 다시 한번 이 산길을 걸었다. 이 산길을 오빠가 걸어주어야만 저세상에 있는 동생이 더 행복할 것 같아서였다. 여동생이 이 산길을 넘다가 쉬었으리라고 짐작되는 넓은 산돌에 앉아 보았다. 틀림없이 친정 동네 쪽을 바라보고 앉았을 것이라고 생각되어 나도 그 방향으로 앉아 보았다. 여동생이 앉은 방향마저도 내 마음에 걸리었다. 내가 먼저 장가를 갔으면 여동생은 죽지 않을 터인데 하는 생각도 들었다.

나는 길가까지 뻗쳐 있는 청미래덩굴의 줄기를 하나하나 산 쪽으로 치워 버렸다. 여동생이 살아서 돌아올 때 두 번 다시 청미래덩굴 때문에 고생하지 않도록 하기 위해서였다. 그 많은 청미래덩굴을, 20리도 넘는 산길의 청미래덩굴을 하나하나 길에서 치워버렸다. 뜨거운 햇볕 아래에서 나는 손에 박힌 가시를 혼자서 빼냈다. 빼낸 가시의 자리가 아렸지만, 침을 바르고 다시 청미래덩굴을 치워버리는 일을 계속했다.

내 여동생은 귀밑머리가 길었는데, 살아서 돌아올 때 그 귀밑머리가 신나게 바람에 나부낄 것이다. 동생이 입고 있었던 치마는 매우 값싼 것이었지만 나에게는 가장 귀중한 치마로 생각된다. 이런 저런 생각을 하다 보니 청미래덩굴이 밉지 않다. 그 산길이 슬프지 않다.

| 청미래덩굴 꽃

# 칡

콩과, *Pueraria lobata*

(葛·葛藤, East Asian arrow root, Kudzu)

칡은 풀처럼 보이는 덩굴나무이다. 칡뿌리는 전분이 풍부하여 흉년의 대용식이었으며, 질긴 줄기 껍질은 옷감을 짜거나 삼태기를 비롯한 생활용구에 널리 이용되었다.

### 목본으로서의 칡

우리나라처럼 사계절이 분명한 곳에서는 나무와 풀을 구별하기가 어렵지 않다. 땅 위에 있는 줄기가 겨울 동안 얼어 죽지 않고 남아 있어 해마다 그 굵기를 더해가는 식물을 나무라 한다. 그래서 칡도 나무, 즉 목본木本으로 취급되어 기록에 나타나고 있다. 그런데 지난날 우리 선조들이 이것을 풀, 즉 초본草本으로 다룬 내용이 있다. 『자회字會』에 대나무와 함께 초훼草卉에 칡을 넣어 나무로 다루지 않고 갈초葛草라는 말을 삽입하고 있는 것을 볼 수 있다. 얼핏 보기에 칡은 풀 비슷하고 나무 같지 않은 점도 있긴 하다.

칡을 '츩'으로 표현한 과학 문헌도 있는데, 츩은 칡의 옛말이다. 칡의 한자어는 갈葛로 이 글자는 '초草'자와 '갈渴'자가 합쳐서 만들어졌다. '갈葛'자의 형성 내용을 살펴보면, 칡은 풀艸이고 줄기가 건조渴하여 그것을 끊어도 줄기에서 물이 흘러나오는 일이 없다고 했다. 칡이 비교적 건조한 곳에서도 견디며 자라고 또 줄기와 잎에 털이 많이 나서 건조를 이겨낼 수 있다는 사실을 생각할 때, '갈葛'자의 형성에 상당한 타당성을 인정할 수 있을 것 같다.

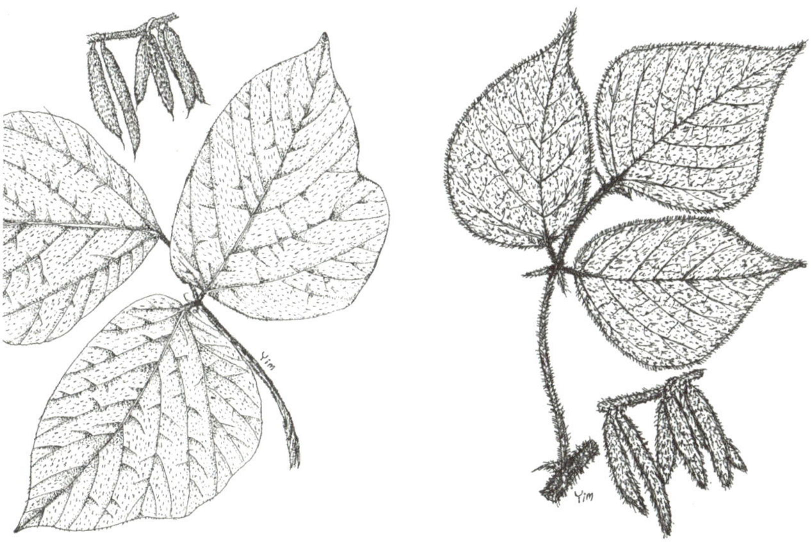

| 칡의 잎과 열매

## 대형 칡

칡은 양지쪽에서 잘 발견할 수 있는데, 양지쪽은 비교적 건조한 곳이다. 그러나 땅이 깊고 배수가 잘 되는 조건이라면 수분이 적당한 곳에서 칡은 좋은 자람을 보인다. 시장에서 굵은 칡뿌리들을 흔히 만날 수 있다.

내가 본 것 중 가장 굵은 칡은 경남 울주군 온산면 앞바다에 있는 목도目島(눈섬)의 것이다. 목도는 해안가에서 약 300m 거리에 있는 약 1.5헥타르의 작은 섬으로 동백나무, 후박나무, 다정큼나무, 송악, 사철나무 등 상록활엽수종이 우거져 자라고 있고 천연기념물로 지정되어 보호를 받고 있는 군유림郡有林이다. 섬이 눈 모양이라 해서 눈섬이라는 이름을 얻었다 하며, 동백꽃이 많기에 동백섬椿島으로도 불렀고, 신라시대부터 화살의 재료가 되는 신이대가 많았으므로 대섬竹島이란 이름도 가졌었다.

울릉도를 제외하고 동해안에서 상록활엽수림이 이처럼 북쪽까지 올라온 곳은 따로 없다. 이 섬에서 엄청나게 큰 칡을 보았는데, 줄기둘레가 127cm로, 직경이 40cm를 넘었다. 이것을 줄기로 보기보다는 뿌리 부분으로 볼 수도 있다. 그것은 이 부분이 지난날 땅속에 묻혀 있다가 표토가 유실됨에 따라 밖으로 나와 줄기 비슷한 행세를 하게 되었다고 해석할 수 있기 때문이다.

칡을 한자로는 갈葛로 쓰지만 갈등葛藤으로도 많이 쓴다. '갈등' 하면 칡과 등나무 두 가지를 뜻할 수도 있고 칡 한 가지만을 뜻할 수도 있다. 흔히 갈등은 번뇌의 뜻을 가지는데, 칡과 등처럼 엉키고 설켜서 어찌된 셈인지 분간하기 어려운 경우 그것은 번뇌가 될 수 있다.

## 옛 시 속의 칡

중국의 시인 굴원屈原의 작품 「산귀山鬼」에 다음과 같은 대목이 있다. 여신이 남신에게 하소연하는 장면이다.

> 산에서 삼수三秀를 캐고자 하는데 돌이 데굴데굴하고石磊磊兮 칡덩굴은 엉켰다葛蔓蔓. 사모하는 그대를 만나지 못한 것이 한스러워 마음이 추창해서 집으로

돌아올 것을 잊었다. 그대가 나를 잊은 것이 아니라, 한가히 때를 얻지 못한 것이겠지.

여기서 삼수三秀는 한 해에 세 번 꽃피는 신령스러운 풀인데, 이것을 캐서 남신에게 선물하고자 했던 모양이다. 칡은 돌밭에서 왕성한 자람을 보이고 굵은 칡뿌리를 만들 수 있다.

또 두보의 시에 "고운 갈포 옷 속에 바람이 인다細葛含風軟"라는 대목이 나오는데, 한결같이 갈포 베옷은 시원하다는 것을 말해주고 있다. 옛날 오吳나라 왕이 월越나라 왕의 좋은 옷을 보고 시기한 나머지 "나라 안의 남녀를 깊은 산중으로 보내 칡을 거두어 갈포葛布를 헌납시켰다使國中男女入山 采葛作黃絲之布 獻之"는 기록이 있는 것을 보면, 갈포의 이용은 먼 옛날로 거슬러 올라간다.

「갈생葛生(칡덩굴) 시경당풍詩經唐風」에도 '갈생몽초葛生蒙楚'라는 표현이 나오는데, 이는 "칡덩굴은 가시나무를 감아올라가 그것을 덮고 있네"라는 뜻이다. 이 노래는 과부의 탄식이라고도 하고, 전쟁터에 나간 남편을 생각해서 상심하는 아내의 노래라고도 하는데, 칡은 무엇에 의지해서 살아가는 것으로 이것을 여자는 남자를 의지해야 한다는 연상聯想의 의미로 사용한 것이다. 가시나무를 감고 올라간 칡을 보고 외로움과 남편를 그리워하는 심정을 표현한 것이다.

한편 이방원李芳遠의 「하여가何如歌」에서는 사람의 마음을 흔들어 보는 것으로 칡의 좋지 못한 면을 나타냈다.

이런들 어떠하며 저런들 어떠하리
만수산 드렁칡이 얽어진들 어떠하리
우리도 이같이 얽혀서 백년까지 누리리라

즉 엉키는 칡덩굴을 지조 없이 그때그때 적당히 변절하는 상징으로 본 것이다. 있을 법한 느낌일 수 있다.

### 칡의 이용

칡의 이용에 관하여 가장 먼저 기술한 것은 『시경詩經』일 것이다.

> 칡덩굴 자라서 산골짜기에 퍼져가니 잎사귀 탐스럽다. 칡덩굴 뻗어서 골짜기로 뻗어가고 잎사귀 검푸르다. 이것을 베어다 쪄서 굵고 가는 베를 짜서 옷 해 입고 부모에게 말씀드려 근친 가자. 막입는 옷 나들이옷 어서어서 빨래하자. 무얼 빨고 안 빨 건가. 부모 뵈러 친정 가자.

| 칡뿌리

이것은 갈담葛覃(칡덩굴)이라는 노래인데, 칡의 무성한 자람, 그리고 칡으로 옷을 만들어 입고 깨끗하게 빨래해서 친정 가자는 신부의 노래이다. 이 노래는 여자의 부지런하고 검소하며 부모를 공경하는 덕망을 강조한 내용을 담고 있다.

또한 이 노래를 통해 짐작되는 것은 옛적부터 칡이 옷감으로 이용되었다는 사실이다. 칡의 속껍질은 질긴 섬유 세포로 되어 있다. 갈피葛皮라 하면 청올치를 말하는 것으로 끈을 만드는 재료로도 이용했다. 이 섬유로 벽지를 만들기도 하는데, 일본 가옥 구조 중 미닫이ふすま(후스마)에 갈포葛布 벽지를 잘 바르기 때문에, 1960년대부터 우리나라에서는 일본으로 청올치를 많이 수출했다.

갈입葛笠, 갈건葛巾 등 칡 섬유로 두건도 만들어 썼던 모양인데, 갈건 하면 들에 묻혀 사는 사람 또는 은자의 두건으로 해석되고 있다. 산골에는 칡이 많았기 때문에 산속에서 지내는 사람들과 무척 가까운 섬유 식물이었을 것이다.

칡은 오래전부터 여러 가지로 쓰여졌는데, 그중 갈근葛根(칡뿌리)을 들 수 있다. 기록을 보면 흙 속 깊은 곳에서 자란 것이 좋으며, 5월 5일에 뿌리를 캐어 볕에 말린다고 했다. 또한 생 뿌리를 찧어서 생즙을 내어 먹으면 소갈消渴, 상한傷寒, 장열壯熱을 치료하는 데 도움이 된다고 했다.

칡뿌리는 보통 봄·가을에 캐서 껍질을 제거한 뒤 칼로 썰어 햇볕에 말린다. 녹말을 많이 간직하고 섬유질이며 냄새는 없고 맛은 달다. 대체로 뿌리가 굵고 단단하며 색깔이 희고 분성分性이며 섬유질이 아닌 것이 좋다. 신선한 칡뿌리는 약 20%의 갈분(칡녹말)을 함유한다. 뿌리를 물로 갈아서 녹말을 얻는데, 번열煩熱과 구갈口渴, 열창熱瘡에 좋다고 한다.

갈근의 약효에 대해서는 그 적용 범위가 너무 넓어서 다 설명할 수 없을 정도이며, 식중독이나 술에 취했을 때, 고혈압 등의 치료에도 효과가 좋다고 한다.

칡꽃을 갈화葛花라 하는데, 늦여름에 꽃이 전개全開하기 전에 따서 햇볕에 말린 것을 술에 취했을 때나 열과 오한이 날 때 일정량을 물로 달여서 마시면 좋다고 한다. 칡 종자는 갈곡葛穀이라 하고 설사하는 데, 또 주독을 푸는 데 쓰고, 역시 종자를 물로 달여서 마신다.

어린잎은 나물로 해서 먹고, 또 산에서 갑자기 상처가 생겨 피가 날 때는 칡 잎을 비벼서 바르면 효과가 있다고 한다. 우리나라 소는 칡의 잎과 덩굴을 잘 먹어 칡은 녹사료로도 사용된다. 이처럼 칡은 쓰임새가 다양하다.

| 칡꽃

미국 조지아주에는 칡이 많은데, 이것은 아시아 동쪽에서 건너간 것이라고 한다. 기후와 토양 조건이 알맞아 칡의 자람이 상상할 수 없을 정도로 왕성하다. 그래서 칡이 그곳에 자라는 테다소나무Loblloly pine 등 각종 나무줄기를 타고 올라가서 특이한 경관을 자아내고 있다.

칡을 일본어로는 '구즈'라 하는데, 영어명은 Kuzu(Kudzu) vine으로 일본어를 영어로 전용한 것이다. 칡뿌리는 영어로 Arrow root로, 원래 이 단어는 열대 지방에 나는 식물의 뿌리를 말하는 것이다. 이 뿌리로부터 녹말을 얻고, 또 독이 묻은 화살로 상처를 받았을 때 치료제로 쓰이므로 '화살 뿌리'라는 뜻으로 Arrow root란 이름을 얻었다. 그런 땅속 뿌리에서 녹말이 얻어지는 다른 식물에 대해서도 Arrow root라는 명칭이 통용되며, 우리나라에서 생산되는 칡차도 Arrow root tea라는 영어 명칭이 붙여져 판매되고 있다.

# 팥배나무

장미과, *Sorbus alnifolia*

(杜·甘棠·棠梨, Korean mountainash)

수많은 열매를 매달아 가을날 산새들의 좋은 먹이가 된다. 열매는 팥을 닮았고 하얗게 피는 꽃은 배나무를 닮았다 하여 팥배나무이다. 그러나 팥배나무와 배나무는 속屬이 다른 만큼 분류학적으로 거리가 있다.

### 혼란스러운 명칭

팥, 콩, 녹두 등은 예전부터 무언가 작은 것을 표현하는 데 사용되었다. 팥배나무만 하더라도 그 열매가 팥 만하다는 뜻으로 무척 작다는 것이다. 그런데 팥배나무는 배나무의 일종은 아니다. 배나무류 축에 끼지 못하고 대신 마가목속 *Sorbus*에 속한다.

사과(능금)는 좋은 과일이고 꽃도 피지만, 배나무같이 사람들로부터 주목을 받지 못했다. 사과나무속屬과 배나무속은 우선 열매와 꽃의 특성의 차이로 구별할 수 있다. 배나무 종류는 꽃의 암수술 아래쪽이 떨어져 있고離生, 사과나무속은 그것이 붙어 있다合生. 또 배에는 단단한 돌세포石細胞가 많지만, 사과에는 거의 없다시피 하다. 그러나 배나무나 사과나무의 꽃은 한 곳에 많이 달려 다발처럼 보인다. 이것이 팥배나무와 크게 다른 점이다. 팥배나무는 꽃대에 다시 꽃대가 나서 마치 가지가 차례로 갈라지듯 된다. 산에 나는 마가목도 이러한 꽃차례花序를 가지고 있어서 팥배나무와 마가목은 한 속屬에 넣어 다루어진다.

'배나무'란 명칭은 조금은 무질서하게 사용되고 있는 느낌이 든다. 즉 아그배나무 하면 이것은 사과나무속의 나무이고, 산돌배나무 하면 배나무속의 나무이며, 팥배나무 하면 마가목속에 들어가는 나무이다. 이러한 이름들은 우리 선조들이 붙였고 또 쓴 것으로, 우리는 아무런 이유 없이 이것을 쓸 수밖에 없다.

팥배나무는 잎이 넓고 둥글며 봄에 흰 꽃이 핀다. 가을이 되면 팥 비슷하고 콩알만한 열매가 붉게 익는다. 우리나라 어디에나 자라고 만주와 일본에서도 볼 수 있다. 일본 사람들은 이것을 '아즈키나시'라 부르는데, 아즈키는 팥을 뜻하고 나시는 배나무를 뜻해서 역시 팥배나무라는 표현이다.

한자로는 감당甘棠, 당리棠梨, 두리豆梨, 두杜, 두리杜梨 등으로 쓴다. 한자 사전을 보면 두杜의 열매가 감당甘棠이라 했고, 또 기록에 의하면 두杜 즉 팥배나무에 배나무를 접붙이면 열매가 잘 맺는다고 했다. 그런데 당리棠梨란 표현은 아그배나무에도 적용되고 있는데, 아그배나무는 팥배나무와는 달리 사과나무속에 들어간다. 아그배나무도 꽃이 아름답고 열매가 붉게 익어서 볼만하다. 따라서 예전 책에 당리로 쓴 것이 팥배나무인지 아그배나무인지 또는 다른 나무에 해당하는 것인지 분간하기 어렵다. 홍리紅梨, 즉 붉은 배로 부른 것도 위에서 말한 것을 통틀어 일컫는 것이 아닌가 한다.

나는 예전에 남산 북향 사면에 자라는 큰 팥배나무들을 보고 놀란 적이 있다. 어느 청명한 늦은 가을날로 기억되는데, 팥배나무 열매들이 푸른 하늘을 날고 있는 붉은 구름의 조각을 생각나게 하였다. 수천 수만의 붉은 열매가 떼를 지어 살랑이는 가을 바람에 무더기로 앞으로 움직였다 다시 뒤로 돌아오고 하는 모습들은 틀림없이 구름으로 보이는 듯했다. 팥배나무 열매가 그렇게도 아름다운 경관을 만들어 낼 줄은 정말 몰랐다. 서울 남산에는 큰 팥배나무가 여러 그루 서 있다.

## 한시 속의 팥배나무

배나무는 그 꽃으로 한몫하고 있다. 배꽃은 달밤이라든가 봄비와 무척 어울린다. 배꽃과 관련 있는 시조들을 많이 발견할 수 있다.

이화梨花에 월백月白하고 은한銀漢이 삼경三更인제
일지춘심一枝春心을 자규子規야 알랴마는
다정도 병인 양하여 잠 못 들어 하노라

_이조년, 「이화梨花에 월백月白하고」

이화우梨花雨(비처럼 뿌리는 배꽃잎) 흩뿌릴 제
울며 잡고 이별한 님 추풍낙엽에 저도 날 생각하는가
천 리에 외로운 꿈만 오락가락 하노라

_이매창, 「이화우梨花雨」

이 몸이 죽어가서 접동새 넋이 되어 이화梨花 핀 가지 속에 싸였다가
밤중만 살아져서 우리 님 귀에 들리도록 울리라

_작자 미상

두견아 울지 말라 이제야 내 돌아왔노라
이화梨花도 피어 있고 새 달도 돋아 있다
강산에 백구白鷗 있으니 맹세 풀이 하리라

_이정보의 시조

백거이白居易의 「장한가長恨歌」에는 "배나무 꽃가지에 봄비가 내린다梨花一枝春帶雨"라는 명구가 있는데, 이는 아름다운 여자가 눈물을 흘리고 있는 것을 표현한 것이다.

배꽃은 깨끗하고 청초하며 순결한 아름다움을 상징하고 있다. 그런데 위 시조에서도 알 수 있듯이 배꽃은 무언가 추창한 슬픔과 관계있는 것이 많다. 어떤 이는 배꽃을 한아閑雅한 부인의 상이라 평했다.

소식蘇息의 배나무 꽃에 대한 시는 너무나도 유명하다.

| | |
|---|---|
| 梨花淡白柳深靑 | 배꽃 희고 버들잎 푸르른데 |
| 柳絮飛時花滿城 | 버들 솜 휘날릴제 성내는 꽃으로 가득 찼다 |
| 惆悵東欄一株雪 | 슬프다 동쪽 난간의 한 그루 눈꽃이여 |
| 人生看得幾淸明 | 내 인생 앞으로 이러한 아름다운 정경을 |
| | 몇 번쯤 더 볼 수 있겠는고 |

이때 한 그루의 눈一株雪이란 꽃을 피운 배나무를 말한다. 배나무 꽃을 이설梨雪(배나무 눈) 또는 이운梨雲(배나무 구름)으로 표현하기도 하는데, 눈과 구름은 순수한 맑음을 뜻한다.

"배 먹고 이 닦기"라는 말이 있다. 사각사각 끊어지는 배를 먹으면 이가 깨끗해진다는 건데, 이에 착안해서 '배나무 리梨'자가 만들어졌다. 이 글자는 "사각사각 잘 끊어진다"는 뜻을 가진 '리利'자와 '나무 목木'자가 합쳐 만들어졌다.

팥배나무가 『시경詩經』의 여러 곳에 나오는 것을 보면 오래전부터 관심의 대상이 된 것으로 보인다. 「감당甘棠」에 "우거진 팥배나무 자르고 베지 마라, 우리가 사모하는 소백召伯 님이 쉬어 가시던 곳이니. 우거진 팥배나무 자르고 꺾지 마라, 예전에 소백께서 그 나무 그늘 아래 쉬시던 곳이니"라는 대목이 있다. 그 사람이 좋으면 그 사람의 발자국도 좋다는 심리가 묘사되고 있다. 팥배나무는 넉넉히 그늘 아래 쉴 만한 곳을 마련해준다.

또한 『시경』 「당풍唐風」에 "한 그루 팥배나무 푸른 잎 우거졌네, 형제 없는 몸 외로워, 세상에 사람은 많아도 동기간만할 건가" 하는 내용이 있다. 동기간이 없는 고독한 자신을 돌아보고 무성하게 자라고 있는 팥배나무에 정을 던져보는 심정이 노래로 나타나고 있다. 형제가 있다는 건 살아가는 데 큰 힘이 된다는 것을 알 수 있다.

역시 「당풍」 '유체지두有杕之杜'에 "한 그루 팥배나무 길가에 서 있네, 그대가 나를 찾아주고 좋아해 주신다면 맛있는 음식 마련해 드리리다" 하는 대목이 있는데, 이는 여자가 남자를 유혹하는 내용이란 풀이도 있고, 임금이 어진 군자가 찾아오기를 기다리는 내용이란 풀이도 있다.

이와 같은 시에 나오는 팥배나무는 모두 부족한 인간들에게 힘을 주고 있는 점이 공통적이다.

## 술집 깃발 이야기

| | |
|---|---|
| 邨邊紫豆花垂次 | 마을가 보라색 콩꽃이 드리울 정도로 된 때에 |
| 岸上紅梨葉戰初 | 강가의 팥배나무紅梨 잎들이 바람에 떨기 시작했다 |
| 莫怪烟中重回首 | 연기 가득한 곳을 거듭 머리 돌려 그리워하는 것을<br>이상하게 생각하지 말라 |
| 酒旗青紵一行書 | 술집 푸른 깃발에 쓰여진 한 구절의 문장에<br>내 마음이 유혹되고 있기 때문이다 |

콩꽃 피고 팥배나무 잎이 바람에 우수수 하는 때 술집 있는 곳으로 머리를 돌려 술집 깃발에 쓰여진 문장에 마음이 홀린다는 나그네의 마음을 묘사한

한시이다. 이 시에서 홍리紅梨가 과연 어떤 나무를 지칭하는지 알 수 없다. 잎이 단풍 진 배나무라 하는 풀이도 있으나 일단 팥배나무로 받아들여 보자. 술집에 술이 있을 때에는 그것을 알리는 징표로 깃발을 세운 모양이다. 모시로 만든 기에 무언가 문장을 써서 술 생각이 나도록 한 것이 무척 낭만적으로 보인다.

내가 오스트리아 빈Wien에 갔을 때 그곳 주점에 들른 적이 있다. 집 안쪽에 뜰이 있었고 포도나무가 심어져 녹음을 이루고 있었는데, 그곳에 테이블과 의자를 놓고 술 한잔 마실 수 있게 해놓았다. 악성들의 명곡이 은은하게 흘러 술맛을 돋우어 주었다. 이 주점에 술이 있을 때에는 문간에 솔가지 다발을 달아둔다. 만일 솔가지가 없으면 술이 없다는 뜻이고, 그렇다면 들어갈 필요가 없다. 이것은 앞에서 언급한 중국 한시의 주기酒旗와 통하는 점이 있다.

중국에서도 주기 대신에 잎이 달린 대나무를 높게 세우던 풍습이 있었다. 「주기酒旗」라는 시 한 구절에 "바람은 푸른 대나무翠竹의 장대杠를 치고, 내리는 비는 막걸리香醪라는 글자를 씻어주고 있다"라는 대목이 있는데, 잎이 달린 대나무 장대는 술이 있다는 표지이고, 무엇엔가 쓴 막걸리라는 광고 글자가 내리는 빗물에 푹 젖어 있다는 뜻이다. 술 생각 나게 하는 광경이다.

우리나라에서도 예전에 주기 대신에 술집 처마나 대문간에 초롱불을 켜서 달아둔 풍속이 있었다. 우리나라의 초롱불이나 중국의 푸른 깃발이나 비엔나의 푸른 솔가지나, 무척 낭만적임은 매한가지이다.

## 고전 속의 팥배나무

『본초강목』에 나오는 팥배나무棠梨 그림은 매우 사실적인 것으로 유명하다. 중국의 고전 『이아爾雅』에 "두杜는 곧 감당甘棠인데 그중 붉은 것을 두杜라 하고 흰 것을 당棠이라 하나, 어떤 사람은 열매의 맛이 떫은 것을 두라 하고 단 것을 당이라 하고, 또는 암나무를 두라 하고 수나무를 당이라 한다"는 내용이 기록되어 있다.

한편 이시진李時珍은 "당리棠梨(팥배나무)를 야리野梨라고도 하는데, 각처에 자라며, 나무 모양은 배나무와 닮았으나 크기가 작고, 잎에는 거치가 발달해 있으

| 팥배나무 열매

| 팥배나무 잎과 익어가는 열매

며 색이 검푸르고, 봄에 흰 꽃이 피고 가을에는 굵은 콩알만 한 열매가 익는데 먹을 만하고, 배나무 접목에 있어서 대목臺木으로 쓰면 결실을 도울 수 있다. 팥배나무 잎은 다소 쓴맛이 있지만, 어릴 때 따서 삶아 물에 우려 소금에 무쳐서 먹을 수 있고, 때로는 쪄서 차 대용으로도 할 수 있다. 그 꽃도 먹을 수 있으며, 열매는 위장을 다스리는 효과가 있다"고 했다.

우리나라나 일본에서는 팥배나무 잎을 염료로 사용했다. 날씨가 좋은 가을날 잎을 따서 건조시켜 붉은색染絳 염색 재료로 사용했다. 염색 재료를 생산할 목적으로 이 나무를 심으면 이익이 많고, 뽕나무보다 더 좋으므로 많이 심는 것이 좋다고 했다. 그러나 생산량이 많아야 하고 소량으로 심어서는 효과가 적다고 했다.

# 팽나무

느릅나무과, *Celtis sinensis*
(彭木 · 朴樹, Chinese hackberry, East Asian hackberry)

소금 바람에 강하고 아름드리로 크게 자라므로
남부 지방 갯마을의 당산나무로 흔히 만날 수 있다.
설익은 열매는 아이들 장난감 '팽총'의 총알이 되었으며,
주황색으로 익는 핵과核果는 간식거리였다.

## 특성

팽나무는 오래 사는 나무로 잘 알려져 있으며, 따뜻한 곳을 좋아하는 특성이 있다. 팽나무속*Celtis* 나무들은 느릅나무과에 속하고 겨울에는 잎이 떨어지는 교목이다. 한자명은 팽목彭木, 가목榎木, 박수朴樹, 박수樸樹 등 여러 가지이며, 중국에서는 팽나무속을 박속朴屬으로 나타내고 있다. 팽나무속은 북반구의 온대와 열대 지방에 분포하고, 세계적으로 약 70종이 있다고 알려져 있다. 열매는 둥근 핵과核果로 콩만한 크기이며 먹기도 한다. 열매의 색깔은 홍갈색이나 노랗게 익는 종류도 있다. 영어명은 핵베리Hackberry 또는 네틀트리Nettle tree이며, 잎은 어긋나고 거치는 있거나 없거나 한다.

우리나라에 있는 팽나무는 일본에서도 보편적으로 분포하고 있다. 높이 20m, 줄기직경 1~1.5m에 이르고, 수피는 회흑색이며, 굵은 나무는 줄기 아래에 큰 혹을 잘 만든다. 뿌리목 부근의 곁뿌리가 굵게 발달해서 기괴한 모습을 만드는 일이 흔하다. 굵은 곁가지가 꼬이면서 넓은 공간을 잘 차지해 억세고 위엄 있는 분위기를 만든다. 그래서 우리나라의 큰 팽나무는 서낭당나무나 신목神木 등으로 민속신앙의 대상이 된 것이 많다.

## 팽나무 보호수

팽나무는 우리나라 남쪽 지역을 대표하는 낙엽활엽수종이다. 산림청의 『천연보호림 및 보호수의 보호관리요강』에 규정되어 있는 보호수保護樹 지정 조건을 보면, 시도 나무는 수령 500년 이상, 시군 나무는 수령 300년 이상, 읍면 나무는 수령 200년 이상, 마을 나무는 수령 100년 이상의 나무로서 희소가치가 인정되고 고사故事나 전설이 있으며 무언가를 상징하여 보호의 필요가 있다고 인정되는 것으로 되어 있다. 이처럼 보호수에도 품격의 계층이 있고 중요한 요건은 수령으로 되어 있다. 그러나 노거수의 수령은 정확한 측정을 할 수 없는 한계가 있다.

2001년 말 기준으로 보호수로 총 9,516그루의 노거수가 지정되어 있는데, 이는 결코 적은 수가 아니며 이를 참고함으로써 수종별 그리고 지역별 분포 내역을 어느 정도 파악할 수 있다. 이때 느티나무가 5,408그루로 단연코 앞서고 있고, 다음이 팽나무로 1,052그루에 이른다. 세 번째가 은행나무로 701그루이며, 소나무와 회화나무, 향나무 등이 그 뒤를 따르고 있다. 여기서 팽나무의 장수성長壽性과 거목성巨木性 등을 짐작할 수 있다.

2010년 말 기준 총 13,374그루의 보호수가 지정되어 있으며, 수종별로는 느티나무 7,331그루(54.8%), 소나무 1,425그루(10.7%), 팽나무 1,300그루(9.7%), 은행나무 763그루(5.7%), 회화나무 351그루(2.6%), 왕버들 301그루(2.3%), 향나무 223그루(1.7%) 순이다.

제주도에서는 총 보호수의 약 66%가 팽나무이며, 경남은 22%가, 전남은 26%가 팽나무로 되어 있다. 경기도와 강원도에는 1% 이하이다. 이러한 사실은 팽나무가 난대성 나무란 것을 뜻한다. 제주도에는 도道 나무로서 팽나무 이외에 다른 수종은 없다. 물론 보호수 선정이 정밀하고 적격하지 못한 부분이 없지 않지만, 팽나무의 위상과 생태적 성질을 능히 짐작할 수 있다.

## 제주도 성읍리의 팽나무들

남제주군 표선면 성읍리에 천연기념물 제161호로서 팽나무와 느티나무의 노거수가 있다. 이곳 팽나무와 느티나무는 항상 건강했고, 공간을 고루 점유하는 가지의 골격은 예술성을 듬뿍 담고 있었으며, 오래가는 생명의 존엄성 같은 것

| 제주도 성읍의 느티나무와 팽나무(천연기념물 제161호)

을 느끼게 해주었다. 한 톨의 열매에서 싹이 터서 이처럼 웅대한 생명체까지 될 수 있는 것일까 하는 감격이 들곤 한다. 한 톨의 씨앗에는 한량없는 발전의 가능성이 담겨 있다. 창조의 신비라고나 할까?

성읍마을은 조선시대 정의현旌義縣의 지방행정의 중심지였다고 하며, 이들 노거수는 이곳 일관헌日觀軒 주변에 있었기 때문에 잘 보호된 것으로 알려져 있다. 이곳의 팽나무는 높이 20m에 육박하고, 가슴높이 줄기둘레는 2.5~4.5m에 이른다. 둘레 50cm나 되는 송악이 팽나무를 감고 올라가고 있는데 이 또한 장관이라고 할 수 있다. 성읍마을에 이르면 이곳 토속음식을 파는 식당이 있고 그 맛이 뛰어나서 이곳을 들르지 않는 사람이 거의 없다고 한다. 노거수가 발휘하고 있는 또 하나의 부가가치라고 할 수 있다.

## 내 고향의 팽나무

내가 살던 고향 마을은 생산성이 낮고 경지 면적에 비해서 인구가 다소 많은 산골 마을이었다. 많은 시객들은 고향을 떠나 여창旅窓(나그네가 거처하는 방)에서 향수를 달래는 좋은 시 문장을 남기고 있다. 그러한 심정은 고향을 멀리한 사람에게는 다 통하는 감정이다. "고개를 들어 산 위에 뜬 달을 바라보고, 고개를 숙여서는 숙연하게 고향을 생각노라" 하는 누구에게나 공통되는 감정이 깊어진다.

팽나무가 화제가 될 때마다 내 마음은 고향 마을로 달려간다. 우리 동네에는 몇 그루의 팽나무가 있었다. 오래되어 크게 자란 나무였다. 두세 그루는 우리 집 뒤쪽 산자락 언덕배기에 나란히 서 있었다. 하지만 가을에 익은 그 열매를 주워 먹은 기억 이외에는 이 나무들에 대한 지식은 별반 없다.

문제의 팽나무는 우리 마을 서낭당 나무였다. 우리 마을은 25호 정도의 집이 있었고 인구는 150명 내외였다. 동네 사람들은 가난을 겸허하게 저항 없이 받아들였지만, 조상 모시기와 효행과 집안의 평화 유지에 모두들 힘썼다. 동네 단합에도 모두 열성을 보였다.

정월 초가 되면 서낭당 제사 치를 이야기가 오가고, 지난 한 해 동안 깨끗하고 무사히 지낸 집안의 어른을 뽑아서 서낭당 제주로 위촉했다. 서낭당에는 가운데에 큰 돌이 있고 이것을 둘러싼 키 낮은 나무들이 우거져 있었다. 마을 사람들은 평소에는 그곳에 접근하는 것을 매우 꺼려했다. 잘못하다가 서낭당 신의 노여움을 살까봐 조심하는 것이었다. 이 서낭당에서 약 50~60m 떨어진 길가에 팽나무 노거목이 서 있었다. 정월 보름이 가까워지면 이 팽나무와 서낭당을 새끼줄로 연결해 놓았다. 새끼줄에는 흰 종잇조각이 곳곳에 꽂힌다. 마을의 행운을 비는 새끼줄이었다. 지금은 거의 볼 수 없는 광경이다.

## 부산 구포동의 팽나무

부산시 북구 구포동에 500년생으로 추정되고 있는 팽나무 한 그루가 있는데, 그 당당한 위용에 저절로 고개가 숙여진다. 나는 이 나무의 환경 변화를 답사하기 위해서 1994년 8월 그곳을 방문하였다.

구포동의 팽나무는 천연기념물 제309호로 나무 높이 17m, 가슴높이 줄기 둘레 5.5m로, 수관 지름이 동서로 21m를 넘고 남북 방향으로는 23m를 넘는 거구이다. 처음에는 이 나무가 차지한 공간이 비교적 넉넉했지만, 몰려드는 인간들의 등쌀에 공간이 협소해지면서 이 나무를 살리자는 목소리가 높아져 내가 그곳으로 간 것이었다.

이 나무보다 더 큰 몸집을 가진 나무는 부산 지역, 아니 경남 전체를 뒤져봐도 없을 것으로 보인다. 이 마을의 당산목堂山木으로 정월 대보름이면 동민 중에서 정결한 사람을 제주로 뽑아 마을의 평안을 기원하는 제사를 올린다. 제주를 뽑는 형식이 흥미로운데, 먼저 팽나무 아래에서 무녀가 긴 대竿를 잡고 그 대에 신이 내리면 시키는 대로 그 대를 따라 어느 집으로 가게 되고 그 집 주인이 제주로 선정되는 것이다. 사람들은 이곳을 할아버지 당산, 이곳에서 약 1.5km 떨어진 곳에 있는 당집을 할머니 당산으로 부르고 있다. 당집 안에는 위패가 있었는데, 지신명신위地神明神位 또는 단군성조신위檀君聖祖神位 등의 글귀를 읽을 수 있었다. 이쯤 되면 본의든 본의가 아니든 이곳 팽나무는 신령한 기운을 담게 될 것이다. 줄기의 융기와 굴곡은 강렬한 힘의 분출을 연상케 했다.

## 황목근黃木根 이야기

성은 황씨黃氏요 성명은 목근木根이라는 팽나무가 경북 예천군 용궁면 금남리에 한 그루 서 있다. 수령은 약 600년으로 추정되고 천연기념물 제400호로 지정되어 있다. 이 나무의 성이 황인 것은 꽃색, 열매색 때문이라고 하고, 목근木根이란 이름은 건강한 뿌리를 깊게 내려 오래오래 살라는 뜻에서 붙인 거라고 한다.

황목근이란 팽나무는 널찍한 논가에 서 있어 넉넉한 생활공간을 자랑하고 있는 듯했다. 나무 높이 15m, 가슴높이 줄기둘레 3.2m의 노거수로, 땅에서 약 2m 높이에서 줄기가 네 갈래로 크게 갈라지고, 줄기 아래 수피는 회흑색이었다. 수관樹冠이 사방으로 고루 퍼져서 좋은 녹음수의 역할을 하고 있었다.

비석에는 "신령이 계셔서 온갖 만물 생명들을 구제해 주신다"는 뜻의 '신령간임광제초목神靈干臨廣濟草木'이 쓰여 있었고, '이사지신단里社之神壇'이라고 음각되어 서낭당 나무라는 것을 짐작케 해준다. 화강암으로 된 상석도 있는데, 제사 지낼 때 음식 등 제수를 차리는 것으로 생각된다. 아닌 게 아니라 해마다 동민들은 정월 대보름 자정을 기하여 황목근 아래에서 당산제를 올리고 있다고 한다.

황목근의 토지대장을 보면 고유번호(주민등록번호에 해당)가 3750-00735로, 토지대장상 토지소유자의 이름이 황목근 또는 경우에 따라서는 황목근신黃木根神으로 되어 있다. 이 나무를 인간으로 보는 시각에서 벗어나고자 한 것인지, 또는 이 나무가 동신목洞神木이므로 신의 위격을 주고자 한 것인지 알 수 없다. 황목근 앞으로 동네 재산을 등기 이전해준 것은 1939년의 일이라고 한다. 해마다 소유답에서 쌀을 받아 이 나무를 위한 제반 비용으로 쓰고 있다고 한다.

경북 예천에는 황목근 말고도 석송령石松靈이란 이름을 가지고 동산과 부동산을 소유하고 있는 또 한 그루의 소나무가 있다. 자연과 함께 살아가고 있는 인간들의 흐뭇한 모습들이다.

## 백령도의 나무 그리고 팽나무

나는 1998년 5월 서해안 쪽 백령도와 대청도를 중심으로 산림청 주관의 소위 '비무장 인접지대 생태계 조사'를 위한 사업에 참가했다. 백령도와 대청도는 위도상으로 북쪽에 치우쳐 있으면서도 바닷물 흐름의 영향 탓인지 난대성 수목이 분포하고 있었다. 특히 대청도의 동백나무 군락은 꼭 한번 보아야겠다고 벼르고 있었던 터라 기대가 컸다.

백령도에 사는 사람들은 집에 대개 몇 그루의 무화과나무를 심고 있어 무화과 열매는 그들의 익숙한 생활의 동반자였다. 나는 진촌리의 어느 가정집을 찾았는데 뜰에 큰 무화과나무가 있었다. 뿌리목 줄기직경이 약 40cm를 넘어 내가 알고 있는 무화과나무로서는 매우 큰 축이었다. 무화과나무는 백령도 원산은 아니지만 이제 이곳 향토 수종처럼 되어 가고 있었는데, 이로 미루어 백

| 백령도 중화동 교회의 팽나무

령도의 식물 생태 기후를 짐작할 수 있었다.

백령도에는 소나무도 있고 해송도 있지만 원래 주인공은 소나무라고 생각되었다. 해송은 나중에 들어와서 큰 행세를 하고 있다는 것이다. 또한 모감주나무 군락이 있었고 모감주나무 거목도 있었다. 이 군락은 현재 남한에 존재하는 모감주나무의 분포 북한지北限地가 된다. 이러한 사실이 내 가슴을 설레이게 했다.

백령도의 해당화 군락은 화려한 꽃밭을 만들어 우리를 놀라게 했다. 해당화 군락이 있는 곳은 중화동 포구로 바다가 이웃해 있는 습지의 낮은 모래 언덕을 덮고 있었다. 달뿌리풀들이 동반해서 분포하고 있는 것이 또한 인상적이었다.

백령면 중화리 바닷가는 깎아지른 듯한 절벽이 장관이고, 해변에는 마모된 콩돌이 즐비하게 깔려 있었다. 이곳 중화리에는 유명한 교회가 있다. 전하는 바로는 이 중화동 교회는 1876년에 창건되었는데, 우리나라에서 두 번째로 오래된 것이라고 한다. 이 교회는 낮은 언덕 위에 있었고 계단을 따라 오르게 되어 있었다. 이 교회에 오르는 계단 초입에 큰 팽나무가 두 그루 있는데, 교회를 바라보면서 왼쪽 나무 줄기의 가슴높이 지름은 1.2m, 오른쪽 나무는 80cm로 추정되고, 나무 높이는 20m쯤 되는 것으로 보였다. 백령도를 돌아다니면서 큰 나무가 있을 만한 곳을 살펴보았지만, 이곳 팽나무처럼 굵고 오래되었을 것으로 보이는 나무는 따로 없었다. 말하자면 백령도 최고로最古老의 나무이자 백령도의 식물 생태적 성격을 말해 주는 것으로 생각되었다. 이 나무의 나이가 200년 이상으로 추정된다면 이곳 교회가 설립될 당시 이미 있었을 것이고, 그때의 초기 교회 사람들의 눈에 인각印刻된 나무라고 생각된다. 줄기의 아랫도리는 팽나무 특유의 융기를 보여주고 있었다.

교회 계단에는 우리나라에서 가장 큰 것으로 생각되는 무궁화나무가 있었다(천연기념물 제521호로 지정되었으나 현재 거의 죽어가고 있음). 교회 뒤편에는 큰 소나무들이 서 있었고, 언덕 아래쪽 길섶에는 병아리꽃나무가 한창 꽃을 피우고 있었다. 순결을 자랑하는 듯한 병아리꽃나무가 호젓하게 말없이 피고 있었다. "화소난전성미청花笑欄前聲未聽(꽃은 웃어도 소리를 내지 않는다)"이란 글귀가 이곳 상황에 무척 어울렸다.

## 흑산도의 팽나무

환상의 섬 흑산도. 흑산도는 남쪽 바람을 숨쉬는 섬이다. 홍도로 갈 때 대개 이 섬의 예리(또는 진리) 항구에 손님을 내리고 또 태우고 한다. 말하자면 중간 기착지라고 할까? 그냥 이곳을 지나 홍도로 가는 손님도 갑판 위에 나와서 흑산도 항구의 모습을 살피게 된다.

지나는 길손에게나 내리는 손님에게나 먼저 눈에 들어오는 것은 두 그루의 팽나무이다. 검은 줄기에 바닷바람으로 인해 알맞게 비스듬히 자라는 늙은 두 그루의 팽나무. 흑산도 항구의 상징목인 팽나무는 누구에게나 기억에 오래 남는 나무이다.

전에는 이 나무 주변에 더 많은 나무들이 있었으나, 이런저런 이유로 사라져갔고 지금은 이 두 그루만이 남아 있다. 그것도 팽나무만. 이곳 터전이 그들에게 그나마 알맞아 다른 나무들이 사라졌는데도 이 팽나무는 따뜻하고 약간은 습윤하고 약간은 소금기 있는 상황이 좋아서 남아 있나 보다. 함께 살던 동료들이 떠난 것을 몹시 섭섭하게 생각하면서….

어느 땐가 읽었던 시의 한 부분이 생각난다.

친한 친구 한둘씩 보이지 않고
새로운 벗 만들자니 어렵기만 하네

이러한 느낌을 안고 있는 것이 바로 이곳의 팽나무이다. 바라건데 오래 살아서 먼 훗날까지 흑산도의 전설을 이어주기 바란다. 이러한 나무를 랜드마크 트리Landmark tree라고 한다. 흑산도 하면 먼저 우리를 반겨주는 이들 팽나무가 머릿속에 떠오른다.

# 포플러

*Populus* sp.
(洋柳·美柳·楊, Poplar)

일제 강점기 초에 미국과 유럽에서 들어온 미루나무나 양버들 등을 통틀어 포플러라고 한다. 포플러는 우리나라 재래 수종보다 자람이 훨씬 빨라 부족한 목재 자원 조달에 크게 도움이 되었으므로 심기를 장려했다.

## 포플러가 쓰는 시

포플러는 시원스럽고 깨끗하며 기품이 있고 통일된 아름다움과 하늘로 솟아오르는 기상이 있어 철학적·예술적 성상을 담고 있다.

포플러를 고결한 시인에 비유해 보자. 포플러는 깨끗한 시인 같다. 푸른 하늘에 시를 쓴다. 알고 있는 어휘의 수가 말수보다 많지 않으나 멋있는 시를 쓴다. 담담한 시를 쓴다. 아침의 시가 저녁의 시와 다르고, 봄의 시가 가을의 시와 너무나도 다르지만, 그 시는 맑고 항상 새롭다.

나는 이 나무의 겨울의 시가 좋다. 포플러는 스스로가 시인임을 자랑스럽게 여긴다. 사람들도 그것을 알고 부러워한다. 하늘도 땅도 그 시를 부러워한다. 해도 달도 그 시를 부러워한다. 개고랑 물은 그 시의 뜻이 자기 것이라고 시샘도 한다. 개고랑 물에 발을 담근 포플러는 미소만 짓고 해명이 없다. 시감詩感을 불만 없이 개고랑 물에 나누어준다. 온통 산골짜기가 노래며 시다.

포플러 옆에는 으레 찔레가 있다. 찔레도 노래를 쓴다. 흰 노래를 쓴다. 찔레는 포플러로부터 시와 노래를 배웠다. 이와 같이 산골 시인들은 모여서 산다. 솔솔 부는 바람에 시를 새겼다. 바람은 그들의 화려한 시집이었다. 길고 긴 시집이었다. 온갖 잎새가 모여서 비단같이 짜여진 시를 만들었다.

인간들이 찾아와서 중얼거리는 말들, "이 나무는 이쑤시개 만드는 데 쓰입니다", "이 나무는 짜장면 먹을 때 쓰는 나무젓가락 재료입니다", "이 나무로 병원에서 환자의 혓바닥 누르는 것을 만듭니다", "내일 이 나무를 끊읍시다"라는 말을 들으면서도 포플러는 여전히 시를 쓰고 있다.

포플러는 높고 맑은 품위로 산다. 그래서 모든 사람이 이 나무를 좋아한다. 포플러는 줄로 나란히 서서 살아간다. 한 줄로 서서 모두들 하늘을 본다.

내 방에 걸어둔 두 개의 그림 중 하나는 포플러의 천연색 풍경이다. 예닐곱 그루의 포플러가 한 줄로 서서 가을 하늘의 구름을 찾고 있다. 그들의 용자容姿의 수려秀麗함에 놀라고, 그 단풍의 아름다움에 혀가 굳어 버린다. 이 풍경은 어느 해의 달력에 선보였던 것인데, 나는 그것을 버릴 수가 없었고, 그래서 이 풍경은 오래도록 내 방을 장식해 주고 있다. 포플러 앞에는 길이 있고 그 밑에는 잔디가 있다. 먼 산을 보고 포플러를 보면 어느 사이엔가 이 나무 아래에서 나 스스로를 찾게 된다. 이 그림은 내가 살고 있는 이 세상의 한 모퉁이가 된다.

## 포플러의 종류

'포플러Poplar'라고 하면 어떤 한 종류의 나무를 지정해서 말하는 것이 아니다. 포플러라는 말 안에는 여러 종류의 나무들이 포함되어 있다. 우리나라에 원래부터 있는 사시나무도 넓은 뜻으로는 포플러에 들어가고, 또 북쪽 지방에 많은 황철나무나 당버들 같은 것도 이에 속할 수 있다.

그러나 우리가 포플러 하면 그 이름이 나타내듯이 원래부터 우리나라에 있었던 것은 아니다. 이와 같이 좁은 뜻으로 포플러를 해석할 때 두 종류의 나무가 해당된다. 그 하나는 미루美柳나무류이고, 다른 하나는 양류洋柳 또는 양버들류이다. 미루는 미국에서 들어왔다고 해서 붙은 이름이고, 양버들은 서양에서 왔다고 해서 이와 같은 이름을 붙였다고 한다. 이 두 나무 종류는 서로 매우 닮아 있어 다 함께 포플러라고 불리기도 한다.

포플러와 가장 닮은 우리나라 나무로 사시나무가 있다. 잎의 모양이라든가 잎자루의 길이라든가 나무의 생김새가 닮은 점이 많다. 그러나 사시나무는 봄에 가지를 꺾어 땅에 꽂아도 뿌리가 내리지 않지만, 포플러는 뿌리가 매우 잘 내린다. 또한 사시나무의 줄기는 연한 푸른 색깔이지만, 포플러는 곧 검게 되고 표면이 더 거칠어진다. 그래서 사시나무를 백양白楊, White poplar의 종류, 포플러를 흑양黑楊, Black poplar의 종류라고 한다. 이는 껍질의 색깔을 가지고 지은 명칭이다.

사시나무는 북한의 높은 산지에 흔한 것으로 비교적 추운 지방에서 볼 수 있지만, 미루나무나 양버들과 같은 흑양 계통의 나무는 더 따뜻한 곳을 즐긴다.

## 포플러(양버들)의 도입

포플러 중에서 양버들은 19세기 말에 유럽 선교사에 의해 우리나라에 처음 들어왔는데, 주로 수나무였다. 1910~1918년 사이 약 10년간은 우리나라 조림

| 양버들 잎

역사상 아까시나무와 포플러의 시대라고 할 수 있다. 그것은 아까시나무와 포플러가 자람이 빠르고, 또 그 당시 송충이의 계속되는 심한 피해에 겁을 먹고 이들 나무의 조림에 기울였기 때문이다. 봄이 되면 1주 동안을 포플러 주간으로 설정하여 온 국민이 이 나무 심기에 힘을 기울였다. 그 당시의 임업 관계 책자에는 포플러의 용도, 조림법 등이 계속 실렸고 홍보가 대단했다. 포플러 시대가 지나가고 그 뒤에 오리나무와 리기다소나무의 시대가 왔다.

양버들은 잎이 작고 넓이가 길이보다 더 길며 가는 가지가 줄기를 따라 자라서 멀리서 보면 빗자루 같다. 이에 비해 미루나무는 잎이 더 크고 길이가 넓이보다 더 크다. 미루나무는 비교적 굵은 가지도 생겨나서 전체적으로 모양이 옆으로 퍼지는 경향이 있다. 멀리서 보아도 미루나무와 양버들은 쉽게 구별될 수 있는데, 우리나라에 널리 퍼져 있는 것은 주로 양버들이다. 풍치적 가치는 양버들이 미루나무보다 더 높다.

흔히 개량포플러 또는 이태리포플러라는 이름의 나무가 심어지고 있는데, 이들은 미루나무와 양버들 사이에 만들어진 튀기이다. 미루나무는 미국에 나고, 양버들은 주로 유럽에 난다. 과거 이탈리아에서 미루나무를 가져다가 심는 과정에서 자연적으로 미루나무와 양버들 사이에 혼인이 이루어지고 그 사이에 튀기가 생겨났다. 양버들이 어머니가 되고 미루나무가 아버지가 되어서 그 사이에 많은 후손들이 얻어졌는데, 이탈리아에서는 그중 자람이 특히 좋다고 생각되는 나무를 골라서 1호, 2호, 3호 등으로 번호를 붙이고 그중에서 특히 자람이 좋은 것을 다시 골라내었다. 154호, 214호, 476호 같은 것을 그 예로 들 수 있다. 이러한 것을 품종品種이라고 해서 구별한다면 품종 간에 여러 면에서 그 차이를 볼 수 있다. 줄기가 굵게 된다든지, 병에 더 잘 걸린다든지, 또는 봄이 되어서 잎이 빨리 핀다든지, 가을이 되어 잎이 늦게 떨어진다든지 하는 차이가 뚜렷이 보인다.

## 생장 특성

포플러는 살 수 있는 땅의 조건이 매우 까다롭다. 모래 기운이 좀 있고 물기도 있으며 땅이 깊고 걸면 포플라가 신나게 잘 자라지만, 땅이 조금이라도 척박하면 생장이 위축된다. 이러한 경우 적응력適應力이 약하다든지 또는 감수성感受性이 강하다고 표현한다. 이와 같이 생활 조건에 대해서 감수성이 강한 나무는 조림지 선택에 더 조심해야 한다.

포플러는 땅속에 물이 흐르고 있는 그러한 땅을 좋아하고 특히 석회石灰를 좋아하기 때문에 이 나무를 심을 때에는 석회 비료를 많이 준다.

버드나무는 가지가 아래로 드리우고, 소나무 가지는 옆으로 나는 반면, 포플러 가지는 하늘을 향한다. 느티나무처럼 큰 가지가 옆으로 퍼지면 좁은 땅에 여러 나무가 들어서기 어렵지만, 포플러처럼 가지가 몸에 딱 붙어서 태양을 쳐다볼 경우에는 서로서로 가깝게 붙어서 살 수 있다.

느티나무를 고고高孤한 것으로 본다면, 포플러는 인정 많은 이웃을 만든다.

보통 낙엽송이나 소나무 같은 나무 중에서 좋은 나무를 골라낼 때에는 가지가 위로 서거나 또는 짧은 것을 좋은 것으로 취급한다. 이러한 나무라야 서로 가깝게 설 수 있고, 좁은 땅에서도 더 많은 나무를 생산할 수 있기 때문이다. 가지가 위로 선다든가 짧다든가 하는 것은 그만큼 서로 양보할 줄 안다는 뜻이다. 양보와 겸손이라는 것은 인간 사회에 있어서나 나무 사회에 있어서나 통하고 있는 미덕인 것 같다.

## 고전 속의 포플러

유럽의 전설에 따르면, 예수가 처형된 십자가는 산딸나무 또는 사시나무로 만들어졌다고 한다. 어느 것이 옳은지는 모르겠지만 사시나무로 된 연유로는, 예수가 십자가에 못 박혀 그 나무 위로 선혈이 흘러내렸을 때 사시나무 목재가 떨리기 시작했다고 하며, 그 이후 사시나무의 전신이 실바람에도 떨리게 된 것이라 한다. 이러한 일이 있은 이후부터 포플러나 사시나무는 신성한 나무로 여겨지게 되었다. 지금도 프랑스계 캐나다 사람들은 포플러를 베는 일을 하지 않는다고 한다.

예전에 우리나라 사람들은 사시나무는 일찍부터 알고 있었지만 근래 도입된 포플러는 그러하지 못했다. 이정보李鼎輔의 글에 "좁쌀죽 입쌀죽을 백양저白楊著로 찍어서 자시오" 하는 대목이 있는데, 이때의 백양은 지금의 사시나무를 가리키는 것이다.

정철鄭澈의 글에 "이 몸 죽은 뒤면 지게 위 거적 덮어 졸라매어 … 억새풀, 속새풀, 떡갈나무, 사시나무 속에 가기만 하면 … 누가 한잔 마시자 할고…" 하는 대목이 있다. 사시나무는 무덤에 잘 어울리는 나무다. 그것이 왜 그런지 생각해 보았다. 사시나무는 양수로서 울밀한 산속에서는 나타나기 힘들다. 묘지가 만들어질 때에는 나무를 잘라 햇볕이 쬘 수 있는 공간이 만들어진다. 이때 기회를 놓치지 않고 사시나무 열매가 찾아들고, 자리를 잡으며, 묘지 위에 서는 순서를 밟게 된다. 그래서 사시나무는 묘의 영혼과 가까운 사이가 된다. 그래서 사시나무는 탈속적脫俗的 속성을 갖게 되는 것이다.

중국의 유명한 시인 도연명은 죽어서 자신의 시신이 상여에 실려 무덤으로 향하는 장의葬儀를 상상하고 시를 지었는데, 그 내용은 다음과 같다.

아아 우거진 가시덤불이여
쓸쓸히 우는 사시나무여
가을 서리 차고 찬데
나를 보내려 머나먼 길 따라와 준 친구여
…
나는 가시덤불 잡초 속으로
스산하게 떨고 있는
사시나무 아래로 간다
늦가을 서리 차고 차가운데
친구여 나와 함께
먼 산속까지 왔구먼 그래

_『도연명집陶淵明集』「의만가사擬挽歌詞」

이 시를 보더라도 묘지에는 사시나무가 있어 사시나무는 묘지와 어울리고 있음을 말해준다. 사시나무의 줄기껍질은 동서양을 통해 민간 약으로서 소중한 것이었다. 허묘墟墓(연고자가 없는 묵은 묘)에 난 사시나무는 약용가치가 더 높은 것으로 인식되어 일부러 허묘에 사시나무를 나게 하여 약용으로 사용했다. 박지원의 『열하일기熱河日記』에도 중국의 분묘에는 사시나무가 흔히 자라고 있음을 지적하고 있다.

포플러는 아름다운 나무이다. 그 열매는 솜털種毛이 있어 바람을 타고 우리나라 방방곡곡 자리 잡지 않은 곳이 없다. 이제 포플러는 우리나라의 나무가 되었다. 그 나무를 바라보면서 우리는 살아오고 있고, 또 살아갈 것이다.

# 피나무

피나무과, *Tilia amurensis*

(菩提樹·皮木·椵樹·椴樹, Amur linden, Amur basswood)

피나무의 '피皮'는 껍질이란 뜻이다.
껍질 속의 인피섬유는 길고 질겨서 쓰임이 많았다.
잘게 쪼개서 옷을 만들거나 굵은 밧줄로 사용하기도 했고,
촘촘히 엮어서 바닥에 까는 삿자리에도 이용했다.

생물 중에는 이상하게 생겨서 사람들의 관심을 끄는 것이 있다. 동물로 말하면 코끼리, 기린, 뱀 같은 것이고, 나무 중에서는 은행나무와 백합나무의 경우 잎의 모양이 이상하고 주목은 열매의 모양이 이상한 편이다. 아래 그림에서 볼 수 있는 것처럼 피나무는 포苞에 열매대궁이 붙어 있는 것이 신기하다. 사람들은 포苞가 비행기의 프로펠러처럼 생겼다고도 하고, 또는 주걱같이 생겼다고도 한다.

열매대궁이 포苞의 한가운데 붙어 있는 이유를 설명하는 것 중에, 열매가 익으면 포와 함께 떨어져 나가는데 이때 주걱이 바람을 타고 빙빙 돌면서 더 먼 곳까지 날아갈 수 있다고 한다. 다시 말해서 열매를 더 먼 곳까지 보내기 위한 방편으로 이것이 있다는 것이다. 그러나 이것은 어디까지나 사람들의 그럴싸한 설명일 뿐이다.

**포(苞, bract)**
꽃이나 꽃차례 아래에 달리는 잎이나 꽃받침잎처럼 생긴 것으로 고도로 변태한 잎의 한 종류

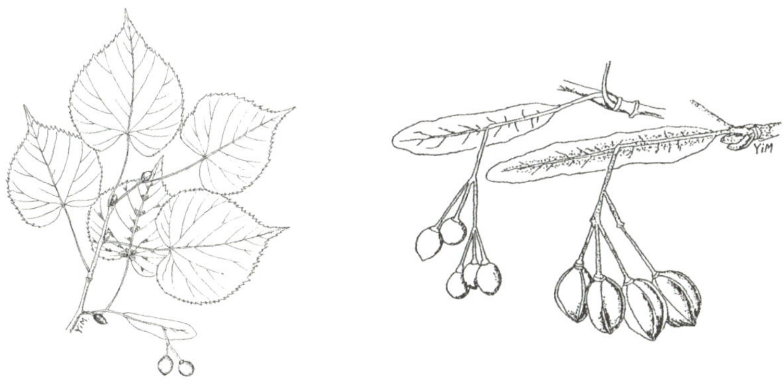

| 찰피나무 잎과 포에 열매대궁이 붙어 있는 모습

## 명칭과 어원

피나무는 한자로 '皮木'으로 쓰는데, 이것은 껍질 즉 섬유의 쓸모가 많다는 것과 연관되어 있다. 피나무를 학술적으로는 '틸리아*Tilia*'라고 하는데, 이는 그리스어 '틸로스Tilos'에서 유래되었고 그 뜻은 '섬유'이다.

영어명은 Basswood로서, 이는 bast가 변한 것으로 나무의 속껍질을 의미한다. 다른 이름으로 '라임Lime' 또는 '린덴Linden'으로도 불린다. 유명한 식물학

자 린네Carl von Linné의 이름의 뜻은 '껍질'이며, 우리나라에도 피皮씨 성이 있다. 말하자면 린네의 성은 피씨이고 피나무를 뜻한다고 할 수 있다. 린네의 생가 뜰에는 큰 피나무가 있는데, 린네는 그 나무 아래에서 책을 읽는 것을 좋아했다고 한다. 나는 린네의 생가 뜰에 있던 피나무 가지를 얻어 표본을 만들어 서재 벽에 걸어 놓았는데, 이는 린네의 학구적인 정신을 받아들이고 싶어서이다.

피나무류에는 약 30여 종이 있고, 주로 북반구의 온대 또는 온대 북부 지방에 퍼져 난다. 미국 동부 지방, 캐나다, 유럽, 러시아, 만주, 일본에 많고, 대체로 한랭한 기후를 즐긴다. 피나무가 많은 나라는 대체로 부강한 나라들이 많은데, 이 점에 있어서 예외가 거의 없다.

어떤 구체적인 종種을 내세우지 않고 피나무 무리를 통틀어 나타내는 피나무의 한자명은 '피나무 가椵'와 '피나무 단椴'인데, 간단하게 '단段'자도 적용되고 있다. 그런데 '가椵'자는 피나무뿐만 아니라 '유자나무 가'로도 읽고 녹나무·전나무를 뜻하기도 하며, '단椴'자는 '무궁화나무 단'으로도 읽고 그 밖에 전나무·자작나무를 뜻하기도 한다. 또한 피나무는 보리수菩提樹, 피목皮木, 성도수成道樹, 염주목念珠木, 난수蘭樹, 피목柀木 등으로 나타내기도 한다. 또한 '피나무 이椸'자가 있다.

잎이 둥글고 넓으며 엽저葉底(또는 葉脚)가 하트형心臟形으로 오므라들고 있다. 이러한 잎의 모습은 대체로 모든 피나무 종류가 비슷하다. 잎이 하트형으로 되어 있고 잎의 가장자리가 풍만한 곡선으로 굽어 잎의 넓이를 최대한 확장시키고 있다는 사실은 피나무의 불타는 정열과 원만한 성품, 그리고 발전하는 힘을 보여 주는 것이다. 편협하지 않고 너그럽다. 피나무는 잎 윤곽의 부드러운 원만성 때문에 더욱 돋보인다. 보름달의 외륜外輪, 쌍홍雙虹의 궁륭穹窿, 팽만의 유릉乳陵, 만력滿力이 담겨진 궁호弓弧, 대양의 수선水線, 이러한 아름다운 곡선들을 모아 용융熔融시켜 하나의 비기하학적인 유선流線을 뽑아낸다면 찰피나무 잎의 윤곽輪廓으로 수렴될 것이다.

## 피나무 종류

우리나라에서 자라는 피나무에는 몇 가지 종류가 있다. 잎은 뽕나무 잎과 비슷하다. 초여름에 꽃이 피고 가을에 콩알같은 열매가 익는다. 꽃은 많은 꿀을 가지고 있기 때문에 밀원수목蜜源樹木으로 이름이 나 있다. 누구나 한번쯤 피나무 꿀이란 이름을 들어 보았을 것이다. 우리나라에서 밀원수목으로 손꼽을 수 있는 것은 아까시나무, 밤나무, 싸리, 그리고 피나무라고 할 수 있다. 초여름 피나무가 꽃을 달게 되면 그 옆을 지나가도 피나무의 꿀 냄새를 맡을 수 있다. 피나무의 꽃은 독특한 향기를 가지고 있다.

피나무는 목재의 결이 곱고 목질이 고른 편이어서 조각재로 인기가 있다. 흔히 바둑판으로 이용된다. 울릉도 피나무가 특히 유명한데, 그곳에서 나는 것을 특히 '섬피나무'라고 부른다. 포苞가 흰색이고 털이 나 있는 것이 특색이다. 울릉도 피나무는 높게 크고 굵게 자란다. 태백산맥의 깊은 산에도 피나무가 많은데, 연필대 재료로 많이 이용되고 있다.

한편 피나무의 열매로 염주를 만들 수 있기 때문에 '염주나무'라고도 한다. 사실 염주나무는 피나무 종류 중의 하나로서 잎 뒤에 흰 털이 나 있고 열매에는 다섯 개의 줄이 있어서 금방 알아볼 수 있다. 경기도 지방에 퍼져 있다.

그 밖에 '찰피나무'가 있는데, 열매가 둥글고 열매 아랫부분에 희미한 줄이 있다. 피나무는 열매 표면에 줄이 없다.

피나무류는 비교적 추운 지방에 어울리는 나무이다. 스웨덴, 덴마크, 핀란드, 러시아, 캐나다, 미국의 북쪽 지방에서는 도시의 가로수, 공원수 등으로 많이 심고 있다. 가지를 끊어서 잘 다듬어 주면 둥근 모양 또는 모난 모양 등으로 만들 수 있기 때문에 기하학적 풍치를 만들어 내는 데 적당한 수종이다.

## 용도

'피나무'라 하면 목재가 아름답고 결이 고와서 조각재나 바둑판으로 이용되는 만큼 값지다는 것쯤은 대개 알고 있다. 또한 피나무 꿀은 밀원수목으로 유명하며, 나무 모양이 단아해서 미화美化수목으로 널리 쓰이고 있다. 구미 각국에서도 공원이나 길가에 많이 심어져 있고, 더욱이 가지를 쳐서 모양을 다듬을 수 있어 환영받고 있다.

피나무는 한자로 '피목皮木'으로 쓰기도 하여 목재로서 삿자리를 만드는 데 사용된다. 나는 해방되기 전 백두산 원시림 속에서 지낼 때 몇 개월 동안을 삿자리 방에서 살았다. 촉감이 퍽 좋고 깊은 산중에 어울리는 방바닥이었다. 몇 해 전 충청남도 계룡산의 갑사甲寺에 갔을 때 대웅전의 바닥이 한 장의 피나무 삿자리로 깔려 있는 것을 보았다. 대웅전의 바닥에서 막바로 엮어댄 것인데 특이한 느낌이었다. 피나무의 삿자리는 오래 간다. 아버지가 쓰던 것을 아들이 계속 쓴다.

피나무 껍질은 이용 가치가 뛰어나다. 피나무의 수피는 여러모로 이용되었다. 기왓장 대신으로 지붕을 덮는 데 이용되었고, 껍질의 섬유는 삼보다 강해서 신발 만드는 재료나 끈, 밧줄, 그물, 도롱이 같은 것을 만드는 데 썼다. 껍질의 귀중함이 이 나무의 이름에 반영되었다고 보아야 할 것이다.

| 백양사의 피나무

피나무로 만든 밧줄은 매우 강인해서 옛적에는 적군 진지에 화창火槍(총포)을 쏘는 데 쓰였던 모양이다. 특히 수피 색깔이 흰 강가糠椵가 좋았다고 한다椵質白者曰糠椵 其皮可製繩 引火槍 軍中需之. 이때 강가는 찰피나무를 말하는데 일명 백가白椵라고도 한다. 피나무 껍질로 방직을 해서 옷감도 짰다. 피나무의 껍질 섬유를 얻자면 초여름에 줄기직경 4cm쯤 되는 것을 끊어 바로 껍질을 벗겨야 박피가 쉽게 된다. 이렇게 하여 얻어진 껍질을 잿물로 삶아서 외피를 제거하고 흐르는 물에 담가 표백시킨다. 그 후 이것을 실로 해서 옷감을 짜는데 무명실을 섞어서 짜기도 했다.

## 사랑을 상징하는 잎

피나무류에 속하는 잎들은 서로 비슷한 하트형의 생김새를 가지고 있다. 단풍나무는 종에 따라 잎의 모양이 다양하지만, 피나무 종류는 종이 달라도 잎 모양이 서로 거의 비슷하다.

피나무 잎의 실루엣은 사랑과 아름다움과 관용과 평화의 상징이라고 할 수 있다. '사랑'을 상징하는 잎이라면 서슴지 않고 찰피나무 잎을 찾으면 된다. 누구라도 같은 생각일 것이다. 사랑이란 온유하고 성내지 아니하며 참고 견디며 진리를 좋아하고 좋지 못한 일을 따르지 아니하며 모든 것을 포용하는 것이다. 이러한 사랑의 내용을 몸에 지니고 있고 또 구현하는 나무가 바로 피나무이다. 나무를 사랑하고 연구하고 공부하고 오래 함께 살아온 사람이라면 이러한 사실을 서슴없이 받아들일 수 있다.

나무 결이 곱고 순수하고 고르다는 것은 사람에 비긴다면 교양이 있고 품격이 고결하다는 것으로 볼 수 있다. 질박質朴함과도 통한다. 원만한 잎을 가진다는 것은 성낼 줄 모른다는 것이고, 노怒를 버렸다는 것은 덕목이 몸에 배어 있다는 불유구不踰矩의 경지를 말하는 것으로 보아도 좋다. 뜻이 있어 욕심을 내어도 그것이 한계를 넘지 않고 잘못되는 일이 없다는 것이다.

## 열매의 특성

피나무 열매는 두터운 껍질에 싸여 있어 땅에 떨어져도 싹이 쉽게 트지 않는다. 이것은 중후함을 뜻한다고 할 수 있다. 여러 해 동안 땅속에서 그대로 지낼 수 있는데, 이것은 견디고 참는 힘을 보여준다. 산불이 나서 주변의 나무들이 모두 타서 죽었을 때에도 땅속에 묻혀 있던 피나무 열매는 힘차게 일제히 싹을 틔운다. 산불이 난 뒤 황량한 곳을 숲으로 뒤덮는 피나무의 개척적이고 용감한 선구적인 모습을 볼 수 있다. 외유내강外柔內剛의 나무가 바로 이것이다.

이러한 억센 특성은 피나무가 변해서 여자로 되었다는 신화와 어떻게 연결되어야 할 것인가? 여자의 억셈은 부드러움으로 나타나는 것인가? 피나무 꽃에서 꿀이 넘쳐 흐른다는 것은 이 나무의 희생이요 봉사며 모두들 서로 함께 잘 살아 나가자는 박애정신에서 나온 것으로, 이기주의와는 거리가 멀다. 벌을 살리고 나비를 살려 무악舞樂으로 이 세상을 장식하겠다는 뜻이 과연 어디에 있을까 생각해 봄직하다. 세계를 화려한 무대로 만들어서 기쁘게 살자는 것일까?

| 속리산 법주사의 찰피나무

속리산 법주사 경내에 네 그루의 큰 피나무가 있는데 나는 이것이 찰피나무라고 기억하고 있다. 열매의 표면은 털로 덮여 있고 아래쪽에만 다섯 개의 줄이 보이는데 염주를 만드는 데 사용된다. 어느 해 가을에 법주사에 가 보았더니 긴 대나무 장대로 가지를 치면서 열매를 따고 있었다. 이것으로 염주를 만들 거라고 했다.

피나무류의 열매대궁果梗은 독특한 생김새를 가진 포엽苞葉의 중간쯤에 붙어 있다. 포엽은 좁고 얇은 잎으로, 가을이 되어 열매가 익으면 함께 땅으로 떨어진다. 사람들은 이때 포엽이 바람을 타고 빙글빙글 돌며 한 뼘이라도 더 멀리 열매를 날려 보내겠다는 뜻을 갖고 있다고 한다.

이와 같이 피나무가 포엽을 가지고 있고 또 잎의 생김새가 유사하다는 것은 혈통이 그만큼 순수하고 보수적이라는 것을 뜻한다. 잡스러운 피가 섞이지 않았다는 것이다.

피나무는 활엽수종치고는 그 역사가 길다. 말하자면 고대 식물이라 할 수 있는데, 그래서인지 깨끗한 곳을 차지해서 정결하게 살아오고 있다.

## 외국의 피나무 가로수

외국에서는 피나무가 가로수로 많이 심어지고 있다. 나는 폴란드 바르샤바 국제공항에서 바르샤바에 이르는 긴 가로에 피나무가 서 있는 것을 본 적이 있었는데, 말 그대로 장관이었다. 어떤 사람은 폴란드가 제2차 세계대전 이후 이룬 가장 큰 국가적 업적의 하나가 이곳 피나무 가로수라고 했다. 몇 천 그루, 아니 몇 만 그루도 넘는 것 같다. 모두 고르고 거대한 둥근 수형을 가지고 있었는데, 그것은 일종의 예술이었다.

노르웨이 서부 해안이 있는 아름다운 도시 베르겐에서도 피나무 가로수를 볼 수 있다. 스웨덴 스톡홀름도 피나무 가로수가 유명하고, 비엔나의 거리를 아름답게 만들어 주고 있는 것도 피나무이다. 고요하고 깨끗하고 품위 있는 도시에는 피나무가 제격이다.

또한 독일 베를린의 피나무 가로수도 유명하다. 체코슬로바키아는 무궁화

| 노르웨이 오슬로의 피나무 가로수

가 우리나라의 나무이듯이 피나무를 그 나라의 나무로 정하고 있다. 피나무의 아름다움에 놀란 곳은 더 있다. 독일 함부르크 시내에는 2개의 인공 호수가 있는데 그중 작은 것으로 안쪽 알슈터 호수가 있다. 여기에서 시청 건물이 멀지 않다. 이 호수 한쪽 편을 따라 너무나도 멋있는 피나무가 줄 서 있다. 함부르크를 찾는 사람은 이 피나무를 볼 만하다.

한편 프랑스에서는 피나무 꽃 말린 것을 차로 쓰고 두통의 묘약이라 해서 팔고 있다는데, 약이라 하지만 차처럼 마시는 것이라 한다. 내가 러시아에 갔을 때 그곳 호텔에서 피나무 꿀을 대접받은 적이 있었다. 호텔에서 근무하는 아주머니에게 화장품을 선물로 주었더니, 그 아주머니가 피나무 꿀을 준 것이다.

피나무 열매는 우리나라에서는 8월 하순경이 되면 씨앗 속이 젖처럼 물컹한데, 이러한 유숙기乳熟期에 따서 바로 뿌리면 싹이 잘 튼다. 그러나 늦가을 익은 뒤에 따서 뿌리면 대체로 1~2년 안으로는 싹이 트지 않는다. 우리나라 피나무 열매에는 생활력 있는 종자가 거의 없고 쭉정이가 많은데, 이것은 외국에서도 비슷하다.

## 피나무 연리수

그리스 신화에 태양의 신이 착한 부부를 피나무와 참나무로 만들고, 그 애정의 두터움을 칭찬해서 연리수連理樹로 만들었다는 이야기가 있다. 즉 피나무와 참나무의 줄기가 붙어 한 나무로 되었다는 것인데, 피나무는 참나무의 사랑하는 아내였다. 오래오래 살다가 한 날 한 시에 죽어 나무로 되어 다시 오랜 생명을 누렸다는 이야기는 마음을 흐뭇하게 한다.

이와 같이 종류가 서로 다른 나무끼리 접착, 즉 연리連理가 되기란 극히 어려운 일이지만, 신은 능히 이러한 일을 마음대로 할 수 있다고 믿어 보는 것이 인간의 심정이다. 연리는 부부 간 사랑의 상징으로 알려져 있으며, 부부란 정말 연리가 이루어지는 관계가 아닐까 한다.

연리수連理樹라 함은 어떤 특정한 나무를 가리키는 것은 아니다. 연리連理라는 말은 옛적부터 있었고, 사람들은 이러한 현상에 큰 관심을 갖고 의인화擬人化해서 큰 뜻을 부여했다. 연리 현상은 신기한 것이었고, 사람들은 신비한 것에는 때로 초월적인 뜻이 있을 것으로 믿었다. 따라서 집안에 있는 두 나무가 연리를 만들었다면, 그것은 그 집안에 큰 기쁨이 있을 징조로 보곤 했다.

연리수가 나오는 중국 진晉나라 때의 「자야가子野歌」 한 부분을 음미해본다.

| | |
|---|---|
| 歡愁儂亦慘 | 그대歡가 슬퍼하면 저儂도 역시 상심합니다 |
| 郎笑我便喜 | 그대郎가 웃고 좋아하면 저도 또한 기뻐합니다 |
| 不見連理樹 | 연리수를 보지 못하였습니까 |
| 異根同條起 | 뿌리는 서로 다르지만 줄기는 하나가 되어<br>서 있지 않습니까 |

'자야'라는 여성이 남편을 사모하며 자신의 슬픈 심정을 노래한 것이다. 남녀 간의 애정 시는 그 뒤에도 많이 만들어졌는데, 이 '자야가'라는 제목이 붙여지곤 했다.

## 상사수相思樹

송나라 마지막 왕인 강왕康王에게는 한빙韓憑이란 신하가 있었는데, 그의 아내는 미모가 출중하기로 유명하였다. 이를 알게 된 강왕은 한빙에게 죄목을 씌워서 감옥에 넣고 강제노동을 시켰고, 그는 세상을 슬퍼하며 자결하였다. 그러자 부인 하씨는 크게 상심한 나머지 아름다운 연회복을 물에 적셔 썩게 했고, 어느 날 그 옷을 입고 왕과 함께 높은 누대樓臺에 올랐을 때 틈을 타서 누대에서 뛰어내려 신하가 치맛자락을 잡았지만 썩은 옷 때문에 하씨의 죽음을 막을 수는 없었다. 그 후 하씨에게서 유서가 발견되었는데, 그것은 "나의 시체를 죽은 남편 한빙과 함께 합장해서 사후의 넋이라도 위로해 달라"는 요지였다. 성난 강왕은 이 청을 들어줄 리가 없었고, 왕은 망령이 두 손을 뻗쳐도 서로 닿지 못할 거리에, 그것도 서로 빤히 바라볼 수 있는 사이에 묘를 만들어 주었다. 그런데 하룻밤 사이에 두 묘지에서 큰 나무가 자라고 며칠 뒤에는 줄기와 가지가 서로 엉켜서 한 나무가 되었다고 한다. 이것이 바로 연리連理 현상이고, 사람들은 이 나무를 상사수相思樹로 불렀다는 전설이 전해 내려오고 있다.

## 연리근蓮理根

나무의 줄기와 가지는 때로 이러한 연리 현상을 나타내지만, 흔한 현상은 아니다. 그러나 나무의 뿌리는 서로 가까이 접촉했을 때 그 부근에 많은 캘러스callus 세포 조직을 만들고 이것이 접합해서 한 몸이 된다. 이것이 뿌리연리根系連理 현상이며, 연리근蓮理根 또는 근접根椄이라고도 한다.

이러한 뿌리연리는 줄기와 가지보다 훨씬 더 흔히 발견할 수 있다. 나무의 줄기를 끊을 때 그루터기에서 다시 움이 돋아나오는 이유의 하나로서 이 뿌리연리를 들 수 있다. 연결되어 있는 옆 나무로부터 양료가 공급되어 그 도움으로 살아나게 된다.

이와 같은 근접은 같은 수종 사이에 잘 나타나고, 종이 다르면 빈도가 적게 나타난다. 근접의 경우 한쪽 나무가 세력이 약해서 다른 나무로부터 양료를 공급받고 살아가는 형편일 때, 상대 나무가 그 뒤 죽게 되면 약한 나무는 양료

| 오스트리아 잘츠부르크시 유럽피나무 수벽

공급을 받지 못하여 고생하게 된다. 인간 사회에서도 이러한 일을 흔히 볼 수 있다.

미국 서부 지방에 자라는 미송(더글러스퍼)은 살아 있는 나무의 약 45%가 서로 근접하고 있다는 조사 결과가 있고, 대체로 소나무류에 많이 근접하고 있는 것으로 알려져 있다. 뿌리의 연리는 일반적으로 생물학상 좋지 못한 결과를 가져오는 일이 많다. 그것은 한 나무가 병, 특히 바이러스나 마이코플라스마에 의해 피해를 입었을 때 뿌리 융합 부위를 통해서 다른 나무에 전파되기 때문이다. 단합과 협조도 좋지만 이처럼 쓰러질 때 다른 것도 함께 쓰러지는 소위 골패도骨牌倒는 안타까운 일이다.

## 보리수와의 관계

중국에는 가수椵樹라고 표현하는 피나무 종류가 있는데, 보리수菩提樹, 성도수成道樹, 난수欒樹라고도 하며, 겨울에는 잎이 떨어지고 크게 자란다. 잎 뒤에 흰 털이 빽빽하게 나고, 초여름에 노란색의 꽃을 단다. 열매로는 염주를 만든다.

중국에서는 피나무류의 일반 명칭으로 '가椵' 또는 '단椴'이라는 글자를 쓴다. 부처가 그 나무 아래에서 성도정각成道正覺했다는 보리수와는 다르다. 불교의 3대 영수三大靈樹라 하면 무우수無憂樹, 정각正覺에 관련되는 보리수, 열반涅槃에 관련되는 사라쌍수沙羅雙樹인데, 이때의 보리수는 뽕나무과에 속하는 상록성 나무이고 피나무와는 다르다. 그러나 『천태지天台志』에 나오는 보리수는 피나무의 일종으로, 다음 기록은 피나무의 일종을 설명한 것임을 알 수 있다.

> 천태지에 이르기를 보리수나무는 산에 나고, 전하는 말에 의하면 인도 불승의 힘으로 이 나무가 만들어졌고 꽃은 감꽃과 닮았고 크기도 그와 비슷하다고 한다. 꽃이 피기 전에 독특한 모양의 잎苞葉 한 장이 자라나는데, 길이는 손가락 반에 이르고 넓이는 좁다. 색깔은 희고 윤기가 나는데, 잎의 뒤쪽에 꽃대궁이 달린다. 이 포엽은 꽃이 햇볕을 직접 받지 못하도록 가려주고 더러운 것으로부터 꽃을 막아준다. 밤이 되면 열매로 하여금 이슬을 받게 하는데, 늦가을에 열매를 따서 염주를 만든다. 많은 열매 가운데 반드시 몇 개는 나한과 닮은 것이 있는데, 이것을 불두佛頭라고 한다. 이 나무는 다른 곳에는 나지 않는다.

우리나라에서도 절 부근에 피나무를 심고 이 나무를 불도에 관련시키는 데에는 이와 같은 이유가 있는 것이다.

가을이 오면 피나무 잎은 아름답게 물든다. 우거진 피나무 숲속에서 살고 싶다. 어느 날엔가 우리나라에도 피나무가 많아지는 날이 꼭 올 것이다. 예술적인 이 나무에 꿀도 흐른다니….

# 해당화

장미과, *Rosa rugosa*
(海棠花·玫瑰·裵回, Rugose rose, Bench rose)

바닷가 모래밭에 무리를 이루어 자라는 꽃나무이다.
꽃자주색의 커다란 꽃은 애달픈 사연을 묻어둔 여인의 넋이라도 담겨 있는 듯하여 수많은 시의 소재가 되기도 한다.

### 꽃이 아름다운 해당화

해당화. 열매도 아름답지만 무어니 해도 해당화는 꽃으로 한몫한다. 꽃이 해당화의 전부라 해도 좋다. 창조의 신이 창작한 꽃 중에서 이 꽃이 으뜸간다 해도 좋을 것 같다. 꽃 중의 꽃이다. 신이 만들어 놓고 환희의 미소를 보낸 것도 해당화 꽃이었다. 부족함을 느끼지 않았다는 것이다.

확 트인 바닷가 모래사장에 해당화를 배식配植한 것도 무언가 사연이 있었을 것으로 생각된다. 흰 모래밭, 푸른 바다! 티끌만한 오염도 없고 설탕보다도 더 희고 눈보다 더한 모래밭을 배경으로 해당화 무늬를 수놓은 그 이유를 알 것 같기도 하다. 때로는 금모랫빛 벌판에 그 꽃을 사정없이 뿌려놓기도 한다. 어울리는 배색이요 공간 설계이다.

내가 본 해당화 중에서 가장 인상적이었던 것은 서해 바다 북쪽에 있는 백령도 해안 모래땅의 해당화 밭이었다. 이제까지 이보다 더 넓은 해당화 밭을 본 적이 없다. 그곳의 해당화는 하나의 장관이었다. 해당화는 땅속줄기를 뻗어 가면서 그 점유지를 넓혀 나간다. 그래서 군락群落을 만드는 일이 많다.

해당화와 가장 가까운 인연을 가진 것은 찔레꽃이다. 그 꽃의 청초함과 꽃색의 선명함과 앳된 자태와 정열적인 색깔, 찢어질 정도의 부드러움이 모두 서로 닮아 있다. 줄기마다 가지마다 아니 꽃대궁에 이르기까지 가시를 달고 털을 내어 무언가 경계하는 듯한 점도 어느 정도는 닮아 있다. 부드러움을 막는 데에는 날카로운 가시가 좋다. 이처럼 가시와 털은 아름다움을 보호하는 데 쓸모가 있다. 해당화는 가시에도 털을 달고 있다. 털을 무척 좋아하는 것이 해당화다. 해당화의 꽃은 가지 끝에 달리고 붉고 향기가 강하다. 그래서 찔레꽃이나 해당화 꽃잎을 원료로 해서 향수를 만들기도 한다.

**찔레꽃**
찔레나무·가시나무라고도 하며 모두 가시가 있는 나무라는 뜻이다. 높이는 2m에 이르며, 가지 끝이 밑으로 처지고 어린 가지에 털이 있는 것도 있다.

해당화는 사할린, 만주 남쪽 지방, 우스리, 캄차카, 알래스카 등 넓게 분포하는데, 일반적으로 바닷가 모래밭에 잘 난다. 중국에서는 관상용으로 재배도 한다고 하며, 그 맑은 향기를 좋아해 꽃을 차에 넣어 마신다고 한다. 우리나라에서는 붉은 꽃잎을 따서 밥을 지을 때 넣어 색깔을 나게 했고, 만주 사람들은 꽃봉오리를 차에 넣었고 매괴주玫瑰酒를 담는 데 쓰기도 했다. 즉 꽃잎을 건조시켜 소주에 넣는데 술 색이 분홍으로 되고 술맛이 강렬하다고 한다.

줄기껍질은 다갈색을 내는 염료로 사용되기도 하는데, 뿌리로는 더 진한 염색을 할 수 있다. 꽃잎을 짠 물로도 염색이 되고, 다른 물감과 알맞게 섞어 여러 가지 색상을 만들어낼 수 있다.

| 해당화 꽃과 잎

## 명칭

일본 사람들은 해당화를 '하마나시'라고 부르며, 미국의 식물학자 윌슨Ernest Henry Wilson은 이 나무의 이름을 '바닷가 토마토Sea tomato'라고 불렀다. 열매에는 비타민 C가 많다고 한다. 해당화의 열매를 한자로는 열구悅口라 하는데, 그 뜻은 맛이 있고 먹음직하다는 뜻이다.

나무 이름에 '해海'자가 붙는 것이 많다. 해석류海石榴는 동백나무를 뜻하고, 해동화海桐花는 상록수며 관목인 돈나무를 말하는데, 제주도 동남쪽 섬에 흔히 난다. 바닷가를 즐기고 열매 모양이 얼핏 오동나무 열매와 닮아 바다오동海桐이란 이름을 얻은 것으로 본다.

또한 주요 바닷가에 나는 해송海松이 있는가 하면, 중국 사람들은 잣나무를 해송자海松子라 하는데 해송자는 송자松子 즉 잣을 뜻한다. 앞에 '해海'자가 붙은 것은 외국산 또는 다른 나라에서 온 것을 뜻하는 것으로 풀이된다. 『화목기花木記』에 쓰기를, "나무 이름에 '바다 해海'자가 들어가는 것은 모두 그것이 해외海外에서 온 것을 뜻하는 것이다花木記曰 以海 爲名者 悉從海外來"라고 했다. 우리나라의 잣나무 종자는 중국에 종종 보내졌는데 잣나무가 바닷가에 나는 것이 아님에도 불구하고 해海자가 붙은 것은 이러한 뜻에서가 아닐까?

정약용이 쓴『아언각비雅言覺非』에 해당화에 관한 다음과 같은 설명이 있다.

해당에는 몇 가지 종류가 있다. 서부해당西部海棠, 도라지해당桔梗海棠, 수사해당垂絲海棠, 모과해당木瓜海棠, 추해당秋海棠 그리고 황해당黃海棠이 그것이다. 나무의 높이가 120자十二丈에 이르는 것이 있다. 창주해당昌州海棠은 줄기 굵기가 두 아름 되는 것이 있다.『화보花譜』에는 "서검徐儉은 집 뜰에 해당을 심고 그 나무 위에 원두막을 만들어 손님을 초대하여 등불을 밝히고 대작을 했다"라고 쓰여 있다.

우리나라 사람은 매괴화玫瑰花를 해당으로 잘못 알고 있으며, 금강산 동해 모래사장에 자라고 꽃이 피는데 선홍색으로 무척 아름다우며 이것이 바로 해당화라고 하지만 모두 살못된 것이다. 매괴는 배회화裵回花라고도 하며 흔히 볼 수 있다. 그것은 가시가 많이 나고 꽃은 장미와 닮았다.『진씨화경陳氏花鏡』에 이르기를, 색은 붉은보라로 모양이 수줍고 향기가 대단하며 건조할수록 향기는 더 강해진다. 이 향기를 부채에 먹이기도 하고 향수 주머니 속에 넣기도 하며 또 흰 설탕糖霜을 만들기도 하는데, 조선 사람들은 일체 이러한 일을 모르고 있다.

| 해당화 잎과 열매

이러한 정약용의 기술에 대해서 생각해볼 만한 것이 몇 가지 있다. 첫째로 해당화에 대한 한자명에는 민괴玫瑰, 매괴玫瑰, 배회화裵回花 또는 徘徊花, 열구悅口, 자객刺客, 이랑초離郎草, 매괴梅瑰 등이 있다. 매괴玫瑰라 하는 것은 겹해당화를 말하는 것으로 드물게 볼 수 있는데 관상용으로 식재되고 있다. 정약용의 해당화에 대한 설명 중 현재 우리가 알고 있는 해당화와는 거리가 먼 듯하다.

또한 해당화가 매우 큰 나무로 된다는 것도 이해할 수 없다. 『아언각비』에 기재된 내용은 중국의 고서 『본초강목本草綱目』에서 그대로 따온 느낌도 없지 않다紺朱集日 徐儉 家植 海棠結巢其上 引客登木 而飮. 하지만 이는 우리가 말하는 해당화는 아닌 듯하다. 해당화나무 위에 몇 사람이 앉아 술을 즐긴다는 것은 생각하기 어렵기 때문이다.

매괴는 해당화와 많이 닮았지만, 겹꽃이고 줄기의 가시는 적은 편이며 중국에서 재배되고 있다. 해당화의 학명은 *Rosa rugosa*, 매괴의 학명은 *Rosa rugosa* var. *plena*이다. 매괴는 우리나라, 일본 등으로 전파되기도 했다. 현재 매괴화는 약용으로는 잘 이용하지 않는다. 꽃에는 로즈유rose oil와 같은 정유를 함유하고 있는데, 이 꽃의 봉오리를 따서 중국에서는 홍차의 부향료(향기를 첨가해 주는 원료)로 이용하는 일이 많다. 매괴화(해당화의 변종)는 흔히 찻집에서 팔고 있으며, 또 방향료芳香料로 이용되고 있다.

## 해당화를 향한 시심詩心

해당화는 예전부터 시로 많이 읊어지고 있다. 추해당秋海棠, 수사해당垂絲海棠 등 더 구체적인 해당화의 종류까지 식별되었다. 수사해당의 아름다움을 칭찬한 것에 "살랑이는 봄바람이 뜰을 지나는데, 하늘의 기틀이 묘해서 선녀의 옷자락을 짜고 있다嫋嫋春風拂苑檣 天機呈巧織仙裳"라는 대목이 있다. 이때 선녀의 옷자락이란 해당화 꽃을 두고 하는 말이다. 얼마나 고우면 선녀의 옷감으로 된단 말인가? 선녀의 옷감으로 피어나고 있는 해당화의 꽃잎은 정녕 어울린다.

소식蘇軾은 해당을 다음과 같이 읊고 있다.

東風嫋嫋泛崇光　　아름다운 빛을 담아 동쪽 바람이 실처럼 살랑이고
香霧空濛月轉廊　　그윽한 향기는 안개처럼 내려 뿜는데 유난히 달빛 밝구나
只恐夜深花睡去　　밤이 깊어져 해당화가 잠에 빠질까 두려워
故燒高燭照紅粧　　촛불 높게 밝혀 너의 붉은 치장을 자랑삼아 보노라

해당화를 아름다운 여인에 비유하고 있다. 이와 같이 해당이란 이름 아래 많은 시객詩客들이 붓을 들곤 했다.

### 해당수미족海棠睡未足과 옥루몽 이야기

미인의 아름다움은 깊은 잠에서 깨어나 어시시 눈을 부비며 반각반수半覺半睡의 모습을 보일 때 돋보인다. 해당수미족海棠睡未足이란 바로 이것을 표현하는 말이다. 갓 깨어나서 아직 잠을 더 청하고 싶은 하늘하늘한 해당화는 여러 가지 의미로 다가갈 수 있다. 분명한 것은 해당화를 의인화擬人化한 것으로, 잠을 더 청하는 여인을 생각해 보면 족하다. 배회화徘徊花라는 이름이 붙은 연유는 잘 모르겠지만, 생각건대 아름다운 여인의 집 주변을 어슬렁거리는 남자의 심정을 가져다 붙인 것이 아닐까 한다. 해당화의 갸날픈 아름다움을 잊지 못해 그 주변을 맴도는 한 인간상을 연상해본다.

해당수미족海棠睡未足이란 말에 대해 좀 더 살펴보자. 이 말은 잠이 모자라는, 잠에 취해 있는, 또는 잠에서 아직 깨어나지 못하고 있는 젊고 아름다운 여인을 뜻한다. 이러한 여인은 그 아름다움이 훨씬 뛰어나다는 것이다. 해당화를 여인에 견주어 말한 것이다.

이에 관련해서 월하미소년月下美少年 이야기가 있다. 월하미소년은 우리나라의 고전인 『옥루몽玉樓夢』 속에서 가장 아름다운 장면인 남주인공 양창곡楊昌曲과 여주인공 강남홍江南紅이 처음 만나는 장면을 뽑아 간추린 것이다. 실로 흥미진진한 연애 소설로 읽는 이의 마음을 즐겁게 해 주는데, 그중에서 해당화와 관련된 부분을 간추려 본다. 양창곡은 좋은 집안에서 태어난 두뇌가 명석하고 학문에 능한 미소년으로, 서울로 과거를 보러 가다가 강남홍이 배석한 사회

저명인사의 모임에 참석하는 가운데 사건이 전개된다. 원문이 그다지 어렵지 않으므로 소개한다.

| | |
|---|---|
| 公子流秋水兩眼 | 양창곡 공자가 흐르는 가을물 같은<br>맑은 두 눈초리로 |
| 一一審視 | 하나하나 살펴보니 |
| 其中一妓悄然而坐 | 그중 한 기녀가 쓸쓸히 앉았는데 |
| 冷淡氣色 | 냉담한 기색은 |
| 氷壺如含秋月 | 얼음 항아리가 가을 달을 머금은 듯하고 |
| 聰明才質 | 총명한 재주와 기질은 |
| 滄海明珠如隱光明 | 푸른 바다의 맑은 구슬이 빛을 숨긴 듯하며 |
| 猶於沈香亭上海棠花之睡也 | 흡사 침향정 위의 해당화가 가물가물<br>졸고 있는 듯했다 |

이 글은 먼저 강남홍의 미모를 아낌없이 표현하고 그것을 졸고 있는 해당화로 비유하고 있다. 졸고 있는 꽃이라면 오직 해당화라야만 한다는 데 묘미가 있다.

해당화는 물론 일본에도 있다. 일본의 시인 이시카와 다쿠보쿠石川啄木는 많은 시를 남기고 27세의 아까운 나이에 세상을 떠났는데, 그의 시 중에서 해당화가 나오는 짧은 시 한 편을 이곳에 옮겨본다.

바다 내음 가득한 북쪽 명사십리
해당화야 해당화야
올해도 피었는가
올해도 피었는가

| 겹해당화

### 이청조의 노래

이청조(李淸照, 1084~?)는 중국 산둥성 사람으로 중국 문학사상 최고의 여류작가로 알려져 있다. 학자의 집안에 태어나서 남편 조명성趙明誠과 함께 골동품을 수집하고 연구하였는데, 전쟁이 나자 난을 피해서 남쪽으로 내려갔으나 그 사이에 남편은 병사하고 소장하던 골동품은 거의가 없어졌다고 한다. 나라가 파탄 나고 집이 망한 비참함이 그의 시에 스며들어 있다. 다음은 해당화를 주제로 한 그녀의 시이다.

| | |
|---|---|
| 昨夜雨疎風驟 | 어젯밤 성긴 비에 세찬 바람이 불어 |
| 濃睡不消殘酒 | 깊은 잠으로도 술기운이 그대로 남았다 |
| 試問卷簾人 | 대발주렴을 걷어올리는 사람에게 물었더니 |
| 却道海棠依舊 | 오히려 말하기를 해당화는 그대로라고 한다 |
| 知否 | 아느냐 모르느냐 |
| 知否 | 아느냐 모르느냐 |
| 應是綠肥紅瘦 | 마땅히 해당화의 잎은 푸름을 더했을 것이고 |
| | 붉은 꽃은 상처를 받았을 것인데 |

그녀는 해당화에 생각하지도 못한 비바람이 닥쳐와서 그것을 훼손시키는 일이 있어 슬프다는 내용을 담고 있다. 그러나 취우부종일驟雨不終日, 즉 "세찬 소낙비도 하루 종일은 계속되지 못한다"는 말이 있듯이 힘도 오래가지는 못하니 해당화 꽃은 다시 피어날 것으로 생각된다. 만물은 성成(이루어지고), 주住(번창하고), 괴壞(깨어지고), 공空(없어지고)의 길을 돌고 도는 윤회를 바탕으로 하고 있으며, 해당화도 익히 그것을 알고 있다. 다만 해당화는 찬란한 영광으로 충만되어 있으나, 어려운 생존 환경을 아무 말 없이 받아들이고 있다는 것이다.

우리는 해당화에서 배워야 할 것들이 많다. 집안 뜰 구석에나 마을 길 좁은 공지에나 한두 그루의 해당화를 심어 그 영광을 되살려보고 싶다.

## 선조들의 해당화 사랑

해당화는 바닷가 섬의 모래사장에 어울린다. 해변의 모래밭을 뒤덮은 해당화 꽃밭을 독립문화운동가 문일평文一平은 그의 저서『화하만필花下漫筆』에서 다음과 같이 묘사하고 있다.

> 몽금포夢金浦는 해당화의 명소名所이니, 백설 같은 가는 모래가 햇볕에 비칠 때는 금색金色이 번쩍여 눈이 부시고, 바람이 불 때는 유전流轉(흘러 감돌아)하여 혹은 기봉奇峯이 되고 혹은 깊은 골짜기가 되어 하루에도 몇 번이나 변환變幻이 있으며, 모래밭 속에는 해당화가 피어 마치 황금 위에 붉은 비단을 떨친 것과 같아서, 그 아름다움의 극치는 보는 이로 오직 경탄케 할 뿐이요 말로 형용하기는 어렵다고 하니, 조화造化의 장난도 이만하면 어지간한 것이다.

해당화의 명소인 울진 망양정望洋亭의 십리명사十里明沙는 그중에서 가장 유명한 곳으로, 해당화가 만발할 때는 금수錦繡라 할지, 서화書畫라 할지, 관동關東의 승경勝景이 여기 다 있다 한다. 이 명사해당에 대하여 유명한 노래가 있다.

> 묻노니 저 선사禪師야
> 관동풍경 어떻더니
> 명사십리에 해당화 붉어 있고
> 원포遠浦에 양양兩兩 백구는
> 비소우飛疎雨하더라

이 시조는 고려 말기의 승려 선탄禪坦의 유영동시遊嶺東詩인 "명사십리에 해당화는 붉고, 흰 갈매기 쌍쌍이 성긴 빗속을 나네明沙十里海棠紅, 白鷗兩兩飛疎雨"에서 얻어진 것으로, 선탄은 이 시로 해서 크게 이름이 나서 소우선사疎雨禪師라 일컬어지게 되었다 한다. 비소우飛疎雨(가랑비 날릴 때)는 시어詩語로서 극치의 미를 형용하고 있다. 성기게 흩뿌리는 빗방울 속을 나는 갈매기 쌍쌍이며, 비에 젖어 있는 해당화며, 모두 아름다움의 절정을 보여준다. 꽃은 비에 젖을 때 그 진가의 미가 발현되는 것이다.

하지만 주룩주룩 내리는 줄기찬 빗속에서 꽃을 감상한다는 것은 무언가 크게 어울리지 않는다. 붉은 해당화와 차분하게 내리는 가랑비의 배합은 다음과 같은 한 수의 시로서 감상할 수 있다. 남송 때 진여의陳與義의 시이다.

| | |
|---|---|
| 海棠不惜臙脂色 | 해당화는 붉은 연지를 아낌없이 쓰고 |
| 獨立濛濛細雨中 | 홀로 가물가물 가랑비 속에 서 있다 |

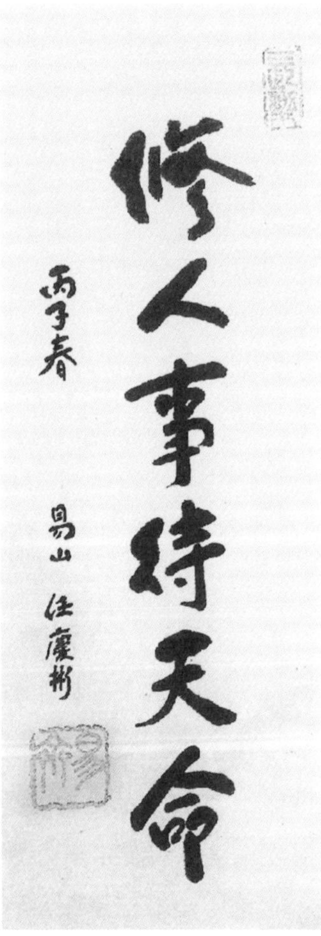

| 임경빈 휘호
(사람의 힘으로 할 수 있는 일을 다 하고
그 후에 천명을 기다린다는 뜻)

# 해송(곰솔)

소나무과, *Pinus thunbergii*

(海松 · 黑松, Black pine)

바닷물이 들락거리는 해수욕장에도 잘 자라는
강인한 소나무 종류이다. 해송은 잎이 훨씬 억세고
겨울눈이 하얀 것으로, 고동색인 소나무와 구별할 수 있다.

해송은 잎이 억세어 곰 같다고 해서 곰솔이란 이름을 얻었으며, 국가표준식물 목록에도 곰솔로 되어 있다. 바닷바람을 좋아해서 해송海松, 줄기 색깔이 검은 색을 띠고 있어서 흑송黑松이라고도 한다. 외국 사람들도 해송을 검은 소나무 Black pine로 부르고, 소나무를 붉은 소나무赤松, Red pine로 불러 인간들의 사물을 보는 눈이 비슷함을 짐작할 수 있다. 잣나무를 한자로 '海松子'로 쓰기도 하는데, 해송과 혼돈해서는 안 된다. 현재 잣나무를 해송자로 부르는 일은 거의 없다. 소나무의 끝눈 색깔은 붉고, 해송은 희다. 그래서 두 수종은 쉽게 구별할 수 있다.

## 천연 분포

해송은 바닷바람을 좋아하는 까닭에 자연적으로는 우리나라 남해안을 따라, 또 동쪽과 서쪽 바닷가를 따라 좁은 면적으로 퍼져서 생육하고 있다. 이와 같이 해안선에 따라 자라는데, 동해안에서는 경북 울진(북위 37도)에 이르고, 서해안에서는 경기도 송산면(북위 37도 15분)에 이른다. 이 사이에 있는 크고 작은 섬에서도 볼 수 있다.

남해안에서는 해송의 분포 범위가 가장 넓어 바닷가로부터 4~8km 정도 내륙으로 들어가 있다. 동해안에서는 좁은 대상帶狀으로 분포하고, 북쪽으로 갈수록 생장하고 있는 대帶의 넓이가 좁아져 경북 영덕 지방에 이르면 거의 없어진다. 서해안에서는 목포로부터 수원에 이르는 해안을 따라 곳곳에 분산되어 나타나며, 전남 진도에는 순림純林이 많고 어린 나무의 생육이 왕성하지만 큰 나무는 거의 볼 수 없다.

이러한 분포 양식을 흔히 선상線狀 분포라 하고, 소나무처럼 넓은 면적 위에 나는 것을 면상面狀 분포라 한다. 선상 분포의 경우 나무와 나무 사이에 혼인이 일어나기 어려워 소위 국소적 분화分化가 생겨날 수 있는 가능성이 높아진다. 예를 들어 우리나라 서해안에 나는 해송이 동해안 울진 쪽에 있는 해송과 통혼을 해 서로 피를 섞으려면 남해안을 따라 긴 여행을 해야 하는데, 그 여행이 거의 불가능할 만큼 많은 장벽이 있다. 농경을 하는 넓은 들판이 있는가 하면, 사람들의 주거지가 있고 높은 산악이 있어서 해송이 그 산을 넘기 어려울 때가 있고, 또 바람이 남쪽에서 북쪽으로 불어오기 때문에 꽃가루나 종자가 동일 위도 방향으로 나아가기 어렵다. 통혼이라 한 것은 꽃가루를 주고받아 그 꽃가루 안의 유전자를 받아들인다는 것인데, 여기에서 꽃가루의 이동이 문제가 된다. 물론 꽃가루는 바람을 타고 우리가 상상할 수 없을 만큼 먼 곳으로 이동해 갈 수 있으나, 적은 양의 꽃가루로는 그 목적을 달성할 수 없다. 상당한 양의 꽃가루가 옮겨가야 그들의 유전자를 상대방에 전달할 수 있다는 것이다.

이처럼 선상 분포의 경우 한 지역 해송 숲의 특성을 점점 개성 있는 것으로 만들어 나갈 수 있고, 떨어져 있는 숲과 그 유전적 소질을 다르게 할 수 있는 원인이 될 수 있다. 2만 년 전 해수면은 지금보다 100m가량 낮아 일본과 한반도가 서로 연결되어 있었으므로 한국과 일본의 해송은 서로 같은 종에 해당한다.

해송은 바닷바람을 좋아하는 까닭에 바다 쪽에서 나지만, 해안에서 조금 떨어진 내륙 지방에도 조림이 되고 있다. 나는 해송의 아름다운 숲을 충남 서산과 당진의 해안 지대에서 볼 수 있었다. 이 밖에 한산도, 완도, 진도 등지에서도 본 적이 있다. 진도의 해송은 솔잎혹파리의 해를 받아 많이 훼손되었다. 서산이나 당진에 있는 해송들은 씨앗이 떨어져서 그 아래에 자연 묘가 많이 나고 사람이 묘목을 심어주지 않더라도 세대교체가 잘 되고 있었다. 임업에서는 이러한 숲을 이단림二段林이라고 부르고 있다. 이러한 지방에서는 구태여 묘목을 양성해서 심지 않고 자연의 힘으로 다음 대의 어린 숲을 만들어 가는 것이 더 현명한 것으로 생각된다.

해송은 남쪽 도서 지방에 많은데 멀리 떨어진 홍도나 울릉도에는 없는 것이 신기하다. 다만 울릉도에서는 해송을 많이 심어 조림이 크게 성공하고 있다. 흑산도에도 해송이 많은데, 이것도 사람이 심은 것으로 생각된다. 통영 내에 있는 섬들, 가령 욕지도, 소지도, 가오도, 비진도, 연대도, 사량도, 미륵도 등을 조사한 일이 있는데, 이들 섬은 침엽수종으로서는 모두 해송 지대라고 할 수 있다.

해송과 소나무는 혼인을 잘한다. 해송과 소나무가 혼인을 하여 그 사이에 튀기가 얻어지면 여러 가지 좋은 성질을 갖게 되며 '중곰솔'이라고 부른다. 예를 들어 더 빨리 클 수 있는 점이라든가, 줄기가 더 곧게 되는 경향이라든가 하는 것이다. 이러한 까닭에 소나무와 해송을 결혼시켜 그 사이에 생기는 종자를 얻어 다음 세대의 어린 숲을 만드는 것이 우리가 바라는 일이다. 이러한 튀기의 소나무를 간흑송間黑松이라고 부르는데, 이는 조림학 교수였던 우에키 박사가 이름을 붙인 것이다.

## 예송리의 해송

완도군 보길도 예송리의 상록수림은 길이 약 740m, 넓이 약 30m에 이르는 숲으로, 약 300년 전 방풍림 목적으로 만들어졌다고 전해진다. 녹나무, 후박나무, 가시나무류, 송악 등의 상록활엽수종도 많으나, 해안을 따라 해송이 줄을 서서 발달해 있다.

오래되고 굵은 나무들 가운데 큰 해송 한 그루를 골라 당목堂木(서낭당나무)으로 하고 있는데, 나무줄기가 비스듬히 누워 있어 콘크리트 기둥으로 떠받쳐 보호하고 있었다. 동네 사람들의 말에 의하면, 해마다 음력 4월 12일에 이 나무 아래에서 해신제海神祭를 올린다고 한다. 바다를 삶의 터전으로 하여 바닷속에서 생활 자원을 캐내어 생계를 꾸려가는 그곳 사람들은 때로는 순하게 또 때로는 사납게 다가오는 무한한 힘을 가진 바다의 신비에 굴복하고 감사와 경외심을 동시에 보내며, 자연을 숭배함으로써 서로의 관계가 순조롭게 되어 간다고 믿었다. 이러한 자연숭배의 습속은 이웃 나라에서도 찾아볼 수 있다.

이 마을에서 살다가 자손을 남기지 못하고 죽어간 사람은 저승에서 젯상을 받을 길이 없기 때문에, 이곳 사람들은 그러한 고혼孤魂을 위해서 젯상을 차려 명복을 빌어주는 습속을 가지고 있다. 한국, 중국, 일본에는 공자교孔子敎, 즉 유교의 전통을 다져가면서 살아온 민족들이 생활하고 있다. 유교의 사상체계는 다분히 무축巫祝, 즉 샤먼을 배경으로 하고 있다. 이 샤먼은 동서고금을 불문하고

**샤먼(shaman)**
고대 샤머니즘에 있어서 영적인 존재와 교감하는 사제를 말한다. 우리말로 '무당'이나 '주술사'로 번역된다.

| 전남 보길도 예송리 상록수림(천연기념물 제40호)의 해송

어느 곳에나 있기에 이상한 존재가 아니었다. 샤먼은 공자 시대부터 있었고, 유儒라는 것은 원래 샤먼을 뜻하는 것이라 한다. 유교에서는 선조에 대한 제례祭禮를 중히 여기고 있는데, 샤머니즘은 부모에 대한 효행에까지 이어진다는 것이다.

해송이 제사를 올리는 곳으로 택해진 이유는 알 수 없으나 '해海'자가 통하는 뜻을 간직하기 때문이 아닌가 생각해본다. 예송리 사람들은 이 숲을 장림長林으로 부르고 있었는데, 그것은 이 숲이 해안을 따라 길게 뻗어 있기 때문이다.

### 제주 아라동의 해송

자연신의 은총을 기원하는 일은 제주시 아라동에 있는 해송에서도 찾아볼 수 있다. 이 나무의 수령은 500년 이상으로 추정되는데, 나무 높이가 28m에 이르며 천연기념물 제160호로 지정되어 있다. 우리나라에서 가장 큰 해송이며, 매년 막걸리 봉양을 받고 있다. 이 나무가 서 있는 곳을 산천단山川壇이라 하는데, 옛적부터 제주목사가 천제를 올리는 곳이다. 원래는 한라산 정상 백록담에서 제를 올려야 하지만, 길이 멀고 험준하며 기상상태의 변화가 심해서 이곳 해송

쪽으로 자리를 옮겼다.

나는 몇 번인가 이 나무를 찾은 일이 있는데, 그때마다 당당한 위용의 이 나무에서 어떤 신비로움을 느낄 수 있었다. 줄기가 비스듬히 누워 있어 모진 바람의 영향을 받지 않을까 걱정도 되었다. 이 나무는 경륜으로 보아 우리나라 모든 해송의 우두머리 자리에 있다. 이 나무 주변에 큰 해송이 몇 그루 더 있다. 지난날에는 이곳이 해송 숲이었다는 것을 짐작케 한다. 이곳 주민들은 지금도 해마다 이 나무에 제사를 드린다.

인간의 원시 종교로서 자연 숭배가 있었다. 암석 숭배나 수목 숭배 같은 것이 그 예라고 할 수 있다. 우리나라에는 지형 숭배의 예도 있다. 지형 숭배는 내가 아는 바로는 산천의 모양이 인간의 육체와 닮아 있을 때 범해서는 좋지 않은 부분을 존중하는, 말하자면 숭배의 지점이 있다는 것이다. 풍수지리설에도 '좌청룡 우백호' 등으로 말하고 '명당'이니 '혈穴'이니 한다. 혈에 해당하는 부분에 유택幽宅을 만들면 그곳은 존경의 대상이 된다. 우리나라에는 곳곳에 산천의 지세가 여체女體와 닮은 곳이 있고 국부에 해당하는 곳에 서 있는 수목들은 잘라서는 안 된다는 율律이 있다. 이런 나무에는 위엄이 깃들어 있다고 할 수 있다.

나무에는 영靈이 있어 자를 때 피가 쏟아져 나오고, 때로는 나무가 소리를 내어 울며, 벌목한 사람이 목숨을 잃게 된다는 전설이 전해지고 있다. 옛날 진시황이 천하를 돌아보고 태산에 올랐을 때 비바람을 만났는데, 이때 한 그루의 소나무 아래에서 비를 피한 일이 있어 이 소나무를 오대부五大夫에 봉하였다는 전설도 있다. 이것은 나무가 기상 조건을 지배할 수 있는 힘을 가진 것으로 인식하고 그것을 믿는, 말하자면 신앙심에서 나온 것이다. 이러한 예는 세계 각처에서 찾아볼 수 있다.

모든 종교는 나무의 공덕功德과 위덕威德을 칭송하고 숭배의 기록을 경전에 남기고 있다. 사람보다 더 거대하고 수명이 긴 나무를 숭배하는 마음이 자연히 생겨났을 것으로 생각된다. 나무에는 첫째로 사람에게 은혜를 내려줄 수 있는 능력이 있고, 둘째로는 압도적인 위력이 있어 우리가 의지해서 안심할 수 있으며, 셋째로 약한 사람의 마음을 자연의 위대성이 사로잡는 힘이 있다는 것으로 풀이된다.

## 울산 동백섬의 해송

동해안 남쪽 울산 앞바다에 작은 섬이 하나 있는데, 이름이 눈섬目島 또는 동백섬이다. 섬 모양이 사람의 눈과 닮았다고 해서 눈섬이고, 동백나무가 많아 그 꽃이 아름다워 동백섬이라고 한다.

1985년 6월 이 섬을 찾았을 때 섬에는 해송이 많았다. 눈섬은 본토 육지에서 매우 가까운 거리에 있어 배로 15분 이내에 접근할 수 있다. 이 섬은 동해안에서 유일하게 상록활엽수림이 발달한 곳으로 학술적 가치가 매우 높은 곳이다. 예전에 이 섬이 놀이터로 이용되어 귀중한 나무들이 훼손된 적이 있었다. 그러한 훼손이 해송의 세력을 키워 나간 것으로 생각된다. 바닷바람을 즐기는 해송이 인간의 간섭으로 힘을 키우게 된 것이다.

## 해송의 연리 현상

연리連理라 하는 것은 나무끼리 조직적으로 서로 연결되는 현상을 말한다. 나무와 나무끼리 가지나 줄기 또는 뿌리가 가까이 접촉해 있다 보면 그것이 접착이 되어 두 나무가 한 몸이 되는 일이 흔히 나타난다. 이것이 바로 연리이다.

나무의 뿌리는 땅속에서 서로 접촉하여 조직 유합이 일어나는 일이 흔하다. 땅속 현상이기에 우리 눈에 쉽게 띄지 않을 뿐이다. 그러나 지상의 가지가 서로 연결되는 일은 매우 드물고, 줄기가 서로 붙는 일은 더러 있을 수 있다. 집에 있는 나무가 연리 현상을 보이면 그것은 그 집안의 길조로서 행복의 상징으로 본다. 두 나무가 서로 붙는다는 것은 부부의 극진한 사랑의 밀착으로 보는 것이다. 하늘에서는 비익조比翼鳥가 되고 땅에서는 연리지連理枝가 되고 싶다는 사랑을 토로하는 말이 있다. 비익조라는 새의 암컷은 왼쪽 날개만, 수컷은 오른쪽 날개만 가졌기에 두 마리가 서로 함께 해야 하늘을 날 수 있다. 즉 지극한 부부의 사랑으로 살아가는 새이다.

나는 해송의 굉장한 연리 현상을 전북 고창군 동호해수욕장에서 볼 수 있었다. 무려 다섯 나무가 수평적으로 발달한 가지(뿌리?)로 연결이 되어 있었다. 이 다섯 나무는 생리적으로 보아 한 나무인 셈이다. 어떻게 해서 이러한 일이 생겨날 수 있었을까? 그것은 기적 같은 일이다. 구태여 풀이를 해본다면, 지난날 땅속 뿌리가 서로 연결되었고 세월이 흐름에 따라 흙이 유실되어 뿌리가 노출되어 줄기 모양, 가지 모양으로 되어 버린 것으로 보인다. 그렇다고 하더라도 다섯 나무가 연리되었다는 것은 신기한 현상이다.

이들 나무는 마땅히 천연기념물로 지정되어 소중하게 보호되어야 한다. 천연기념물 지정의 조건에는 이런 신기한 현상이 포함되도록 되어 있다. 이것은 우리나라의 보배와 같은 생물 현상이고 그 주인공이 해송인 것이다.

## 해송과 도래솔

앞서 말한 해송의 연리를 보고 난 뒤 무언가 신비스러운 생명의 불가사의한 연출에 자못 감명을 받으며 그곳을 떠났다. 고창군은 해안에 위치해 있어 많은 해송을 볼 수 있었다. 그중 눈에 띈 것은 묘지 주변에 돌아가면서 심어 놓은 도래솔丸松이었다. 내륙 지방이면 으레 소나무를 심어 도래솔로 하지만, 해안 지대에 있어서는 해송을 도래솔로 심고 있다. 도래솔은 묘 안에 잠자고 있는 영혼을 달래서 안정시키는 역할을 한다.

나는 차에서 내려 묘지 주변을 살피고 해송 도래솔을 사진에 담아보았다. 소나무가 자라기 어려운 곳에서는 해송을 심어 같은 효과를 올릴 수 있다는 사람들의 믿음이 있는 것은 이엽송이란 공통점 때문일 것이다. 오엽송의 하나인 잣나무를 도래솔로 심는다는 말은 들어보지 못했다. 소나무나 해송은 죽음의 세계까지도 장식해주는 관상수목이다.

## 강릉의 해송 숲

강릉 일대에서 한때 바닷모래 언덕이 바람을 타고 내륙으로 이동해오는 바람에 그 사구砂丘를 막느라 애쓴 적이 있다. 모래 이동 방지로 해송을 많이 심었는

| 전북 고창 동호해수욕장의 해송 연리

데, 그 효과로 이제 주거 환경에 있어서는 안심하고 있다. 지난날 학자들의 조사보고에 의하면, 강릉은 원래 해송이 분포하지 않았던 곳으로, 지금 볼 수 있는 것은 모두 사람이 심은 것이다. 동해안에서 해송의 북쪽 한계선은 울진인데, 그보다 북쪽의 것은 사람이 심은 것이다.

강릉 시내 낮은 곳에도 해송 숲이 곳곳에 있는데 그 자람이 건강한 편이다. 사구 이동 방지 목적으로 심은 해송 숲은 지금 잘 자라고 있고, 흰 모래사장과 어울려 좋은 경관을 만들어내고 있다. 다른 나무로는 그곳에 좋은 숲을 만들어내기 어려웠을 것이다.

# 향나무

측백나무과, *Juniperus chinensis*
(香木·紫檀, Chinese juniper)

향을 가지고 있는 나무란 뜻의 '향목香木'에서 향나무가 됐다.
신을 불러오는 매개체로서 제사를 드릴 때는 반드시 향을 피우며,
여러 종교의식에도 널리 쓰인다.
나무 속살은 붉은빛이 도는 보라색이므로 자단紫檀이라고도 한다.

## 동네 우물가의 향나무

내가 향나무를 알게 된 것은 제사용 향나무 때문이었다. 추석과 신정新正 때가 되면 아버지는 나에게 향을 깎도록 했다. 비수 같은 붕어 칼날을 대면 내가 생각하는 크기 그대로의 향나무 조각이 사각사각 떨어져 나왔다. 향로에 이것을 던지면 방 안이나 마루는 약간 푸른 연기가 피어오르며 향기로 채워졌다. 몇 오라기 실처럼 하늘로 오르는 파아란 향기를 타고 하늘에 계시던 영혼이 내려온다고 들었다.

우리 동네 우물은 향나무로 반은 덮여 있었다.(우리 동네에선 이 나무를 '노송나무'라고 불렀다.) 어느 동네에나 우물가에는 향나무가 심어져 있었다. 항상 잎이 달려 있어 우물을 가림으로써 태양광선의 직사直射를 막는 효과가 있었기 때문이었다. 또한 잎이 항상 빽빽하게 나 있기 때문에 어지간한 먼지는 잎에 걸러져 우물로 떨어지지 않아 물을 깨끗하게 할 수 있었다. 그뿐만 아니라 우물을 긷는 동네 처녀들의 얼굴을 가려주는 역할도 하였다. 이 외에도 향나무 뿌리가 땅속의 물을 깨끗하게 한다는 믿음 때문에 우물가에 심어지곤 했다.

향나무는 그 동네의 풍속을 가장 잘 알고 있다고 할 수 있다. 우물가에 모인 아주머니들에게 그곳은 유일한 대화의 광장이기 때문이었다.

## 향나무 종류와 특징

향나무에는 몇 가지 종류가 있다. 향나무라고 칭하는 것들은 키가 크고 줄기가 굵게 되며 목재로서도 쓸모가 있다. 곳곳에서 이러한 큰 향나무를 흔히 볼 수 있다. 반면 줄기와 가지가 땅을 기는 것들이 있다. 이런 것들을 눈향나무라 하는데, 심는 곳에 따라서 또 다듬기에 따라서 뛰어난 아름다움을 보여준다.

향나무에는 굵은 기둥 모양을 한 것이 있는데, 이들을 피라미드형이라고 부른다. 우리나라에서 가장 흔한 종류로 가이즈카향나무가 있다. '가이즈카かいづか'란 패총貝塚(조개껍질이 쌓인 곳)의 일본어로, 이 품종이 개발된 곳의 이름을 따서 붙인 것으로 보인다. 일본에서 원예 품종으로 키워진 것이 우리나라로 건너와 이 이름이 그대로 쓰이고 있으며, 나사백螺絲柏으로도 불린다.

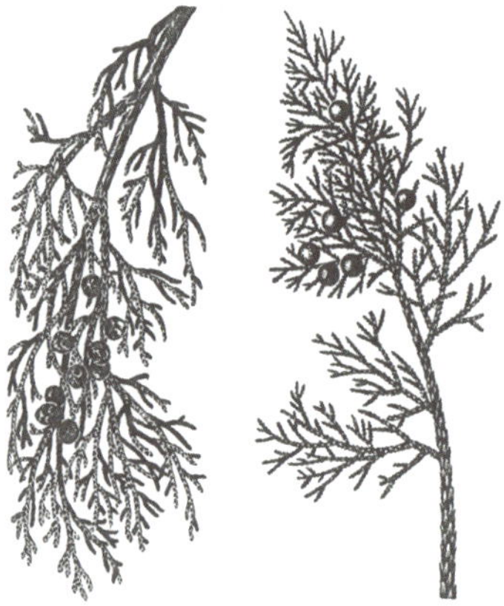

| 향나무의 잎과 구과

울릉도는 향나무로 유명하다. 왜 이곳에 향나무가 많은지 그 이유는 알 수 없지만, 바닷바람에 강하고 소금기에도 강한 데 그 이유가 있지 않을까 추측된다. 향나무를 해치는 벌레도 비교적 없는 편이고, 또 병도 적고, 나무의 속은 향기로 채워져 있어서 잘 썩지도 않는다. 그래서 향나무는 오래 산다. 울릉도에는 2천 년을 살아가는 향나무가 있다. 2천 년을 어떻게 셈한 것인지 잘 모르겠지만, 우리나라 나무로서 나이가 2천 년이라면 가장 오래 산 나무라고 할 수 있다.

향나무의 잎은 두 종류가 있다. 하나는 가시처럼 생겨 살갗을 찌르는 것이고, 다른 하나는 부드럽고 순한 것이다. 앞의 것을 침엽針葉(바늘잎)이라 하고, 뒤의 것을 인엽鱗葉(비늘잎)이라 한다. 한 나무에서도 침엽을 다는 가지가 있고 인엽을 다는 가지도 있다. 오래된 가지에는 인엽이 나고, 새 가지에는 침엽이 나는 경향이 있다. 나이를 먹으면서 인엽으로 바뀐다.

| 창덕궁의 향나무(천연기념물 제194호)

## 미국의 연필향나무

연필은 향나무로 만들어야 제격이다. 결이 고와서 잘 깎이고, 공부하는 책상에 향기가 난다는 것이 바람직하다. 미국에 나는 향나무로 연필향나무란 것이 있다. 우리나라의 노간주나무와 닮았는데 잎이 바늘 모양이다. 미국에서 만들어지는 연필은 거의 이 나무가 원료이며, 향기가 좋은 편이다. 연필향나무는 우리도 심고 있는데, 눈에 약해서 가지에 눈이 쌓이면 잘 휘어지고 꺾어지는 것이 단점이다.

미국의 그랜드 캐니언Grand Canyon 계곡에 하바수파이Havasupai라는 소수 종족이 살고 있는데, 이 종족의 생활과 향나무는 매우 관련이 있다고 한다. 이 종족은 유먼Yuman 혈통에 속하는데, 어린아이를 낳게 되면 먼저 향나무 껍질로 몸을 덮는다고 한다. 산모들은 미리 향나무 껍질을 손으로 비벼서 부드럽게 하여 어린아이의 살에 대어도 괜찮게 준비해 둔다. 아기를 향나무 껍질로 덮고 그 위에 담요로 싼다. 이들은 향나무 껍질로 침대 비슷한 것도 만들고, 겨울에는 난방 연료로 사용한다. 이와 같이 이 종족에 있어서는 향나무가 매우 주요한 생활필수품이었다.

이 종족과 인연이 있는 야바파이Yavapai 인디언의 풍속에서도 향나무와 관련된 것을 찾아볼 수 있다. 산모가 아기를 낳으면 향나무 잎으로 만든 차를 먼저 마시게 한다. 향나무 잎 차를 마시면 긴장되었던 근육이 풀리고 통증이 줄어든다고 한다. 그리고 향나무 잎을 태우면서 그때 나오는 연기로 산모의 몸을 훈증한다고 한다.

우리나라에서는 산모가 분만을 하고 나면 미역국을 먹고, 북쪽 고원 지대에서는 들쭉 술을 마시는 풍속이 있다. 모두 더러운 피를 맑게 하기 위한 것으로 생각된다. 신경통 같은 것이 있으면 청술개비로 훈증을 하는 습관이 있는데, 앞서 말한 바와 같이 미국의 인디언들도 신경통이 있으면 향나무 잎으로 훈증을 하는 습관이 있다.

한편 미국 인디언들에게는 사람이 죽었을 때 묘지에 묻고 그 뒤 시신을 운반해 갈 때 자국이 난 길을 향나무 큰 가지로 쓸어서 그 흔적을 없애버리는 풍

| 노간주나무

속이 있다. 이로써 산 사람과 죽은 사람 간의 길을 끊어버리게 된다고 한다.

### 새들의 먹이

둥근 모양의 향나무 열매는 새나 산짐승들이 즐겨 먹는다. 향나무 열매는 익어서 땅에 떨어져도 좀처럼 싹이 트지 않는다. 즉 향나무는 종자로 번식시키기가 쉽지 않다. 그러나 새가 이 열매를 먹고 똥과 함께 배설되어 땅에 떨어지면 싹이 잘 튼다. 이는 향나무 열매가 새의 위와 창자 속을 지나는 동안 바깥쪽 껍질이 소화 흡수되고 열매의 껍질이 강한 산성의 위액에 의해 처리되어 싹이 트게끔 되어버리기 때문이다.

새들이 열매를 먹고 먼 곳에 날아가 종자를 배설함으로써 향나무는 먼 곳에까지 그 종족을 퍼뜨릴 수 있다. 비행기에 실려서 먼 곳으로 이민 가는 셈이다. 이와 같이 주고받는 공존의 관계는 서로에게 이익이 되는 좋은 관계라 할 수 있다.

### 노간주나무

향나무와 가까운 것으로 노간주나무가 있다. 노간주나무는 잎이 침엽으로 단단하게 생겼지만 보기에는 향나무와 비슷하다. 향나무나 노간주나무는 주니퍼Juniper로 불리는데, 노간주나무는 두송杜松으로도 부른다. 우리나라 산야에서 흔히 볼 수 있으며, 그중에는 큰 나무도 있지만 대개는 수형이 작다.

향나무 열매를 새가 즐겨 먹듯이, 예전에는 사람도 향나무 열매를 먹었다. 노간주나무 열매로는 두송주杜松酒를 담는다. 독특한 향기가 술맛을 나게 한다. 진gin이라는 술에는 주니퍼의 향료가 들어간다. 이것은 그리스 시대부터 식용 향미료로 사용되었고, 술에도 그 열매를 담그어 맛을 더했다. 스칸디나비아 반도에서도 이 열매를 술에 넣거나 술을 노간주나무로 만든 술통에 넣어서 마시는 풍습이 있었다.

영국과 미국에서 생산되는 독특한 식물성 향기가 특징인 드라이진dry gin은 노간주나무 열매를 주 향료로 사용한다

# 호두나무

가래나무과, *Juglans regia*
(胡桃, Persian walnut)

열매 모양이 복숭아처럼 생겼고
오랑캐 나라에서 왔다고 해서 호도胡桃이다.
목재는 재질이 좋아 고급 가구 등에 쓰인다.

## 유래

천안 호두는 이름이 나 있다. 천안 가까이에 있는 광덕면 부근에서 나오는 것으로, 지금부터 약 700년 전 고려시대 중엽에 광덕면 대덕리 출신의 고관인 유청신柳淸臣이란 사람이 원元나라에 사신으로 갔을 때 이것을 가지고 와서 광덕사廣德寺에 뿌렸다고 한다.

중국에 있는 호두나무도 원래는 다른 곳에서 들어온 것이다. 진晋나라 장화張華가 쓴 『박물지博物志』에는 한漢나라 사람이었던 장건張騫이 중앙아시아에 가서 호두를 얻어왔다고 되어 있다. 이는 약 2,100년 전의 일로, 당시 유럽과 중국 사이에는 교역로가 있어서 이것을 비단길silk road이라 불렀다.

호두나무가 처음 지구상에 나타난 중심지는 페르시아(지금의 이란)라고 생각된다. 그래서 호두의 영어명은 페르시아 호두Persian walnut이다. 장건에 의해서 기원전 126년에 호두가 중국에 들어온 것이라 생각할 수 있지만, 오랜 세월을 두고 인도·태국을 지나 히말라야산맥을 넘었을 것이라는 의견도 타당성이 있다. 이와 같이 자연 상태에서 호두나무가 중국 땅을 밟을 때, 추위에 견딜 수 있는 것만이 히말라야산맥을 넘을 수 있었다.

그런데 페르시아의 호두는 서쪽으로도 이동해갔고 헝가리, 루마니아, 이탈리아, 프랑스, 포르투갈의 바닷가까지 퍼져나갔다. 길고 긴 여로였고 오랜 세월이 소요되었을 것이다. 이 방향으로 이동할 때 기후 조건이 비슷하여 도태 없이 페르시아 것이 그대로 옮겨갈 수 있었다. 유럽 서부에 도달한 호두는 미국의 개척 이민자들의 손에 의해서 캘리포니아까지 단시일에 건너갔다.

일본에 호두가 건너간 것은 지금으로부터 약 400년 전의 일이고, 먼저 나가노長野 지방에 심어졌다. 이와 같이 히말라야산맥을 넘은 것을 동양종東洋種, Oriental walnut이라 하며, 추위에 더 견딜 수 있는 힘을 가지고 있다. 우리나라 경기도 지방까지 자랄 수 있고, 동해안 양양에도 큰 호두나무가 있다.

서양종과 동양종이 일본 시나노信濃 지방에서 서로 만나게 되었다. 다 같이 페르시아를 출발하여 하나는 유럽을 통과하였고, 하나는 동양으로 들어왔다. 이것이 일본에서 서로 만나고 보니 서로 서먹한 사이가 되었다. 말하자면 종種

의 분화分化 비슷한 현상이 생기게 된 것이다. 이곳에서 이들은 서로 다시 혼인을 하였는데, 그 사이에 태어난 튀기의 호두가 좋은 성질을 갖게 되었다. 일본에서는 이들 튀기에서 다시 우량한 품종, 예를 들면 만춘晩春, 청옥淸玉, 화광和光 같은 우량 품종이 만들어지고, 이것들이 우리나라에까지 건너오게 되었다.

호두나무는 목재가 훌륭하고, 열매는 자양분이 많으며 오래 저장할 수 있어 선호되고 있다. 땅이 깊고 따뜻한 곳이 호두나무 키우기에 알맞다. 호두는 껍질이 단단하나 속은 달고 부드러워서 옛적 성현聖賢의 품성에 견주어지고 있다.

## 고향의 나무

내가 살던 마을에서는 우리 집에만 추자나무가 한 그루 있었는데, 줄기 둘레가 두 아름쯤 되는 커다란 노목이었다. 해마다 가을이 되면 우리 집에는 많은 양의 추자가 열리곤 했고, 그래서 우리 집을 모두들 '추자나무 집'이라 불렀다.

대부분의 사람들은 호두가 열리는 나무를 '호두나무'라 하며 '추자나무'란 말은 거의 알지 못한다. 이 '추자나무'란 말에는 더러 엇갈리는 의견들이 있는데, 경상북도 산골 마을에서는 호두나무란 말은 거의 쓰지 않는다.

우리말 사전을 보면, 추자楸子는 가래 또는 가래나무를 말하거나, 강원·충북·전라·경상 지방의 방언으로서 호도 또는 호두나무를 말하는 것으로 풀이되고 있다. 호두나무는 '호도나무'라고도 하고, 중국에서 들어왔다고 해서 '당추자唐楸子'라고도 한다. 그러면 추자나무를 대체 무엇으로 볼 것인가? 여기서는 가래나무와 호두나무 두 가지를 함께 생각해 보도록 하겠다.

## 楸와 秋의 의미

'추秋'가 호두나무를 나타낸 것은 무척 흥미 있는 구상에서 나온 것으로 보인다. 추楸는 '가래나무 추', '개오동나무 추', '호두나무 추' 등으로 읽을 수 있는데, 그중 '가래나무 추'라고 읽는 것이 가장 타당성이 있는 것 같다. 최세진의 『훈몽자회訓蒙字會』에도 추楸를 '가래 추, 실일實日 산핵도山核桃'라 해서 핵도核桃로 말하는 당추자唐楸子와 구별하여 설명하고 있다.

| 천안 광덕사의 호두나무

그렇다면 신라 민정문서民政文書에 '楸'를 '秋'로 한 것은 전자는 목재의 이용가치가 더 많아서 목木자를 추秋자 옆에 붙인 것이고, 秋는 열매에 비중을 두기 때문에 목木자를 떼버리고 추자나무(호두나무)로 한 것으로 풀이해본다.

신라 민정문서를 처음 공개한 노무라의 논문(野村, 1953)에는 추자목秋子木을 '굴피나무 또는 호두나무'라 해서 단정을 하지 않고 있다. 굴피나무는 도저히 생각될 수 없는 것이고, 그 뒤 1972년 한 논문에서는 추秋는 호두나무를 뜻한다고 못박고 있다. 이 문제는 우선 이쯤해 두고 '추楸'자에 대한 뜻을 살펴보기로 한다. 이에 대해서는 뒤에 다시 언급하기로 한다.

'추楸'를 가래나무로 해서 쓰여진 예를 찾아보면, 『만기요람萬機要覽』 공상供上 왕대비전축일공상조王大妃殿逐日供上條에 호두 4석의 기록이 있고, 호조공물조戶曹貢物條에 가래나무 목재楸木의 기록이 있는 것을 볼 수 있다.

『아언각비雅言覺非』를 보면 설명이 복잡하다. 추楸는 가래나무를 말하지만, 단묘壇廟의 제물단자祭物單子에 추자楸子라 한 것은 모두 산핵도山核桃 즉 호두를 뜻한다고 했다. 추楸는 '가檟' 또는 '가榎'라고 했는가 하면, '가래나무 의椅', '가래나무 재梓', '가래나무 추楸', '가래나무 가檟'는 한 가지 나무이면서 네 가지 이름으로 모여진 것이라고도 했다. 이러한 설명은 큰 혼돈을 야기시키고, 따라서 판별이 아리송해질 뿐이다.

또한 『왜어유해倭語類解』에서는 호두와 가래楸를 구별하고 있다. 『훈몽자회訓蒙字會』에서는 더욱 어렵게 설명하면서 '재梓'자와 '추楸'자는 모두 가래나무를 뜻하며, 재목이 미끄럽고 반들반들한 것은 재梓이고, 결이 좋지 못하고 흰 것茸白(용백)은 추楸라 하나, 추楸와 재梓는 구별이 잘 안 되는 것이라 하고 있다.

한편 『명문한한대자전明文漢韓大字典』에서는 추楸는 가래나무 추 또는 노나무 추(개오동나무를 뜻함)라고 했다. 이처럼 한자는 한 글자가 한 가지 뜻(대상물)으로만 쓰이지 않아 혼돈을 주고 있다.

## 신라 민정문서와 추자나무

신라 경덕왕 때(755년경) 기록된 것이라고 여겨지는 문서에 이미 호두나무를 심

| 호두나무 수피

었다는 내용이 적혀 있는 것으로 미루어, 우리나라에 호두나무가 들어온 것은 약 1,300년 전쯤이라고 추측되고 있다.

이에 얽힌 자세한 사연은 다음과 같다. 일본의 나라奈良에 있는 도다이지東大寺 쇼소인正倉院은 절간에 부속된 창고 비슷한 것으로, 국내외 미술 공예품, 고서적, 그리고 호화로운 생활용품 등이 보관되어 있다. 이 보물창고는 일본 왕실의 각별한 보호 아래 지금까지 남아 있는데, 여기서 신라시대의 뛰어난 모필의 자취가 엿보이는 문서가 발견되었다. '민정문서民政文書'라는 이 문서는 1953년 일본인 노무라가 세상에 소개함으로써 일약 비상한 관심을 받게 되었고, 이후 여러 편의 논문들이 발표되었다. 이 문서에 추자나무에 대한 기록이 남아 있다는 것이다.

이 민정문서에는 이미 추자나무의 식목이 국가의 필요에 따라 정식으로 장려되었다고 나와 있다. 그러한 기록이 이루어진 장소는 충북 청주 부근으로 해석되고 있는데, 이때 식재된 나무는 뽕나무, 잣나무, 추자나무 세 가지로, 심은 나무의 수와 3년 뒤에 죽은 나무의 수 그리고 새로 보충해서 심은 추자나무의 수가 기록되어 있다. 이것은 추자나무의 용도가 매우 중요시되었다는 증거라고 할 수 있다. 이 문서에 보이는 '추楸'를 호두로 볼 것인지는 아직 확실하게 알 수 없지만, 호두로 이해하는 것이 어느 정도 타당할 것으로 생각된다.

# 호랑가시나무

감탕나무과, *Ilex cornuta*
(猫兒刺, Chinese holly, Horned holly)

---

두툼한 잎은 긴 오각형에서 육각형으로 모서리마다 날카로운 가시가 돋아 있다. 호랑이 등 긁기에 쓰인다 하여 호랑가시나무란 이름이 붙여졌다.

## 호랑가시나무류

감탕나무과에 속하는 호랑가시나무류는 물푸레나무과에 속하는 목서류와 형태와 이용 특성이 비슷하지만, 잎이 호생互生(어긋나기)하는 것이 목서류의 대생對生(마주나기)과 뚜렷이 구별되는 특징이다. 그리고 호랑가시나무류 꽃에는 4~5개의 수술雄蕊이 있으나, 목서류는 대체로 2개이다.

호랑가시나무속*Ilex*에는 감탕나무冬青, 먼나무, 꽝꽝나무, 대팻집나무, 호랑가시나무 다섯 종류가 있다. 이 중에서 대팻집나무를 제외하고 모두 상록성이며, 잎에 가시가 있는 것은 호랑가시나무뿐이다. 먼나무는 가을에 붉은색 열매가 지천으로 달려 제주도의 주요 가로수로 이용되고 있다.

호랑가시나무속 중 꽝꽝나무는 내한성이 강해서 비교적 북쪽까지 관상용으로 식재되고 있다. 감탕나무와 먼나무는 남쪽 따뜻한 지방의 조경수로 제한되고 있는 듯하다.

호랑가시나무도 꽝꽝나무처럼 비교적 내한성이 강한 편이지만, 이 나무는 흔히 분재 형태로 시장에서 볼 수 있다. 호랑가시나무는 여름에 그해에 자란 새순 가지를 잘라 삽목을 하면 발근이 잘 되어 번식에 어려움이 없다.

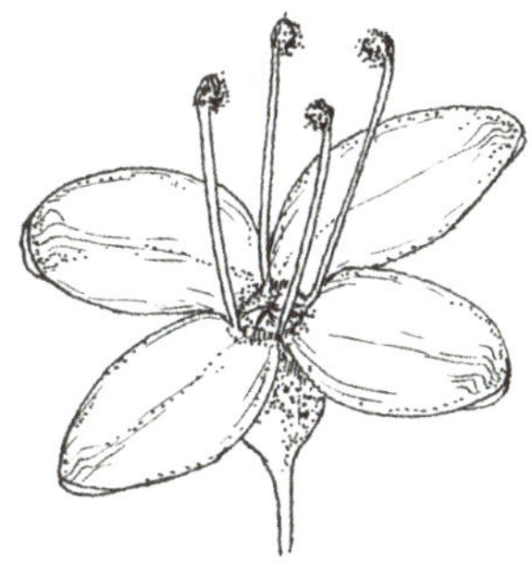

| 호랑가시나무 수꽃

## 괴상한 잎

신기하고 이상하게 생긴 것을 보았을 때에 우리는 보통 놀라거나 웃음을 터뜨리게 된다. 호랑가시나무도 이렇게 사람의 눈길을 모으고 있다. 잎이 괴상한 추상화를 본받았다고나 할까, 꼬여 있는가 하면 펴져 있고, 서너 번의 간단한 칼질로 깎아버린 듯한 잎의 입체감에 기괴스러움이 느껴진다. 잎 가장자리가 가시로 변해서 몸을 보호하고 있는 모양이 이색적이다.

줄기와 가지에 가시를 가짐으로써 방어 장치를 하고 있는 나무가 적지 않다. 탱자나무와 선인장은 아예 잎이 침으로 변했지만, 잎의 톱니가 몇 개의 사나운 가시로 변해 있는 호랑가시나무는 그것 때문에 인기가 있다.

나무의 잎은 대부분 평면적인데 왜 이 나무는 잎이 등으로는 튀어나가고 때로는 발랑 뒤집어지고 왼쪽으로는 뒤틀리고 오른쪽으로 꼬여지는지 모르겠다. 가시는 동서남북, 아래위 모든 방향으로 향하고 있다. 짐승들이 이 나무의 잎에 입을 대었다가는 혓바닥과 잇몸, 입천장과 입술이 동시에 깊게 찔려서 쩔쩔매게 된다. 콧등까지도 큰 상처를 줄 수 있다.

이와 같이 입체적인 잎을 가지고 있기 때문에 우리는 그 잎의 생김새를 잘 표현할 수 없다. 인간의 언어는 대체로 평면적인 것을 주로 다루고 있기 때문이라고 할까? 호랑가시나무란 이름도 그 가시가 호랑이처럼 무섭다는 데에서 온 것 같다.

## 명칭과 특징

희한한 모습을 가진 호랑가시나무를 전북 변산 지방에서는 '호랑등긁기'라고 부른다. 호랑이란 놈이 등이 가려워서 이것으로 긁어 등이 시원해진다는 것이다. 전남 완도 지방에서는 '호랑이발톱나무'라고 부르는데, 이 나무의 잎이 얼마나 억센 가시를 가지고 있는지 짐작할 수 있다. 제주도 지방에서는 '더러가시낭이'라고 부르는데, 여기서 '낭'이란 나무를 뜻한다. 이와 같이 이 나무는 그 가시 때문에 주목을 받고 있다.

호랑가시나무는 우리나라의 경우 변산반도나 고창, 완도 등 서남 해안에 자라고 제주도에도 많이 난다. 그러나 제주도에서는 서쪽에 주로 나고 동쪽에는 나지 않고 있는데 이것도 흥미로운 일이다. 우리나라 백두산이나 일본 홋카이도의 화산이 불을 뿜어 폭발할 때 서쪽에서 바람이 불어 동쪽으로 왔기 때문에 동쪽의 나무와 풀들은 화재로 크게 손상을 입게 되었다. 이러한 일이 제주도 한라산에서도 있었는지 모르겠지만, 그렇다면 제주도 동쪽에 있었던 호랑가시나무 집단은 모조리 죽었을 것으로 생각된다.

호랑가시나무 잎의 표면은 지나칠 정도로 윤이 나고 번쩍인다. 해변가 모래밭에 잘 나는데, 남국의 작열하는 태양 아래에서 그 빛을 반사해 가면서 한량없이 높은 온도를 즐기고 있다. 이 나무는 암나무·수나무가 따로 되어 있는

| 전남 나주 상방리의 호랑가시나무(천연기념물 제516호)

것으로 알려져 있으며, 따라서 가을이 되어 붉은 열매가 달리는 나무가 있는가 하면 달리지 않는 나무도 있다.

호랑가시나무는 우리나라에서는 사람들이 큰 관심을 보이지 않고 있다. 제주도에서는 쓸모없는 나무라기보다는 없애야 할 성가신 나무로 생각하고 낫으로 베어 버리곤 한다. 그러나 재생력이 왕성한 이 나무는 다시 움싹을 내어 지치지 않고 또 꺾이지 않으며 굴복할 줄 모르는 거센 힘을 보여왔다.

사람도 때를 잘 만나야 하고 지역을 잘 타고나야 하는 법인데, 이 나무가 외국 다른 나라에 태어났더라면 존경받고 사랑받고 또 보호받았을지도 모른다. 미국에서는 미국호랑가시나무*Ilex opaca*가 있고 유럽에는 유럽호랑가시나무가 있는데, 모두 장식용으로 정원이나 공원에 때로는 생울타리용으로 심고 있다.

## 유럽호랑가시나무 이야기

호랑가시나무에 얽힌 이야기는 매우 많다. 특히 유럽에 많은데, 이는 유럽호랑가시나무가 유럽인들의 초기 문명에 관련된 것이 많기 때문이다. 즉 로마 시대, 그리스 시대부터 미국의 인디언 부족에 이르기까지 호랑가시나무는 약재와 과학적 이용으로서, 또 민속 전설과 주술적인 면면에 관련해서 푸짐한 이야기들을 남기고 있다.

옛적 유럽인들에게 호랑가시나무는 물질적 이용보다는 정서적 생활에 더 영향을 끼쳤다. 즉 홀리 트리Holly tree(호랑가시나무)는 태양의 영원한 축복을 받은 나무라고 해서 신성성神聖性을 부여했고, 그 나무의 가지로 집안을 장식하면 좋은 신들이 그곳에 머물러 보호해 주는 것으로 믿었다. 이 나무는 그리스도가 십자가에 못 박힐 때 쓴 관冠의 재료가 되었다고 하는데, 그 상처의 피로 호랑가시나무 열매는 붉게 되었다는 것이다.

1851년 영국 런던 시내의 크리스마스 장식에 25만 다발의 호랑가시나무가 사용되었다는 기록이 있는 것을 보아도 그들이 얼마나 이 나무를 전통 행사에 이용하였는지 짐작할 수 있다.

크리스마스 카드에 흔히 호랑가시나무의 잎과 붉은 열매가 있는 것을 볼 수 있고, 휘황한 촛불 아래 이것을 곁들인 그림이 자주 나타난다. 사람들은 호랑가시나무를 크리스마스 트리라고 부른다. 성스러운 날 성스러운 행사에 촛불을 밝히고 이 나무의 잎과 열매로 한없는 축복과 은총에 젖어 본다는 것이다. 축복을 받는 나무, 축복을 주는 나무, 이것이 호랑가시나무다.

옛적 로마의 농신제農神祭에서는 호랑가시나무를 친구에게 존경과 좋은 소망의 상징으로 선물하는 관습이 있었다. 그리고 유럽에서는 가시가 달린 다른 식물과 함께 이 나무가 나쁜 마음을 없앤다고 믿었고, 또 악마들이 무서워하는 것으로 생각했다. 마구간이나 집 주변에 이 나무를 걸어두면 가축이 병 없이 잘 자라는 것으로 생각하였다.

영국에서는 이 나무로 만든 지팡이가 값비싸게 매매되었고, 그런 지팡이를 가지면 사나운 짐승이나 미친 개를 멀리할 수 있고 위험한 일을 피할 수 있다고 믿었다. 또한 크리스마스 때 선물받은 이 나무가 억센 가시를 가지고 있다면 한 해 동안은 아버지가 더 행세할 수 있는 분위기가 되고, 가시가 부드러운 나무가 선사되면 아내가 더 행세하는 집안이 된다고 전하고 있어 우리에게 웃음을 주고 있다. 가시가 억센 호랑가시나무를 히-홀리He-holly, 부드러운 것을 쉬-홀리She-holly로 부른다.

중국 사람들은 중국호랑가시나무로 음력 새해 축제 때 사원과 공회당을 장식하는 데 썼다고 한다.

예수가 십자가를 메고 갈 때 작은 새 한 마리가 예수의 고통을 덜기 위해 이마에 쓴 가시를 쪼았다고 전하는데, 로빈Robbin redbreast이라고 불린 그 새는 가시에 찔려서 가슴이 피로 붉게 물들었다고 한다. 로빈은 호랑가시나무의 열매를 즐겨 먹는다. 그래서 프랑스에서는 자비로운 로빈이 먹는 호랑가시나무의 열매를 발로 밟거나 하면 불행하게 된다는 전설이 있다.

독일에서는 예수의 왕관을 짜는 데 이 나무를 쓴다. 전설이지만 홀리의 열매는 원래 노란색이었으나 예수의 상처로 인해서 붉은색으로 되었다고 한다. 그러나 예수의 순수성 때문에 꽃은 희다고 한다.

## 약용과 꽃말

호랑가시나무의 잎, 수피, 열매 등은 각종 약으로 이용되기도 했다. 수피로 만든 차는 기침을 고치고, 잎과 수피를 달여서 마시면 학질에 키니네quinine보다 더 좋은 효험이 있다고 했다. 강장제로서도 좋고, 사료를 만들어 젖소를 먹이면 그 우유는 건강에 이롭다고 한다.

북아메리카의 인디언들은 홀리로 만든 차가 홍역에 좋다고 믿었고, 잎으로 만든 주스는 황달과 신경통에 효험이 있는 것으로 보았다. 옛적 중국에서는 호랑가시나무의 껍질과 잎이 달린 가지로 즙을 만들어 마시면 강장제로서 특히 콩팥에 효과가 있다고 하였다.

고대 이집트인이나 중국인, 아시리아인들은 모두 꽃말을 가볍게 여기지 않았다. 꽃말이란 꽃이 지니고 있는 상징적인 뜻으로, 사람들의 심성 밑바닥에

| 붉게 익은 호랑가시나무 열매

| 전북 부안 도청리 호랑가시나무 군락(천연기념물 제122호)

공통적으로 깔려 있어 서로 전달될 수 있었던 의미였다고 할 수 있다. 이러한 꽃말의 유행이 생활에 가장 강하게 파고든 때는 그리스 시대였다. 예를 들어 겨우살이는 어려움의 극복을 뜻하는 꽃말을 가지고 있었고, 호랑가시나무는 앞날을 내다보는 준비라는 뜻을 가지고 있었다. 따라서 겨우살이와 호랑가시나무를 함께 상대에게 보내면 그것은 "준비를 잘 해서 어려움을 이겨나가라"는 격려의 뜻으로 받아들여지곤 했다.

호랑가시나무는 가지를 10cm가량의 길이로 끊어서 흙 속에 그 반가량을 묻어 두면 뿌리가 잘 내린다. 이때 가지 위쪽에 3~5개의 잎을 붙여 둔다. 햇볕을 좋아하지만 어지간한 곳이면 실내에서도 잘 자란다.

# 황벽나무

운향과, *Phellodendron amurense*

(黃蘗, Amur corktree)

두툼한 코르크 껍질을 벗겨내면 샛노란 속껍질이 나오기 때문에 황벽黃蘗 혹은 황백黃柏나무라고 한다. 여기에는 베르베린berberine이란 물질이 들어 있어 방부제나 의약품에 쓰인다.

## 황벽나무 재떨이

내게는 아끼는 세 개의 재떨이가 있다. 하나는 유리로 된 것이고, 다른 하나는 노각나무로 만든 것이며, 또 다른 하나는 황벽나무로 만든 것이다. 나는 담배를 피우지 않지만 손님을 위해서 재떨이를 마련해 두고 있다.

황벽나무 재떨이는 이상한 경로를 거쳐서 나에게 오게 되었다. 예전에 나의 실험실에서 일하던 여자 연구원 중 한 명이 여행을 갔다가 다른 남자 연구원에게 선물하려고 이 황벽나무 재떨이를 샀는데, 나에게는 주지 않고 그에게만 주었다는 말을 듣고 남자 연구원이 그 재떨이를 대신 내게 선물로 주었다. 이 재떨이는 코르크질이 잘 발달해 있었고 세로 틈새가 또한 잘 발달해 있었다. 또한 속껍질의 노란색이 선명해서 황벽나무의 좋은 표본이 되었다.

나는 손님들이 와서 이 재떨이를 쓸 경우 그것이 황벽나무로 된 것을 이야기해 주고 그 특징을 또 설명해준다. 말하자면 좋은 교재가 되고 있는 셈이다. 이것은 이 나무가 조각재로서도 썩 좋다는 것을 의미한다. 담뱃불로 곳곳에 상처를 입었지만, 이 황벽나무 재떨이는 계속 나의 애장품이었다.

## 명칭과 특징

황벽나무는 한자로 '黃檗(또는 黃蘗)'으로 벽檗은 '황벽나무 벽'으로 읽는다. 황벽나무의 속껍질을 황백黃柏으로 말하는 까닭에 '黃柏'으로도 쓴다. 속껍질이 노란색인 까닭에 황벽 또는 황백 등의 이름을 얻었다. 일본말로 이 나무의 이름은 기하다ぎはだ(黃肌의 일본어 발음)로, 이는 노란색의 살갗을 뜻한다. 이 나무는 껍질이 비교적 두텁게 발달하고 코르크질이라 영어로는 Cork tree(코르크나무)라 부른다. 이와 같이 황벽나무란 이름은 껍질의 특징을 의미하는 말로 만들어졌다. 이 나무의 학명에서 phello는 코르크를 뜻한다.

황벽나무는 겨울에는 잎이 떨어지는 크게 되는 나무이며, 우리나라 어디에서나 자랄 수 있다. 황벽나무 종류는 동부아시아 지방에 한해서 자라며 물기가 있는 낮은 곳에 잘 난다. 가을이 되면 콩과 같은 열매가 모여서 검게 익으며 암나무·수나무가 따로 있다. 이 나무는 일본과 중국 북부 지방에서도 난다. 나무가 위엄 있게 높게 크는데, 높이는 15m 정도에 이른다.

바깥 껍질外皮은 엷은 황갈색의 두터운 코르크질이지만 속껍질內皮은 선명한 노란색으로, 이곳에 다량의 베르베린berberine 성분이 포함되어 있다. 베르베린 성분은 위장을 튼튼하게 하고 소염消炎 작용을 하며 세균성 장염腸炎 또는 장내 이상 발효에 의한 설사를 멎게 하는 데 큰 효과를 보인다. 또한 티부스균, 콜레라균, 대장균, 그람양성균, 임질균 등에 대해서 강한 살균력을 갖고 있다.

| 황벽나무 줄기

열매를 황백자黃柏子라 하는데, 살충제로 민간에서 쓰이고 또한 양약의 제조 성분이 된다. 따라서 이 나무는 이와 같은 약재의 원료를 생산하기 위해서 심을 만하다.

어떤 책에서는 피하일혈皮下溢血을 흡수시키는 데 쓴다고 했고, 또 외용外用으로서 눈이 충혈되었을 때나 입안이 헐었을 때 껍질을 끓인 물로 세척하기도 하고, 또 타박상이나 골절 시 속껍질 가루를 밀가루와 이겨서 떡같이 만들어 붙인다고 했다.

약효가 있는 베르베린은 껍질을 벗겼을 때 두터울수록, 또 내피의 노란색이 진할수록 함유량이 더 많다. 또한 속껍질의 맛이 쓰면 쓸수록 베르베린의 함유량이 많다. 늦여름 껍질을 벗겨서 껍질 안팎을 4~5일간 말리는데, 이때 무거운 돌로 껍질을 눌러 껍질이 돌돌 말리지 않게 하는 것이 좋다. 바깥껍질과 속껍질을 분리하기 어려우면 속껍질 쪽을 아래로 두고 바깥껍질 쪽을 나무방망이 같은 것으로 두들기면 잘 떨어진다.

황벽나무는 목재가 가볍고 결이 아름다워 사진 액자의 테두리를 만드는 데 쓰이고, 또 목공예품으로도 쓰인다. 노란색의 내피는 황색 염료를 얻는 데 귀중한 자원이 되고 있다.

| 황벽나무 단풍

황벽나무 열매黃柏子는 약간 청색이 도는 검은색으로, 가을에 따서 열매의 바깥껍질을 없애고 그 안에 있는 종자를 바람에 말리는데, 잘 익은 종자이면 80~90%는 싹이 튼다. 이 나무의 열매를 먹은 새들의 똥 속에 든 종자가 땅에서 싹이 더 잘 튼다고 한다.

가을에 마련한 종자는 되도록이면 그때 곧 묘포장에 뿌려주는 것이 좋지만, 종자를 땅속에 묻어 두었다가 봄에 뿌려도 좋다. 1$m^2$당 약 8~10g의 종자를 줄로 심으면 그해 가을에 1$m^2$당 약 100~120그루의 묘목을 얻을 수 있다.

# 회화나무

콩과, *Sophora styphnolobium var. japonicum*
(槐木, Chinese scholar tree, Japanese pagoda tree)

궁궐에 회화나무 세 그루를 심고 삼정승이 마주 앉아서 정사를 논했다고 한다. 선비를 상징하는 나무로서 다른 이름은 학자수學者樹이다. 한자로는 '괴槐'라고 하는데 느티나무도 같은 자를 쓰서 혼란이 있다.

회화나무는 느티나무 다음가는 정자나무로 알려져 있다. 이 나무는 식물 분류상 다릅나무, 아까시나무, 등나무와 인연이 있으며, 키와 몸집은 느티나무보다 더 크게 되는 경향이 있다.

회화나무는 우리나라 어디에서나 자라고 있지만 영남 지방에 특히 많다. 이 나무의 특징은 열매의 꼬투리가 염주를 줄에 끼어놓은 것처럼 되어 있다는 것이다. 나무로서 열매가 연주連珠처럼 보이는 것은 회화나무 이외에는 없다. 거대하고 장엄한 체구를 가지면서 왜 이렇게 괴이한 열매를 달고 있는지 모르겠다.

## 나무명 괴槐와 회櫰

회화나무를 '홰나무'라고 부르는 경우도 있다. '회' 또는 '홰'는 모두 '회櫰'라는 중국 수목명에서 온 것으로 보인다. 이 나무는 꽃이 특히 염료로 이용되고 또 약으로도 쓰였기 때문에 꽃을 돋보이게 해서 회화櫰花나무란 이름을 얻은 것으로 추측된다. 높게 자라고 수명이 길며 몸집이 웅장하다. 우리나라에서 자라는 나무로 몸집이 크게 되는 것으로는 은행나무, 느티나무, 팽나무, 왕버들, 회화나무를 꼽을 수 있다. 말하자면 5대 거구수종이라 할 수 있다. 이 외에 외래수종으로서 플라타너스가 있긴 하다.

식물 서적을 보면 이 나무에 대한 한자명이 매우 많음을 알 수 있다. 그중 대표적인 것은 '괴槐'이다. 이 글자는 '회'로도 읽을 수 있는데, 괴槐자의 음은 회回 또는 회櫰와도 통한다고 했다. 따라서 괴목槐木이라 써놓고 회나무로, 나아가서 회화나무로 읽을 수 있다. 회화나무의 또 다른 이름으로는 귀목鬼木, 괴화수槐花樹, 회목櫰木 등이 있다.

조선시대 유희柳僖가 지은 『물명고物名考』에서는 "'괴槐'는 '회櫰'와 같은 글자로 잎은 고삼苦蔘과 닮았으나 매우 큰 나무로서 줄기 껍질은 검고 꽃 색은 노랗고 열매는 구슬 모양인데 우리말로는 회화나무라 한다"고 했다. 『물명고』나 『본초강목』에나 낮에는 잎이 모이고 밤에 열리는 것을 특히 '수궁괴守宮槐'라 한다 했다. 수궁괴는 회화나무의 한 변종을 말하는 것이다. 또한 유희는 괴槐를 느티나무로 해석하는 것은 잘못이라고 했다.

회화나무는 영어로는 파고다 트리Pagoda tree 또는 스칼러 트리Scholar tree라고 한다. 학명은 소포라 자포니카*Sophora styphnolobium var. japonicum*인데 속명을 따서 그대로 '소포라'라 해도 이 나무를 지칭하는 것이다. 일본명은 엔주槐, えんじゅ이다.

회화나무의 잎은 기수우상복엽奇數羽狀複葉으로 얼핏 보면 아까시나무와 비슷하다. 잎 뒤에 가는 털이 있다. 8월쯤 한여름에 노란 빛이 도는 꽃을 피우는데, 나무치고 더운 여름철에 꽃을 다는 것은 흔하지 않다.

**기수우상복엽(奇數羽狀複葉)**
잎줄기 좌우에 몇 쌍의 작은 잎이 짝을 이루어 있고 그 끝이 한 개의 작은 잎으로 끝나는 새의 깃 모양처럼 붙어 있는 잎

회화나무는 중국 원산의 수종으로, 양쯔강과 황하 유역에 자생종이 있고 그 이북의 것은 식재한 것이라 한다. 중국의 수도 베이징에 특히 이 나무가 많다. 베이징의 가로수, 풍치수風致樹는 회화나무가 대표적이라고 해도 지나친 말이 아니다.

## 귀한 나무

중국에서는 예전부터 회화나무를 귀하게 여겼다. 주周나라 시대에는 조정에 세 그루의 회화나무槐를 심고 이것을 3공公의 위계位階를 뜻하는 것으로 해석했다. 3공이라 하면 우리나라로 치면 조선시대의 영의정, 우의정, 좌의정으로 해석된다. 중국에서는 3공을 태사太師, 태부太傅, 태보太保로, 일본에서는 좌대신左大臣, 우대신右大臣, 내대신內大臣으로 해석했다. 회화나무를 이처럼 귀한 나무로 취급한 것은 "괴槐는 황중黃中에 미美를 간직하고懷 있어서 그러하다"고 했다. 황黃은 색깔 중 가장 귀하고 아름답고 소중한 색으로, 그러한 색깔의 아름다움을 지니고 있어 이 나무는 3공의 위계를 상징하는 자리에 서게 된 것이다. 『본초강목』에 보면 "삼괴三槐를 바라보면서 삼공三公은 자리에 앉게 된다"라고 했다.

'괴槐'는 '회懷'(생각할 회, 마음속에 품을 회)를 뜻하기도 한다. 즉 사람들이 이 나무를 마음에 품고 그리워한다는 것이다. 또한 '괴槐'의 뜻은 귀歸(돌아갈 귀)이고, 예전에는 회화나무를 심고 그 아래에서 다투는 사람의 송사를 듣고 정情을 실實로 돌렸다歸고 한다樹槐 聽訟其下, 槐之言歸也 情見歸實也. 재판을 하는 데에는 정情

을 떠나 엄정하게 사실實을 따져서 처리하는 방향으로 돌린다歸는 것이다. 회화나무槐가 진실로 돌아가게歸 하는 기능을 가진 나무라는 뜻으로 풀이된다. 이와 같이 회화나무는 그 정직성과 성실성의 상징으로 존귀한 자리에 있었다.

## 묘지 곁에 심었던 나무

회화나무는 또한 묘지 곁에 심는 나무로 인식되었다. 즉 '괴槐'자는 귀신鬼 나무木라고 글자를 나눌 수 있다. 그리고 '귀신 귀鬼'자는 '밭 전田'자와 '사람 인人'으로 나눌 수 있는데, 전田이란 들판을 뜻한다.

중국에서는 남편이 죽으면 그 시체를 관에 넣은 채 받침대에 올려놓고 땅속에 묻지 않았는데 이것을 장葬이라고 한다. 그 뒤 부인이 죽으면 비로소 함께 이것을 땅속에 묻게 되는데 이것을 염장斂葬이라고 한다. 그래서 '귀신 귀鬼'자는 죽은 시체가 들판에 놓여 있는 것을 상징하며 죽은 자의 영혼으로 해석할 수 있다. 그 영혼 옆에 심어주는 나무가 곧 회화나무槐이며, 따라서 회화나무는 묘지의 나무로 풀이된다.

## 좋은 곳에 심어진 나무

우리나라에서는 창덕궁, 창경궁, 덕수궁 등 궁궐 안에 큰 회화나무가 비교적 많다. 이는 존귀한 자리의 나무로 해석해서 심은 것으로 보인다. 삼공三公을 삼괴三槐라고 하기도 하고, 조정을 괴정槐庭이라 하기도 하니 이해가 간다. 이러한 풍습은 일본에도 그대로 전해졌다. 일본 최초로 정원을 만드는 방법에 관해 설명한 『작정기作庭記』에 다음과 같은 내용이 있다.

> 회화나무는 문 주변에 심도록 한다. 장관(대신) 집의 문에 이 나무를 심어 괴문槐門이라고 부르도록 한다. 장관들은 백성을 잘 따르게 해서 임금을 잘 모시도록 할 것이다. …

## 회화나무의 시

송나라 때 소식蘇軾의 시 속에 회화나무가 나오는 대목이 있다.

| | |
|---|---|
| 白水滿時雙鷺下 | 깨끗한 물이 가득 고이게 되면 두 마리의 백로가 내려앉고 |
| 綠槐高處一蟬吟 | 푸른 회화나무 높은 곳에 한 마리 매미가 노래하고 있다 |

내려앉은 백로는 암수 한 쌍이었을 것이다. 시 속 회화나무의 매미는 내 고향을 그대로 묘사한 것 같다. 때묻지 않은 완벽한 자연이 전개되고 있다. 이 시를 쓴 사람은 유유하게 여름 더위를 보내고 있는 듯하다.

회화나무는 중국에서는 옛날부터 수도에 특히 즐겨 심어진 것으로 보인다. 당나라 때 왕유王維의 시에 나오는 회화나무를 살펴보자. 당시 지방장관들은 해마다 10월에 수도로 가서 천자天子를 만나고 각종 일들을 보고했는데, 일이 끝나면 천자는 제후를 모아 연회를 베풀고 시도 지은 모양이다. 이때 왕유가 화답하는 시를 지어 바쳤는데 그 속에 회화나무가 등장한다. 원문을 일부 소개하고 풀이해본다.

| | |
|---|---|
| 萬國仰宗周 | 모든 제후가 왕실을 우러러보고 |
| 衣冠拜冕旒 | 천자에 충성을 다짐한다 |
| 玉乘迎大客 | 천자는 옥의 수레를 타고 |
| 金節送諸侯 | 제후를 송별한다 |
| … | |
| 楊花飛上路 | 버들꽃 큰 길 위로 날고 |
| 槐色蔭通溝 | 회화나무 푸름은 물길을 덮었다 |

왕과 지방 제후들이 화려한 수도에서 성대한 송별연을 베푸는 마당에 흰색의 버들꽃과 푸른색의 회화나무 녹음이 좋은 대조를 이루고 있다. 이와 같이 버들과 회화는 함께 중국 옛 서울의 나무로 종종 등장한다.

왕유의 시에 나오는 회화나무는 영화의 절정과 함께하고 있지만, 사혜련謝惠連의 시에 나오는 가을철의 회화나무는 쇠잔의 모습을 보여주고 있어 대조가 된다.

| | |
|---|---|
| 白露滋園菊 | 흰 구슬 같은 이슬은 정원의 국화를 적시고 |
| 秋風落庭槐 | 가을바람은 뜰에 서 있는 회화나무 잎을 떨어뜨리는구나 |

이 시에는 무언가 마음을 고요하게 잠재우는 적막이 있다. 잎이 떨어지면 회화나무는 억센 골격으로 가을의 깊음을 알려 주게 될 것이다. 이처럼 회화나무는 시인들 주변에서 흔하게 자라고 있었다.

## 경주 계림과 회화나무

우리나라에서 회화나무는 일찍부터 알려져 있었다. 『삼국유사三國遺事』에 보면 9월에 궁 안에 있는 회화나무槐木가 사람이 곡을 하듯이 울었고 길바닥에서는 귀신이 울었다는 기록이 있다. 괴槐는 때로 느티나무를 뜻하기도 했지만, 궁宮에서는 회화나무 쪽이 더 어울리는 것으로 보인다.

경주 계림은 『삼국사기三國史記』 탈해왕 9년(서기 65년)에 시림始林으로서 기록에 나타나는데, 당시 시림은 울창한 숲이었던 것으로 추측된다. 이 숲을 구성하는 나무에는 느티나무, 회화나무, 팽나무, 왕버들 등이 있었는데 모두 크게 자라는 나무들이다. 그중 회화나무는 가슴높이 줄기직경이 190cm에 이르는 것이 있었고, 굵기에 있어서는 회화나무가 첫째였던 모양이다. 그 숲이 신을 받드는 종교림宗教林이고 보면 이곳 수종들은 모두 귀한 존재로 한몫을 해왔다. 초기에는 늑대들이 이 숲 안으로 몰려들어왔다 하니 그 면적이 넓었을 것이고, 또 원생적原生的인 성격을 띠고 있었을 것으로 생각된다. 계림의 존재 이유에 대해서는 『동경잡기東京雜記』에 "비보裨補의 임수林藪"로 기록하고 있는 것으로 비추어 당시의 민간신앙, 풍수설로 설명할 수 있을 것이라는 견해가 있다.

회화나무는 중국 원산이지만 2천 년쯤 이전부터 계림의 구성 수종으로 되어 있었던 것을 생각하면 우리나라 토착 수종으로 보아도 좋을 것 같다.

### 조계사의 회화나무

서울 조계사 마당에는 천연기념물 제9호 백송이 있고, 대웅전 마당 한가운데에는 큰 회화나무가 있다. 4월 초파일에는 많은 수의 연등이 달려서 조계사 주변 공간은 꽉 차게 된다. 연등을 단 그물줄은 모두 회화나무 줄기에 모아져 있었으니, 회화나무는 초파일 행사의 주인공 노릇을 하는 셈이다. 고통받고 방황하며 길을 찾지 못하는 민생들이 그곳 회화나무 아래에 모여 두 손을 모으고 있다.

조계사의 회화나무는 수령이 약 400년이라고 한다. 가슴높이 줄기직경이 140cm(긴 쪽으로)로, 땅 위 2.5m쯤 되는 곳에서 줄기가 두 갈래로 갈라져 있다. 나무 높이는 20m를 넘는 것 같다. 큰 가지 하나는 대웅전 처마 아래로 뻗어들어가고 있다. 조계사의 회화나무는 서울의 명물 중 하나라고 할 수 있다.

### 해미읍성 내의 호야나무

충남 서산시 해미면에는 해미읍성이란 오래된 성이 있다. 이 성 안에 그 지방에서 '호야나무'로 부르는 노목이 있다. 이 나무가 회화나무인데 그곳 사람들은 호야나무라고 부른다. '회화'가 발음상 '호야'로 변한 것이다.

이 나무는 높이가 약 12m로, 그 옆에 있는 안내문을 보면 수령이 약 600년이라고 한다. 줄기 아래쪽에는 큰 혹이 몇 개 나 있다. 이 나무가 서 있는 주변 자리에 예전에 큰 감옥이 있었고, 이곳에서 천주교도들이 수난을 당했다고 한다. 호야나무로 불리는 이 나무가 천주교도의 교수형 도구로 이용되었다고 전해진다.

### 회화나무와 느티나무

회화나무와 느티나무는 서로 닮은 점이 많다. 첫째로, 우리나라 전역에 나서 좋은 자람을 보여준다. 물론 높은 산, 추운 곳에서는 찾기 어렵다. 말하자면 우리나라 온대낙엽활엽수림을 구성하는 대표종이라고 할 수 있다. 둘째로 줄기가

| 충남 해미읍성의 호야나무(회화나무)

굵게 되고 곁가지가 발달해서 큰 수관을 만들어 진한 그늘을 마련해준다. 서로 가 좋은 정자나무라는 것이다. 셋째는 수백 년 동안 오래 산다는 것이다. 팽나무를 함께 넣어서 생각할 수 있으나, 팽나무는 남쪽 수종이라 다소 이질감이 있다. 수형에 있어서나 시각적인 질감에 있어서 느티나무와 회화나무는 유사한 점이 많다. 그래서인가 우리네 선조들은 괴槐자를 느티나무로도, 또 회화나무로도 해석했다. 『왜어유해倭語類解』와 『물명고物名考』에서는 괴槐를 명확히 회화나무로 밝히고 있지만, 괴목상槐木床이라 할 때에는 느티나무 목재로 만든 밥상 등을 뜻한다.

그런데 특히 잎이 떨어지고 난 뒤의 줄기와 가지의 골격을 비교해 보면 이 두 나무는 크게 다르다. 나무의 아름다움은 춘하추동 내내 감상할 수 있는 것이지만, 그중에서도 겨울의 나목裸木의 미는 일품이다. 우리나라는 겨울이 길어서 더욱이 나목이 예술품으로 두드러진다. 이러한 나목의 경우 회화나무와 느티나무는 서로 다른 느낌이다. 회화나무는 호탕하고 대담무쌍하며 일정한 순서와 섭리에 얽매이지 않는 반면, 느티나무는 세밀하고 성실하며 정해진 순서에 착실하게 따르는 성품을 보여준다.

식물의 변천 과정을 설명하는 소위 천이遷移의 이론에 촉진促進 모델과 내성耐性 모델이 있다. 전자는 한 계단을 밟아야 다음 단계로 발을 옮겨 놓을 수 있다는 것이고, 후자는 반드시 그래야 하는 것은 아니고 상황이 주어진다면 한 계단을 뛰어넘어 나아갈 수 있다는 것이다. 전자는 순서에 얽매이는 것이고, 후자는 비약도 인정하는 것이다.

느티나무는 촉진 모델의 성격을, 회화나무는 내성 모델의 성격을 지니고 있다. 이것이 정신세계로 승화하면서 예술 또는 철학으로 발전하고 우리 인간의 심성을 가다듬어 주는 데 큰 역할을 하게 된다. 회화나무 그늘 아래에서는 『삼국지三國志』나 『장자莊子』의 「소요편逍遙篇」을 읽는 것이 좋고, 느티나무 그늘 아래에서는 『동몽선습童蒙先習』이나 『논어論語』를 읽는 것이 격에 어울린다.

그렇다고 해서 어느 나무가 앞서고 뒤서고를 말할 수는 없다. 격식에 사로잡혀 꼼짝달싹 못하는 것보다는, 구애받지 않고 자유롭게 살아가는 것이 더 좋다.

### 나무의 용도

회화나무는 중국에서는 장안長安에 이 나무로 가로수를 만들었기 때문에 '괴시槐市'라는 이름이 등장했고, 또 학문하는 사람들이 이 나무 아래에서 학론學論을 주고받았기에 괴시槐市라 하면 대학University을 뜻하는 것으로도 받아들였다. 괴화황槐花黃이라 하면 회화나무 꽃, 노랗게 피어나는 음력 7월의 별명으로도 불리었다.

회화나무의 꽃, 즉 괴화槐花는 루틴rutin이라는 황색소黃色素를 20~30%가량 포함하고 있는데, 이 루틴 성분은 고혈압의 예방약 또는 지혈제止血劑로 이용되어 왔다. 이 나무에 나는 버섯은 괴이槐耳, 괴아槐娥, 괴균槐菌 또는 괴치槐雞라 해서 역시 약의 원료가 되었다.

또한 중국에서는 예전부터 괴화가 염료로도 이용되었다. 특히 천이나 종이를 노랗게 물들이는 재료로 이용했으며, 북부 지방에서는 어린잎을 차의 대

| 회화나무 고목의 줄기

용품으로 썼고 나물이나 구황식물로도 활용했다. 그래서인지 베이징에는 이 나무를 가로수로 많이 심고 있다고 한다. 여름이 되면 꽃이 길가에 떨어지는데, 사람들이 이것을 쓸어 모은 후 건조시켜 염료로서 시장에 내놓는다고 한다. 이것이 바로 괴황槐黃이다.

한편 이 나무를 문 앞에 심어두면 잡귀신의 접근을 막아 그 집안이 내내 평안할 수 있다는 이야기도 있었다.

회화나무 꽃은 피기 전에는 모양이 쌀과 비슷하다. 이것을 따서 물에 담그면 노랑 색깔이 우러나오는데 이것이 루틴이다. 그래서 어린 회화나무의 꽃을 괴미槐米(회화나무의 쌀)라고도 하며, 이 나무를 괴미나무 또는 괴화나무라고도 부른다.

이 나무는 꽃만 아니라 열매도 강장제로서의 효과가 있음이 옛날 책에 기록되어 있다. 열매는 괴각槐角 또 괴관槐棺이라 한다. 수액樹液은 괴료槐膠라 해서 신경 계통의 마비를 고치는 약제로 이용되었다.

### 『제민요술』의 회화나무 양묘법

중국의 농서農書 『제민요술齊民要術』에 기록된 회화나무 양묘법에 관한 흥미진진한 내용이 있어 그 일부를 소개한다.

> 회화나무의 열매가 성숙했을 때 이것을 채집해서 그 안에 들어 있는 자실子實을 취한다. 이것을 햇볕에 쪼여서 벌레의 해가 없도록 한다. 하지夏至 전 10일경 이것을 물에 담가 두는데, 6~7일이 지나면 눈이 트게 된다. 삼麻씨를 뿌릴 때 삼씨와 함께 뿌린다. 이와 같이 하면 그해 중에 삼과 같은 키로 자라게 된다. 삼은 끊어내어 이용하고 회화나무만 남기도록 하지만 너무 가늘어서 스스로 설 수가 없다. 그래서 나무마다 막대 지주를 세워주도록 한다. 이때 묶은 자리가 바람으로 마찰되어 상처를 받는 일이 있기에 새끼 같은 것을 대어 마찰을 막아주도록 한다. 다음 해에 흙에 손질을 하고 다시 삼씨를 뿌려준다. 이때 삼은 회화나무 묘목의 신장 생장을 돕는 역할을 하게 된다. 책에는 삼이 회

화나무의 자람을 위협한다 했는데 흥미로운 표현이다. 이와 같이 해서 다음 해 봄, 즉 3년째 봄에 옮겨 심으면 나무줄기가 곧게 된다. 그렇지 않으면 곧은 줄기가 짧아서 좋지 못하다. 이러한 양묘법을 쓰면 천 그루의 묘목 중에서 단 한 그루의 굽은 줄기도 찾아볼 수 없다. 이와 같이 키운 것은 그 뒤의 자람도 좋고 줄기 굽는 일이 없다.

약 1,500년 전의 양묘 기술이지만 현재도 참고가 된다.
마지막으로 내가 지은 시 한 수를 소개한다.

「겨울의 회화나무」

회화나무의 겨울을 본다
찬바람이
바닥 낙엽을 몰아가는데
우뚝 자란 나무가
절고節高의 신비 같다
가지의 마디마디
튕겨난 눈망울 눈망울
봄맞이가 속을 채우는데
염색체가 갈라지고
쪼개지는 세포의 공명共鳴에
영춘迎春의 음향이 들려온다

없는 데도 있고
있는 데도 없는
생각의 나무인 양
겨울의 회화나무

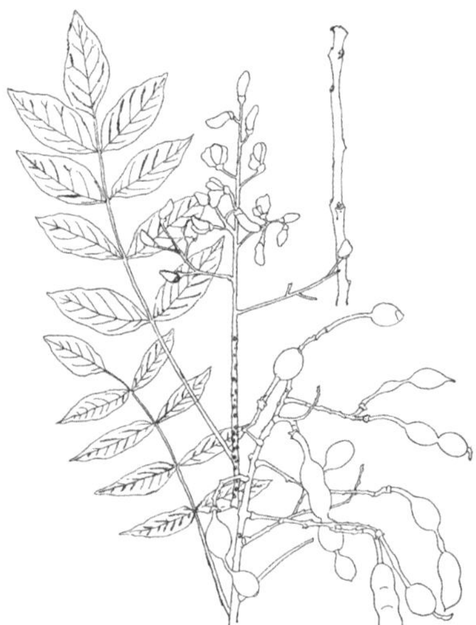

| 회화나무 잎, 꽃, 열매

# 히말라야시더
## (개잎갈나무)

소나무과, *Cedrus deodara*

(雪松, Himalaya cedar, Deodar cedar)

---

히말라야 서남부가 고향이며
잎갈나무를 닮았다고 하여 '개잎갈나무'라고도 한다.
나무 모양새가 아름다워 조경수로 널리 심는다.

히말라야산맥, 인도 서쪽편의 중복(中腹)에 자라는 히말라야시더가 이제는 전 세계 곳곳에 심어지고 있다. 우리나라 영·호남 지방에서도 이 나무를 공원수, 정원수, 때로는 가로수로 심고 있다. 아래 가지를 땅에 대고 길게 퍼지며 위로 갈수록 가지가 짧아진다. 그래서 수관樹冠은 원뿔 모양 비슷하게 되어 아름답게 보인다. 가지가 고루 나서 그 모양이 단정한데, 아래에 달려 있는 가지가 거의 죽지 않고 달려 있어 안정된 느낌을 준다. 이런 모양은 바람에 대한 저항력이 강하고, 또 주변에 풀이나 잡목이 나는 것을 막을 수 있다. 가지로 땅을 덮고 있기 때문에 그 아래에서는 풀이 날 수 없다. 일정한 영역을 독차지하여 안심하고 살아가는 나무가 바로 히말라야시더이다.

이 나무가 자라는 히말라야산맥 중턱은 온대溫帶에 해당하는데, 그렇게 추운 곳도 아니고 또 더운 곳도 아닌 모양이다. 그래서 우리나라 남쪽 지방에서 비교적 좋은 자람을 보인다.

## 장엄한 몸매

히말라야시더는 겨울에도 곤색에 가까운 푸름을 지니고 장엄한 몸매를 자랑하는데, 이 때문에 우리는 이 나무를 심는다. 대구에서 중학교에 다닐 때 교문에 심어진 두 그루의 나무가 내가 처음 본 히말라야시더이다. 아래 가지가 땅을 덮어서 이 나무를 멀리서 감상해야 했다. 신기한 외국산 나무를 처음 보게 된 나는 외부 세계에 더 노출되어 간다는 느낌이 들었다. 어린 마음에 이 나무로부터 받는 긍지 같은 것이 결코 가볍지 않았다.

이 나무는 시더Cedar라는 족속의 하나로, 세계에는 히말라야시더 말고도 몇 가지가 더 있다. 그중 가장 아름다운 것이 히말라야시더이고, 키우고 관리하는 데에도 별 어려움이 없다. 이 나무를 해치는 벌레도 거의 없는 편이고 병도 없는 편이다. 물론 땅 힘이 좋은 곳이면 나무가 더 잘 자라지만, 어지간한 땅에서도 상관없이 커 간다. 땅이 너무 얕거나 건조하지만 않으면 된다.

본고장인 인도에서는 키가 60m 이상으로 큰다고 하니 생각만 해도 대단한 나무이다. 그 나라에서는 이 나무를 '데오다라시더'라고 부른다. '데오다라'

| 경북 성주 수촌리 벽진초교의 히말라야시더

라는 것은 사원寺院 부근에 심어지고 있는 나무들을 뜻한다고 한다. 이 나무의 장엄함 때문에 사원 부근에 심어 신앙적 영감을 한층 더 북돋아 주는 효과가 있을 것으로 생각한다. 히말라야시더는 색깔, 가지와 잎의 모양에 따라 여러 가지 종류로 나누어진다.

### 레바논시더와 아틀라스시더

지중해 연안, 특히 레바논에 나는 시더로 레바논시더가 있다. 이 나무는 가지가 굵고 모양은 히말라야시더보다는 불규칙한 편이다. 그러나 안정감이 더 있고 남성적인 느낌을 준다.

내가 잠깐 레바논을 지날 때 그 나라의 동전을 구할 수 있었는데, 동전 뒤에 레바논시더가 양각陽刻되어 있었다. 레바논에서는 이 나무를 대단히 소중하고 아름다운 것으로 여기고 나라의 상징으로 삼고 있다고 한다. 계절이 되면 레바논시더의 미를 찬양하는 제전祭典 같은 것이 열린다.

우리나라에도 한라산의 철쭉제, 설악산의 단풍제, 또 개나리 축제 등이 있

| 체코 프라하 성의 히말라야시더

지만, 레바논시더제는 상당한 의미를 가지고 있는 것으로 알려져 있다. 동전에 이 나무의 모습을 넣는 것을 보면 그 무게를 대강 짐작할 수 있다. 잎과 가지의 우아함은 히말라야시더만 못하지만 더 웅장한 맛을 풍겨 준다. 유럽에서는 레바논시더를 더 심고 있는 편이다.

우리나라에서도 일찍부터 심어진 히말라야시더는 꽃이 피고 열매球果를 맺는다. 종자가 상당량 얻어지고 묘목 양성도 어렵지 않다. 전에는 이 나무가 비교적 귀한 것으로 여겨졌지만 지금은 그렇지 않다. 경북 동대구역 앞 큰길에 심은 히말라야시더는 성공적이다. 아래 가지가 어느 정도 길게 남아 있느냐가 이 나무가 가진 미美의 초점이다. 아래 가지를 끊어 없앤다든가 또는 가지가 죽거나 하면 아깝게 되고 만다. 따라서 자연히 넓은 공간을 차지하게 된다.

한편 북아프리카 아틀라스산맥의 산에 나는 것으로 아틀라스시더가 있다. 알제리와 모로코에 걸쳐 나는데, 레바논시더와 거의 구별이 안 될 정도로 닮아 있다.

학자들은 히말라야시더와 레바논시더가 원래 같은 종이었다고 한다. 같은 종이었던 것이 오랜 지질 시대를 살아오면서 지리적으로 멀리 격리되었기 때문에 성질이 서로 다르게 되어 버렸다는 것이다. 이러한 현상을 종種의 분화分化라고 한다.

## 특성

히말라야시더는 꽃이 가을에 핀다. 수꽃은 빳빳이 위로 선 모양인 반면, 암꽃은 작아서 눈에 잘 띄지 않는다. 가을에 꽃가루를 받은 암꽃은 이듬해 가을이 되면 열매로 익는다. 히말라야시더는 비교적 큰 나무지만 옮겨 심을 수 있다. 더운 곳일수록 더 좋은 수형이 된다.

우리나라로 나들이 온 이 나무가 히말라야의 높은 산맥을 그리워하고 있을까? 그들이 지금 고향을 생각하면서 살아가고 있는지 궁금하다.

| 히말라야시더의 수꽃(왼쪽)과 열매(오른쪽)

| 대구 동대구로의 히말라야시더

## 세계 3대 미수美樹

인간은 아름다움을 추구하며 또 스스로 아름답게 보이고자 애를 쓴다. 아름다운 노래, 아름다운 그림, 아름다운 경치 등 인간의 욕구는 2차원, 3차원의 경지를 넘어서서 펴져 나간다. 또한 길가나 집 안뜰에 보기 좋은 나무를 심어서 삶의 질을 높이고 살아가는 보람을 찾고자 한다.

지금도 책에서 읽을 수 있지만, 내가 수학할 무렵 '세계 3대 미수美樹'라는 말을 처음 듣고 그러한 지식을 자랑스럽게 이야기했던 적이 있다. 일본에서 발행한 『삼림가필휴森林家必携』라는 책이 있다. 임업인이라면 누구나 한 권 가지고 있었던 책으로 각종 정보를 망라하고 있다. 그중 '세계 제일의 나무'라는 항목에 흥미 있는 정보가 있다. 여기에서 이야기할 것은 아홉 번째 항목, 세계에서 가장 아름다운 나무로 꼽힌 히말라야시더, 아라우카리아*Araucaria*, 금송金松이다. 이는 제2차 세계대전 이전 국제적인 모임에서 세계의 학자와 전문 기술자들이 투표로 결정한 것이라고 한다.

이 중 히말라야시더는 우리나라에 들어와서 많이 심어지고 있으며, 우리는 그 나무의 조경적 가치를 인정하고 있다. 히말라야시더는 아래 가지가 길게 살아 주변의 땅을 덮고 있어야 아름답다. 흙이 잎을 더럽힐 우려가 있으나, 원래는 히말라야시더의 낙엽이 땅을 덮어 흙 또는 빗물이 나무 아래 가지를 더럽

| 하와이의 아라우카리아(Araucaria)

힐 수 없다. 히말라야시더의 수관선은 줄기의 끝부터 땅 표면에 이르기까지 넉넉하게 포물선을 이루어 나무의 입체감과 거대감을 구축하고 장엄한 분위기를 만들어준다. 가까이에 있어도 먼 곳에 있는 듯하고, 키가 낮아도 높은 것같이 보이며, 무게감도 있어 보인다. 그리고 수관선이 동서남북으로 고르게 퍼져 난잡스럽지 않고 단정하며 깨끗하게 보인다. 따라서 이 나무가 세계에서 가장 아름다운 나무 중 하나로 채택된 것에 이의가 있을 수 없다.

다음으로 아라우카리아라는 나무는 열대성 생태를 가져 우리나라에서는 기를 수가 없다. 큰 온실에 표본으로 두고 있을 뿐이다. 하와이를 여행한 사람들은 그곳에서 이 나무를 볼 수 있었을 것이다. 이 나무의 아름다움은 수형의 정제整齊함에 있다. 수관은 기하학적 원추형圓錐型을 이루고 가지가 수평으로 뻗는데, 모든 가지가 서로 이야기를 나누는 것처럼 정돈된 모습으로 배열되어 있다. 다듬어진 선형線形에 놀랄 만하다. 이 나무도 동서남북으로 시각을 달리해도 모양새에 차이가 보이지 않는다. 틀림없이 아름다운 나무이다. 사람들은 모두 이렇게 정돈된 미를 좋아하는 것 같다.

끝으로 금송金松이 있다. 일본산 나자식물, 즉 침엽수종이다. 일본 사람들은 이 나무를 '고오야마키高野槇'라고 부른다. 간혹 우리나라에서 볼 수 있지만, 많은 편은 아니다. 자라는 데 있어 생태적 조건이 까다로운 것 같고, 살아가는 데 지쳐 있는 종임을 느끼게 한다. 금송은 상록교목이고, 잎은 가늘고 긴 선형線形이며, 가지의 끝에 모여서 돌려난다輪生. 잎에 광택이 있고 수형이 단정하며 깨끗하게 보인다. 공원 등 조경수로 귀중하며 일본 특산의 수종이다.

그런데 위에서 소개한 나무들이 모두 침엽수라는 점은 주목할 만하다. 금송은 일종일과一種一科의 나무이다. 침엽수종, 즉 나자식물이 모두 아름다운 나무로 선택된 것이 흥미롭다. 그들은 상록성이기 때문에 일 년 내내 미관을 드러내고 그 아름다움을 잠재우는 계절이 없다는 것에 큰 장점이 있다. 잠시 동안이라도 그 아름다움을 잃게 된다면 그것이 사람들에게 일그러진 인상으로 남아, 아름다웠을 때에도 회상이 되어 흠이 될 가능성이 있기 때문이다. 아름다움의 항상성恒常性이란 것은 미학美學의 한 원리처럼 생각된다.

# 찾아보기

**[영문]**

### 저자

## 임경빈任慶彬

1944년 수원농림전문학교 임학과를 졸업하고, 1958년 미국 미네소타대학교에서 이학 석사, 1964년 서울대학교에서 박사 학위를 받았다. 서울대학교 임학과 교수, 원광대학교 임학과 교수, 한국임학회장, 문화체육부 문화재위원, 한국과학기술한림원 정회원을 역임했으며, 대한민국 과학상(대통령상)을 수상했다. 주요 저서로 『나무백과 1-6권』(1977-2002, 일지사), 『우리 숲의 문화』(1993, 광림공사), 『천연기념물: 식물편』(1993, 대원사), 『소나무』(1995, 대원사), 『세계의 숲과 나무를 찾아』(1998, 광일문화사), 『자연 속의 인간: 푸른 마을을 꿈꾸는 나무(상·하)』(1998, 중앙M&B), 『솟아라 나무야』(2001, 다른세상) 등이 있다.

### 편자

## 이경준李景俊

1971년 서울대학교 임학과를 졸업하고, 미국 위스콘신대학교에서 석사, 미국 플로리다대학교에서 박사 학위를 받았다. 서울대학교 산림과학부 교수로 재직했다. 한국임학회장, 문화재청 문화재위원을 역임했다. 주요 저서로 『산에 미래를 심다』(2006, 서울대학교출판부), 『한국의 천연기념물: 노거수편』(2006, 아카데미서적), 『한국의 산림녹화, 어떻게 성공했나?』(2015, 기파랑), 『한국의 산림녹화 70년』(공저, 2015, 한국학중앙연구원), 『수목의학』(2015, 서울대학교출판문화원) 등이 있다.

## 박상진朴相珍

1963년 서울대학교 임학과를 졸업하고 일본 교토대학에서 농학박사 학위를 받았다. 전남대학교·경북대학교 교수를 지냈고, 현재 경북대학교 명예교수이다. 한국목재공학회 회장, 문화재청 문화재위원 등을 역임했다. 주요 저서로 『역사가 새겨진 나무이야기』(2004, 김영사), 『나무에 새겨진 팔만대장경의 비밀』(2007, 김영사), 『문화와 역사로 만나는 우리나무의 세계 I, II』(2011, 김영사), 『궁궐의 우리나무』(2014, 눌와) 등이 있다.

이야기가 있는

# 나무백과 ③

초판 1쇄 발행 2019년 4월 30일
초판 4쇄 발행 2023년 9월 25일

저자 임경빈
편자 이경준·박상진

펴낸곳 서울대학교출판문화원
주소 08826 서울 관악구 관악로 1
도서주문 02-889-4424, 02-880-7995
홈페이지 www.snupress.com
페이스북 @snupress1947
인스타그램 @snupress
이메일 snubook@snu.ac.kr
출판등록 제15-3호

ISBN 978-89-521-2900-0 04480
978-89-521-2897-3 (세트)